江西省生态经济学会学术著作

建设中的江西生态文明

——江西省生态经济学会2014年学术年会暨江西省生态文明先行示范区建设学术研讨会论文集

顾　　问　赵其国　刘宜柏　王晓鸿

主　　编　黄国勤

副 主 编　王淑彬

中国环境出版社·北京

图书在版编目（CIP）数据

建设中的江西生态文明：江西省生态经济学会 2014 年学术年会暨江西省生态文明先行示范区建设学术研讨会论文集/黄国勤主编. —北京：中国环境出版社，2015.9

ISBN 978-7-5111-2485-2

Ⅰ. ①建… Ⅱ. ①黄… Ⅲ. ①生态文明—建设—江西省—学术会议—文集 Ⅳ. ①X321.256

中国版本图书馆 CIP 数据核字（2015）第 179453 号

出 版 人 王新程
责任编辑 孔 锦
助理编辑 高 艳
责任校对 尹 芳
封面设计 岳 帅

出版发行 中国环境出版社
（100062 北京市东城区广渠门内大街 16 号）
网 址：http://www.cesp.com.cn
电子邮箱：bjgl@cesp.com.cn
联系电话：010-67112765（总编室）
010-67187041（学术著作图书出版中心）
发行热线：010-67125803，010-67113405（传真）
印 刷 北京中科印刷有限公司
经 销 各地新华书店
版 次 2015 年 9 月第 1 版
印 次 2015 年 9 月第 1 次印刷
开 本 787×960 1/16
印 张 18.5
字 数 320 千字
定 价 69.00 元

前 言

2015年4月25日，《中共中央 国务院关于加快推进生态文明建设的意见》正式发布，标志着我国生态文明建设进入一个新的发展阶段。

江西省是我国中部地区（即安徽、湖北、湖南、河南、江西、山西六个省）的一个重要省份，地处长江中下游南岸，自然条件优越、生态环境优美，生态文明建设起步早、发展快、成效显著。2014年6月5日，国家六部委（国家发展改革委、财政部、国土资源部、水利部、农业部、国家林业局）联合批准立项的“全国生态文明先行示范区建设名单”（第一批）公示，江西省成为4个（即江西省、贵州省、云南省、青海省）全境纳入国家生态文明先行示范区建设的省份之一，标志着江西省生态文明先行示范区建设已成为国家战略，这是继“鄱阳湖生态经济区规划”、“赣南等原中央苏区振兴发展规划”之后，江西省第三个国家战略，也是第一个全境列入的国家战略。这是江西省发展史上的又一重要里程碑，标志着江西省生态文明建设开启了新的征程。

当前，全省上下正在为全力推进江西省生态文明先行示范区建设扎实工作。2014年12月27—28日，由江西省生态经济学会主办，江西省生态经济学会科技服务站承办的“江西省生态经济学会2014年学术年会暨江西省生态文明先行示范区建设研讨会”在江西省万年县成功举办。该次会议共收到交流论文20余篇，内容涉及生态文明理论、区域生态文明建设，以及生态文明研究与进展等。为了更好地推进江西省生态文明先行示范区建设的理论与实践向前发展，江西省生态经济学会决定，将该次会议的交流论文及相关成果共计30篇论文汇编成册，并以《建设中的江西生态文明——江西省生态经济学会 2014 年学术年会暨江西省生态文明先行示范区建设学术研讨会论文集》为书名结集出版。

全书共分三部分。第一部分，生态文明理论与思考，包括相关论文9篇，内容涉及江西省生态文明先行示范区建设的若干理论分析及发展思考；第二部分，区域生态文明实践与探索，包括相关论文9篇，内容涉及江西省不同区域（南昌市、鄱阳湖区、鄱阳湖生态经济区、九江沿江开放开发区、万年县、吉安县、吉水县等）生态文明实践分析及模式、技术、对策探索；第三部分，生态文明研究与进展，内含研究论文12篇，从政策、农田生态、环境治理、资源开发，以及防灾减灾等方面探讨了推进生态文明建设的机理、机制及配套体系。该书以“生态文明”为研究对象，贯穿“理论与实践相结合”的原则，对江西乃至全国类似地区的生态文明建设具有一定的参考价值。

该书由江西省生态经济学会顾问赵其国院士，名誉理事长刘宜柏教授、王晓鸿研究员任学术顾问，江西省生态经济学会理事长黄国勤教授主编，江西省生态经济学会秘书长王淑彬讲师任副主编。感谢江西省科学技术协会的指导和支持！感谢江西省生态经济学会理事会及全体会员的支持和参与！感谢学会挂靠单位江西农业大学各级领导、部门和同志们的支持和帮助！感谢万年县对这次年会召开的积极支持！该书的出版还得到了江西省生态经济学会科技服务站经费的大力支持！在此，对所有支持和关心江西省生态经济学会工作的单位、部门的领导、专家、同志表示由衷的感谢！

因时间仓促，书中定有不少缺点和错误，请读者多多指正！

江西省生态经济学会　理事长

江西农业大学　二级教授、博士生导师

黄国勤

2015年5月26日

目 录

第一部分 生态文明理论与思考

论江西省生态文明先行示范区建设……3
江西省生态文明示范区建设……14
江西省生态文明建设现状及对策分析……20
江西建设生态文明示范省实践与思考……27
江西建设全国生态文明先行示范区战略思考……31
江西建设生态文明示范省的哲学思考……36
江西省农业生态文明建设存在的问题与对策……46
我国旅游农业的现状与发展对策……55
“美丽乡村”建设与生态农民培育……63

第二部分 区域生态文明实践与探索

基于情景导向的产业发展模式探讨
——以北京延庆为例……73
不同来源地外商直接投资与南昌市能源消耗强度
——基于工业行业的实证分析……83
农村居民生态消费行为影响因素分析
——基于鄱阳湖区 972 个样本的调查……90
鄱阳湖区湿地生态补偿研究综述……105
鄱阳湖生态经济区规模化养猪废水资源化效果分析……112
九江沿江开放开发与环境污染关系的实证分析……119

万年县高效生态农业发展简论……130
吉安县水稻产业调研报告……142
吉水县生态文明建设探讨……152

第三部分 生态文明研究与进展

政府生态环境损害责任终身追究制的理论溯源和发展历程……163
不同冬季作物对双季稻干物质积累和氮素吸收的影响……172
不同冬种模式下的双季稻根际效应及其产量研究……184
机插育秧基质的研究进展……198
水稻病害的微生物防治研究进展……202
江西省玉米生产现状及发展对策……212
湿地松人工林土壤活性有机碳的土壤化学影响因素……223
植被恢复对土壤磷素有效性及物理化学性质影响……236
灰化苔草铅胁迫的光谱响应……252
江西省红壤资源及其可持续利用……260
江西省万年县自然灾害与防灾减灾……270
江苏省自然灾害与防灾减灾……280

第一部分

生态文明理论与思考

论江西省生态文明先行示范区建设*

黄国勤
（江西农业大学生态科学研究中心，南昌 330045）

摘 要：当前，江西全省上下正在全力推进生态文明先行示范区建设。作者基于调研和思考，分析了江西省生态文明先行示范区建设的内涵、重大意义、战略目标、重点任务及其应采取的对策和措施。全文对当前推进江西省生态文明先行示范区建设具有重要参考价值。

关键词：生态文明先行示范区 江西省

当前，江西全省上下正在全力推进生态文明先行示范区建设。本文拟就江西省生态文明先行示范区建设的意义、目标、任务及应采取的对策和措施等作一探讨，以供有关方面参考。

一、问题的提出

到底生态文明、生态文明先行示范区是何时提出来的呢？

这里，从两个方面进行考察：

首先，从学术界来看。根据《中国知识资源总库·中国知网》（http：//www.cnki.net/）检索，我国学术界于 1990 年 5 月首先提出“生态文明”这一概念[1]，至今已 25 年了。

其次，从国家政府层面来看。2007 年 10 月，党的十七大报告中第一次明确

* 江西省软科学研究计划项目“江西生态文明示范省建设对策研究”（项目编号：20133BBA10005）阶段性成果之一。

提出建设“生态文明”的战略思想[2]。

2012 年 11 月，党的十八大报告中提出“把生态文明建设放在突出地位，融入经济建设、政治建设、文化建设、社会建设各方面和全过程，努力建设美丽中国，实现中华民族永续发展”。——首次提出了“五位一体”、建设“美丽中国”的总体布局和战略目标[3]。

2013 年 8 月 1 日，《国务院关于加快发展节能环保产业的意见》（国发[2013]30 号）中，提出“在全国选择有代表性的 100 个地区开展生态文明先行示范区建设”。

2013 年 12 月，国家发展改革委、财政部、国土资源部、水利部、农业部、国家林业局等六部门联合下发了《关于印发国家生态文明先行示范区建设方案（试行）的通知》（发改环资[2013]2420 号），启动了生态文明先行示范区建设。

2014 年 6 月 5 日，“全国生态文明先行示范区建设名单”（第一批）公示（表 1），江西省成为 4 个（江西省、贵州省、云南省、青海省）全境纳入国家生态文明先行示范区建设的省份之一。

2015 年 4 月 25 日，《中共中央　国务院关于加快推进生态文明建设的意见》正式发布。

表 1　全国生态文明先行示范区建设名单（第一批）

序号	名称	序号	名称	序号	名称	序号	名称	序号	名称
1	北京市密云县	12	吉林省延边朝鲜族自治州	23	安徽省黄山市	34	广东省韶关市	45	西藏自治区山南地区
2	北京市延庆县	13	吉林省四平市	**24**	**江西省**	35	广西壮族自治区玉林市	46	西藏自治区林芝地区
3	天津市武清区	14	黑龙江省伊春市	25	山东省临沂市	36	广西壮族自治区富川瑶族自治县	47	陕西省西咸新区
4	河北省承德市	15	黑龙江省五常市	26	山东省淄博市	37	海南省万宁市	48	陕西省延安市
5	河北省张家口市	16	上海市闵行区	27	河南省郑州市	38	海南省琼海市	49	甘肃省甘南藏族自治州
6	山西省芮城县	17	上海市崇明县	28	河南省南阳市	39	重庆市渝东南武陵山区	50	甘肃省定西市

序号	名称	序号	名称	序号	名称	序号	名称	序号	名称
7	山西省娄烦县	18	江苏省镇江市	29	湖北省十堰市	40	重庆市渝东北三峡库区	51	青海省
8	内蒙古自治区鄂尔多斯市	19	江苏省淮河流域重点区域	30	湖北省宜昌市	41	四川省成都市	52	宁夏回族自治区永宁县
9	内蒙古自治区巴彦淖尔市	20	浙江省杭州市	31	湖南省湘江源头区域	42	四川省雅安市	53	宁夏回族自治区吴忠市利通区
10	辽宁省辽河流域	21	浙江省丽水市	32	湖南省武陵山片区	43	贵州省	54	新疆维吾尔自治区昌吉州玛纳斯县
11	辽宁省抚顺大伙房水源保护区	22	安徽省巢湖流域	33	广东省梅州市	44	云南省	55	新疆维吾尔自治区伊犁州特克斯县

二、生态文明先行示范区的内涵与特征

按照国家发展和改革委员会联合财政部、国土资源部、水利部、农业部、国家林业局制定并发布的《国家生态文明先行示范区建设方案（试行）》要求，“生态文明先行示范区”就是要把生态文明建设放在突出的战略地位，按照“五位一体”总布局要求，推动生态文明建设与经济、政治、文化、社会建设紧密结合、高度融合，加快建立系统完整的生态文明制度体系，形成节约资源和保护环境的空间格局、产业结构、生产方式、生活方式，提高发展的质量和效益，促进生态文明建设水平明显提升。

要通过 5 年左右的努力，生态文明先行示范区基本形成符合主体功能定位的开发格局，资源循环利用体系初步建立，节能减排和碳强度指标下降幅度超过上级政府下达的约束性指标，资源产出率、单位建设用地生产总值、万元工业增加值用水量、农业灌溉水有效利用系数、城镇（乡）生活污水处理率、生活垃圾无害化处理率等处于全国或本省（市）前列，城镇供水水源地全面达标，森林、草原、湖泊、湿地等面积逐步增加、质量逐步提高，水土流失和沙化、荒漠化、石漠化土地面积明显减少，耕地质量稳步提高，物种得到有效保护，覆盖全社会的生态文化体系基本建立，绿色生活方式普遍推行，最严格的耕地保护制度、水资

源管理制度、环境保护制度得到有效落实，生态文明制度建设取得重大突破，形成可复制、可推广的生态文明建设典型模式。

生态文明先行示范区有 8 项主要任务：① 科学谋划空间开发格局；② 调整优化产业结构；③ 着力推动绿色、循环、低碳发展；④ 节约集约利用资源；⑤加大生态系统和环境保护力度；⑥建立生态文化体系；⑦创新体制机制；⑧加强基础能力建设。

国家生态文明先行示范区建设目标体系，包括五大方面 51 项具体指标：①经济发展质量。包括：人均 GDP、城乡居民收入比例、三次产业增加值比例、战略性新兴产业增加值占 GDP 比重、农产品中无公害、绿色、有机农产品种植面积比例。②资源能源节约利用。包括：国土开发强度、耕地保有量、单位建设用地生产总值、用水总量、水资源开发利用率、万元工业增加值用水量、农业灌溉水有效利用系数、非常规水资源利用率、GDP 能耗、GDP 二氧化碳排放量、非化石能源占一次能源消费比重、能源消费总量、资源产出率、矿产资源三率（开采回采率、选矿回收率、综合利用率）、绿色矿山比例、工业固体废物综合利用率、新建绿色建筑比例、农作物秸秆综合利用率、主要再生资源回收利用率。③生态建设与环境保护。包括：林地保有量、森林覆盖率、森林蓄积量、草原植被综合盖度、湿地保有量、禁止开发区域面积、水土流失面积、新增沙化土地治理面积、自然岸线保有率、人均公共绿地面积、主要污染物排放总量、空气质量指数（AQI）达到优良天数占比、水功能区水质达标率、城镇（乡）供水水源地水质达标率、城镇（乡）污水集中处理率、城镇（乡）生活垃圾无害化处理率。④生态文化培育。包括：生态文明知识普及率、党政干部参加生态文明培训的比例、公共交通出行比例、二级及以上能效家电产品市场占有率、节水器具普及率、城区居住小区生活垃圾分类达标率、有关产品政府绿色采购比例。⑤体制机制建设。包括：生态文明建设占党政绩效考核的比重、资源节约和生态环保投入占财政支出比例、研究与试验发展经费占 GDP 比重、环境信息公开率。

三、江西省生态文明先行示范区建设的重大意义

在党中央、国务院的高度重视和亲切关怀下，在国家部委的大力支持和热情帮助下，2014 年江西省正式启动和实施“江西省生态文明先行示范区建设”，是一件具有重大理论与实践意义的大事。

按照《江西省生态文明先行示范区建设实施方案》，认为开展江西省生态文明先行示范区建设的重大意义在于：一是有利于提升江西在全国区域发展格局中的地位，形成发展新优势；二是有利于提升发展质量，加快全面建成小康社会进程；三是有利于巩固长江中下游生态安全屏障，促进长江经济带建设；四是有利于创新生态文明建设体制机制，率先走出一条绿色循环低碳发展的新路。

作者在《江西省生态文明先行示范区建设探讨》（见第十七届中国科协年会——创新驱动先行论文集，《中国学术期刊（光盘版）》电子杂志社有限公司出版，2015 年 5 月）一文中提出[4]，江西省生态文明先行示范区建设的重大意义，可以从三个层面理解：首先，从全省看：推进江西生态文明建设；其次，从全国看：树立中部生态文明典型；最后，从全球看：展示中国生态文明形象。

四、江西省生态文明先行示范区建设的战略目标

1. 总体目标

通过开展江西省生态文明先行示范区建设，努力使江西成为“三区”——中部地区绿色崛起先行区、全国大湖流域生态保护与科学开发典范区、生态文明体制机制创新区。

2. 阶段目标

有步骤、分阶段地推进江西省生态文明先行示范区建设，努力实现阶段目标：一年开好局、三年见成效、六年大进展。

一年开好局。到“十二五”末，《江西省生态文明先行示范区建设实施方案》确定的各项任务分解落实到位，生态文明先行示范区建设领导和组织协调机构建立健全，专项规划和配套政策制定出台，先行工程全面启动，全省上下形成推进生态文明建设的共识与合力。

三年见成效。《江西省生态文明先行示范区建设实施方案》提出的 2017 年各项目标顺利实现，部分领域和区域取得阶段性成果。生态建设和环境保护工程全面实施，生态环境质量继续位居全国前列，生态产业体系初步形成，生态文明制度体系基本形成。

六年大进展。到 2020 年，生态文明先行示范区建设取得重大进展。符合主体功能区定位的开发格局全面形成，产业结构明显优化，绿色生产、生活方式普遍推行，在若干生态文明重大制度建设上形成可复制、可推广的典型模式。

五、江西省生态文明先行示范区建设的重点任务

建设江西省生态文明先行示范区的重点任务，就是要着力构建“六大体系”、建设“十大工程”。

1．构建“六大体系”

推进江西省生态文明先行示范区建设，就是要正确处理生态环境保护与经济社会发展的关系，努力形成节约资源和保护环境的空间开发格局、产业结构、生产方式、生活方式，保护和建设好天蓝、地绿、水净的美丽家园。具体来说，应着力构建“六大体系”。

（1）构建定位清晰的国土空间开发体系。包括：尽快完善主体功能区配套政策、全面落实主体功能区空间管制措施、建立健全河湖管理与保护制度、推动市县空间规划改革创新。

（2）构建环境友好的绿色产业体系。包括：促进产业集聚发展、加快产业转型升级、完善绿色产业政策规划体系、推进循环化改造和清洁生产、着力优化能源结构。

（3）构建节约集约的资源能源利用体系。包括：推进节能降耗、加强水资源节约、节约集约利用土地、促进矿产资源合理开发利用。

（4）构建安全可靠的生态环保体系。包括：强化生态建设、严防土壤污染、加强自然生态修复与环境保护、推进大气污染防治和应对气候变化工作、着力改善城乡人居环境。

（5）构建崇尚自然的生态文化体系。包括：倡导生态文明行为、传承发展生态文化、开展各类生态创建行动。

（6）构建科学长效的生态文明制度体系。包括：完善体现生态文明要求的考评机制、建立自然资源资产产权管理制度、探索建立生态补偿机制、建立健全市场化机制、严格环境保护管理制度。

2．建设“十大工程”

（1）现代农业体系建设工程。包括：千万亩高标准农田建设工程、五百万亩大型灌区续建配套与节水改造工程、万亩农业机械化示范区建设工程、百个农产品市场建设工程、百家现代农业示范园区建设工程、农业技术推广工程。

（2）十大战略性新兴产业重点工程。包括：节能环保产业培育工程、新能源

产业发展工程、新材料产业发展工程、生物和新医药产业提升工程、航空产业培育工程、先进装备制造产业提升工程、新一代信息技术产业培育工程、锂电及电动汽车产业培育工程、文化暨创意产业提升工程、绿色食品产业发展工程。

（3）现代服务业集聚区建设工程。包括：现代物流产业园建设工程、金融服务业建设工程、电子商务基地示范建设工程、综合性生产服务集聚区等建设工程、养老服务业建设工程。

（4）旅游强省基础工程。包括：百大景区质量提升工程、红色旅游二期建设工程、旅游基础设施建设工程、生态旅游设施建设工程、生态旅游示范目的地建设工程。

（5）清洁能源重大工程。包括：高效安全核电建设工程、天然气新线入赣工程、高效清洁火电机组建设工程、可再生能源建设工程、高等级电网建设工程。

（6）推行绿色循环低碳生产方式重大工程。包括：重点领域节能改造和节能产品产业化工程、“城市矿产”示范基地建设工程、再制造产业示范基地、循环经济重大试点示范工程、餐厨废弃物资源化利用示范工程、绿色矿山建设工程、清洁生产促进工程、林业碳汇工程。

（7）生态建设重点工程。包括：水生态建设工程、赣抚尾闾整治及水系连通工程、湿地生态系统功能质量提升工程、鄱阳湖水资源保护适应试点示范工程、水生生物资源保护工程、森林质量提升工程、千万亩国家木材战略储备基地建设工程，以及自然保护区、风景名胜区、水产种植资源保护区和森林公园升级工程。

（8）环境保护重点工程。包括：工业园区污水治理工程、城镇污水处理工程、土壤重金属污染修复工程、区域大气污染环境监测工程、矿区环境治理和恢复、防灾减灾体系建设工程。

（9）生态文化推广工程。包括：生态文明宣传教育推广工程、生态文明教育基地建设工程、鄱阳湖生态经济区展示基地、文化遗产保护工程。

（10）绿色生活引导工程。包括：绿色出行“135”计划（该计划是指“1 千米以内步行，3 千米以内骑自行车，5 千米以内坐公共交通工具”）、农村垃圾清洁工程、城市家庭垃圾分类处理工程。

六、江西省生态文明先行示范区建设的战略对策

1. 基本原则

推进江西省生态文明先行示范区建设，必须遵循以下基本原则：

一是基本理念：坚持树立“既要金山银山，又要绿水青山；绿水青山，就是金山银山”的理念。这是贯穿江西省生态文明先行示范区建设全过程的“准则”和“原则”。如背离了这一“理念”，江西省生态文明先行示范区建设就会偏离方向、丧失良机，其结果必然是“事与愿违”，达不到预期效果，甚至出现相反效果或结果，或者出现不愿意看到的“恶果”。

二是布局原则：坚持“五位一体”的总体布局。就是按照党中央、国务院的战略要求，将生态文明建设融入经济建设、政治建设、文化建设、社会建设的全过程和各环节，实现“五者”的协调发展。

三是管理原则：坚持用严格的制度管理生态环境、保护生态环境，坚持预防为主、源头严控、过程严管、责任追究。

四是保护原则：坚持节约优先、保护优先、自然恢复为主的资源生态环境保护的根本方针和原则。即要求做到：将节约资源、生态保护、环境恢复放在优先位置，实现资源、生态、环境的协调发展和永续利用，最终实现可持续发展。

五是发展原则：坚持绿色发展、循环发展、低碳发展。将绿色产业技术、循环经济技术、低碳环保技术应用于江西省生态文明先行示范区建设的整个过程和各个环节，实现绿色、循环、低碳的全覆盖。

2. 具体措施

推进江西省生态文明先行示范区建设是一项战略性系统工程，各地、各部门要大力弘扬实干精神，加强组织领导，注重协调配合，抓好推进实施，确保各项工作落到实处、取得实效[5]。

（1）提高思想认识。全省上下要认真学习新一届党中央成立以来加强生态文明建设和环境保护的一系列新思想、新论断、新要求，要深入学习贯彻习近平总书记系列重要讲话和党的十八届三中、四中全会精神，必须深化认识、全面把握、狠抓落实。当前，尤其要认真学习《中共中央　国务院关于加快推进生态文明建设的意见》。江西全省各地、各部门要用生态文明统一思想、凝聚力量、攻坚克难，做推进生态文明、建设生态文明示范先行区的引领者、推动者、实践者。

（2）提升生态素质。在提高全省干部、群众对建设生态文明示范先行区思想认识的基础上，要重视提升全民生态文明素质。一是要大力建设和谐文化。坚持把中国文化中“天人合一”的传统精神与江西人民热爱自然、崇尚自然、亲近自然的淳朴情怀结合起来，培育和谐的现代文化。二是要大力倡导生态生活方式。生态生活方式就是从追求豪华、奢侈、浪费的生活转向崇尚简朴、节俭的文明生活，大力推广绿色产品，追求健康享受。三是要营造良好的社会风气。社会风气是衡量社会文明程度的重要标志，是社会价值导向的集中体现。当前，社会上存在一些歪风邪气，有的企业背信毁约，不讲诚信；有的单位少数工作人员吃、拿、卡、要，办事要请客送礼，等等，这些风气不改变，文明就无从谈起，发展环境就无从改善。要在全社会大力倡导社会主义荣辱观，弘扬正气，自觉维护社会公平正义，形成良好的社会风气。

（3）加强宣传动员。集中开展系列宣传活动，大力宣传建设生态文明先行示范区的重要意义和重大举措，营造全社会合力推进生态文明建设的良好氛围。积极搭建宣传平台，把“世界低碳生态经济大会”打造成国家级推动生态文明建设国际交流合作的重要宣传窗口和对外开放合作的高端平台。

（4）搞好实施规划。“凡事预则立，不预则废。”推进江西省生态文明示范先行区建设，搞好实施规划是重要一环。各地要在国家六部委已批复的《江西省生态文明先行示范区建设实施方案》的基础上，结合各地区、各部门、各单位的具体实际，制定各自的“具体规划”“实施方案”和“操作细则”，明确各自的目标、任务、要求和具体措施与操作要点等。

（5）强化统筹协调。省直单位是本行业责任主体，要积极争取国家政策支持，加强对各地的业务工作指导，组织开展试点示范。各市、县（市、区）是区域责任主体，主要负责同志是第一责任人、负总责，要确保本地区目标任务如期完成。构建省直单位与各市、县（市、区）之间的沟通机制，协调推进重大政策落实、重大资金争取和重大项目建设。

（6）加大政策支持。研究制订生态文明类产业发展目录，争取列入国家鼓励类投资项目清单。推动南昌临空经济区、共青先导区和赣南承接产业转移示范区列入国家重点产业布局调整和产业转移区，推动设立更多的战略性新兴产业创业投资基金。积极落实国家节能减排、资源综合利用和环境保护等有关税收优惠政策，逐步扩大“营改增”试点范围。对接落实中央资金支持全省生态文明先行示范区建设，争取国家在江西发行销售生态文明主题性即开型彩票。大力发展绿色信贷，加大对产业转型升级、资源节约、生态建设等项目的信贷投放力度，在符合规定的情况下，实施优惠利率并适当延长贷款期限。优先支持符合条件的节能环保企业上市及在“新三板”挂牌，推动生态环保项目利用国际金融机构优惠贷款。加大金融创新力度，完善林权、采矿权抵（质）押贷款制度，试行污水处理收费权等抵（质）押贷款，探索碳金融业务。各地各部门要结合实际，抓紧研究出台具体配套政策措施，完善生态文明先行示范区的政策体系。

（7）增强科技支撑。“科学技术是第一生产力。”推进江西省生态文明先行示范区建设，必须充分发挥科技的支撑作用。要求做到：第一，加强低碳与生态环保技术公共协同创新平台建设，在资源环境领域申报设立若干国家重点实验室、国家工程（技术）研究中心、国家认定企业技术中心，培育一批生态领域科技创新团队。第二，组织开展能源节约、资源循环利用、新能源开发、污染治理、生态修复等关键技术攻关。第三，建立和完善生态文明建设科技创新成果转化机制，形成一批成果转化平台、中介服务机构。

（8）培养专门人才。人才是成就事业的关键。建设江西省生态文明先行示范区，其最终成效和成功的关键在于人才——人才的使用和人才能力的发挥。第一，培养人才。全省各级政府，要千方百计培养人才，尤其是要把培养生态学人才、生态环境保护人才、生态文明建设人才放在突出位置，要按照《中共中央 国务院关于加快推进生态文明建设的意见》的要求，大力加强生态文明人才队伍建设；第二，发现人才。各级政府部门和领导干部，要善于发现人才，善于在生产实践和生态文明建设中，发现有“一技之长”、“一方远见”的生态文明专门人才，要甘当“伯乐”，善于发现“千里马”，这对成就生态文明事业十分有利、十分重要；第三，使用人才。要将生态文明建设专门人才放在“关键”岗位、“要害”岗位，充分发挥其在生态文明建设中的积极性和创新性，使其真正成为全省生态文明先行示范区建设的主力军、生力军，成为生态文明先行示范区建设的创造者、开拓者；第四，爱护人才。要像爱护自己的眼睛一样，爱护生态文明专门人才，这对全省生态文明先行示范区建设至关重要。要解决人才的后顾之忧，让其安心工作，全身心地投入到建设生态文明先行示范区的伟大事业之中。

（9）开展国际合作。现在的世界，是开放的世界。建设江西省生态文明先行示范区，必须始终高度重视国际交流与合作，要实施“走出去、请进来”发展战略，最大限度地吸收、利用国外的先进理念、先进技术、先进方法和先进经验等。只有这样，江西省生态文明先行示范区建设才能快速推进，实现又好又快发展。

（10）加强组织领导。江西省省委、省政府已经成立了江西省生态文明先行示范区建设领导小组，负责统筹推进生态文明先行示范区建设，研究解决重大事项；领导小组办公室设在省发改委，负责日常组织、协调和推进工作。各地要成立相应机构，把生态文明建设列入重要议事日程，与经济建设、政治建设、文化建设、社会建设同部署、同推进、同考核，确保生态文明建设各项工作部署落到实处。

参考文献

[1] 李绍东. 论生态意识和生态文明[J]. 西南民族学院学报（哲学社会科学版），1990（2）：104-110.

[2] 本书编写组. 十七大报告辅导读本[M]. 北京：人民出版社，2007.

[3] 十八大报告文件起草组. 十八大报告辅导读本[M]. 北京：人民出版社，2012.

[4] 中国科学技术协会，广东省人民政府. 第十七届中国科协年会——创新驱动先行论文集[M]. 北京：《中国学术期刊（光盘版）》电子杂志社，2015.

[5] 黄国勤. 生态文明建设的实践与探索[M]. 北京：中国环境科学出版社，2009.

江西省生态文明示范区建设

王　莉　易起红
（江西农业大学政治学院，南昌 330045）

摘　要：20 世纪以来，随着科技和产业革命的不断深化，全球经济的飞速发展，人们不断地从自然中获取的资源日趋增加，我们所处的环境日益遭到严重破坏，能源日趋短缺，资源面临枯竭。党的十八大报告指出“建设生态文明，是关系民族未来的长远大计。面对资源约束趋紧、环境污染严重、生态系统退化的严峻形势，必须树立尊重自然、顺应自然、保护自然的生态文明理念，把生态文明建设放在突出地位，融入经济建设、政治建设、文化建设、社会建设各方面及其全过程，努力建设美丽中国，实现中华民族永续发展”。江西省作为我国中部地区的大省，从 2008 年以来，确立了“生态立省、绿色发展”战略，生态建设成效显著，2014 年，江西省成为我国首批全境列入生态文明先行示范区建设的省份之一。
关键词：生态文明　危机　环境　生态经济　江西

一、提出生态文明的由来

生态文明是人类社会文明发展史上的一种新的文明形式，是当今世界环境和发展形势下的物质文明和精神文明建设的生态化形式。当今，生态问题已经成为社会关注的焦点之一。生产力的发展经历了农业文明、工业文明、科教文明，目前正向着生态文明的方向迈进。而现今的社会学家也普遍认为，社会应当是物质文明、精神文明和生态文明的统一。

20 世纪以来，随着大量环境问题的不断涌现，例如 70 年代后意大利塞维索化学污染事故、莱茵河污染事故、巴西戈亚尼放射性事故，以及世界各地如今频繁发生的海啸、雾霾、地震、冰川融化、海平面上升等问题，已经有越来越多的国家面临来自环境的威胁和生存的危机。因此，越来越多国家和地区开始关注环境问题，生态文明建设已经成为当今世界各国的重要问题和国际合作的新领域。

二、江西省的生态问题现状

江西省位于我国中南部，整个江西省地区面积达 16.69 万 km^2，面积约占我国国土面积的 1.74%。江西省位于中亚热带地区，境内四季分明，降水丰富，但是降水分布较为不平衡。省内的森林覆盖率已经达 63.1%，但分布不平衡。全省河流众多，河网密集，多数发源于周边山地，赣江、抚河等河流最后汇入我国最大的淡水湖泊——鄱阳湖，形成了几乎覆盖全省的鄱阳湖水系。秀美山水，星河密布，还有典型的南方水乡环境让人心驰神往，这些都是江西最大的资源优势和自然财富。然而作为一个自然资源丰富，但工业资源匮乏，工业化和现代化程度不高的中部省份来说，也会遇到经济发展与资源环境保护之间的冲突，这种天然的资源优势并不足以支撑高速发展的经济需求，并且这种优势非常地脆弱，如若在发展经济的同时不能处理好“金山银山”与“绿水青山”同时抓的难题，就有可能失去原有的优势和引以为傲的绿色品牌。

目前，江西省内的环境问题已逐渐显现，例如在水资源方面，水体面积日益缩小，围湖造田、造房、修路、建厂等情况的不断发生，导致严重的水土流失，可利用的水资源在不加节制的利用中正逐渐减少；水质污染情况逐渐加剧，淡水湖流域重金属含量超标、氮磷等非金属元素超标等。大量的生活和工业废水，未经过处理净化，直接排放进江河、湖泊中，导致省内的淡水资源遭受严重破坏，大量氮磷元素及其他重金属元素在水体中的富集，也带来不小影响。

在森林资源方面，首先是分布不均，森林资源主要分布在省内的边缘山区等地，然而，赣中、赣北地区，以及河流中下游地区，虽然面积广阔，但森林蓄积总量只占全省的 20%左右；其次是种植结构不合理，省内种植树木多为用材林，而真正用于水土保持、维护环境的防护林、经济林等所占比例较小，未形成完整体系的植被防护带，森林体系非常脆弱；另外，对森林资源的消耗过度也是一个非常严重的问题，由于人口数量逐年增加，日常生活对森林资源的消费激增，森林资源的再生速度与人们的消费速度不成比例，导致过度消费。

在土地资源方面，江西省内现有的可耕种土地的面积在逐年减少，全省耕地总面积已由1957年的28 126万 hm^2 减少到2003年的21 062万 hm^2。仅仅是46年的时间，省内的有效耕地面积就减少了7 064万 hm^2，平均每年154万 hm^2 的锐减量。长此以往，到2140年，将会出现整个江西省内没有可耕之地的可怕后果。同样地，不仅是耕地总面积的递减，人均耕地面积占有量也在逐年缩减，至2003年就已经低于联合国粮农组织（FAO）规定的不低于0.053 hm^2 的人均耕地警戒线。土地问题不仅表现在土地面积的减少，还有一个方面是耕地质量的总体下降。农药以及化工肥料的过量使用，造成土地的污染、板结、肥力下降等多方面的问题，使现有耕地的质量逐年下降，困扰现代农业。

生态问题凸显的一个重要方面还表现在，近年来各种自然灾害的频繁发生。灾害种类不一而足，主要涵盖洪涝等气象灾害，虫灾、禽畜传染病等生物灾害，地震、泥石流等地质灾害以及水土流失、湿地退化、森林覆盖率锐减等生态灾害。例如，据有关部门的数据统计显示，仅在2001—2003年，赣州地区分别出现暴雨天气95次、114次、56次，大雾天气三年之中总共出现878次，同一时段的九江地区出现864次大雾天气，上饶地区三年内出现暴雨天气合计214次，这都是一些气象重灾区。种种触目惊心的数字已摆在我们面前，不断提醒我们生态危机的严重性以及进行生态文明建设的迫切性。

三、江西省进行生态文明建设已有成果

目前，国家六部委已经正式批复《江西省生态文明先行示范区建设实施方案》（以下简称《实施方案》）。这标志着建设生态文明先行示范区上升为国家战略，也是继鄱阳湖生态经济区规划和赣南等原中央苏区振兴发展之后的第三个国家战略，同时也是第一个江西省被全境列入的国家战略。《实施方案》从全局把握，为推进生态文明建设和在新的起点上协调生态与经济发展，提供了新方向，提出了示范定位、阶段目标、六大任务，以及重点工程和行动计划等，在中部崛起的基础上走出一条绿色低碳循环的发展道路，以期到2017年在生态文明建设方面取得积极进展，力争到2020年生态文明先行示范区建设取得重大进展。

自2008年提出打造“鄱阳湖生态经济试验区”的理念以来，近几年，经过全省上下的共同努力，已有明显成效，鄱阳湖生态经济区的经济总量在整个江西省经济总量中所占比重持续增加，经济发展的质量和发展效益不断提升，在制度建设方面不断探索，创新模式，防止生态环境的不断优化。到2012年经济生产总值

鄱阳湖经济区已达 7 626.65 亿元，占到了整个江西省的 58.9%。在鄱阳湖经济区内部，新兴产业增加比重占到江西省的 68%。与此同时，在生态农业建设，生态工业建设，水资源综合治理以及生态补偿等方面进行了大量的探索，为江西省生态文明先行示范区建设积累了经验，并打下了基础。

在制度体制方面，江西省在生态文明法规制度方面率先进行了推进，《江西省资源综合利用条例》自 2001 年就已出台，是我国最早的资源综合利用地方法规。2012 年出台了我国首个有关保护生态经济区的地方性法规《鄱阳湖生态经济区环境保护条例》，后来，针对发展循环经济和合理利用资源，江西省又出台了《江西省发展循环经济和建设节约型社会工作分工方案》和《江西省实施〈中华人民共和国节约能源法〉办法》等法规制度。还补充性地出台了有关限制高能耗、高污染产业发展的相关意见等，形成了一整套行之有效的生态文明建设法律法规体系。

四、进行生态文明建设的有效措施

首先，优化江西省当前的国土格局。此项措施在现已通过的《实施方案》中也有提及，并把它放在六项任务的首要位置。优化国土格局，就是在现有土地面积的基础上，合理利用现有的土地资源和空间，提高对土地资源及其空间的有效利用率，并在可以满足当前人口需求的基础上，减少对水土资源的扩展浪费和城市扩建、地产开发等行为，在进行建筑物建造时可适当增加其高度，同等占地面积下，实现空间的纵向发展，以减少现代城市文明对土地的浪费；另一方面，减少不加限制地开拓荒地，减少对森林植被的破坏，逐步实现退耕还林，增加省内的森林覆盖率，并增加防护林、经济林、特种林等的种植比例，以用来有效减少水土流失及洪涝灾害的发生；加强对环湖湿地的保护，湿地作为“地球之肾”，是人类最重要的生存环境之一，有很好的含水蓄水作用，能有效抵御洪水、防止干旱、调节气候。因此，必须减少对湿地的破坏，减少围湖造田等现象的发生，增加湿地面积，维持正常生态秩序。

其次，优化现有的工业体制机制，发展生态经济，减少工业发展中的环境代价，发展绿色经济、低碳经济、循环经济。以往发展经济往往以牺牲环境为代价，工业生产虽有缓慢进步，但此过程中所付出的环境价值远远超出了工业发展本身。进入新时代，以高能耗、高污染为前提的传统工业，已经不适应当今环境和时代发展的要求。我们必须转换观念，树立尊重自然、顺应自然、保护自然的原则，坚持节约优先、保护优先、自然恢复为主作为基本方针，着力推进绿色发展、循环发展、低碳发展。改变现有的工业体制，减少资源投入，发展清洁能源，发展生态的第三产业，来带动整体经济的发展。逐步减少高能耗、高污染的第一、第二产业在国民经济中的比重。同时，增加现代工业中的科技投入，加快科学技术向实际生产转化的能力，以科技带动发展，不断增加工业产业中的科技含量，真正实现绿色发展、低碳发展、循环发展，实现 GDP 的绿色增长。

再次，加快生态文明建设还体现在社会意识方面。改变人们的价值观念，从而实现观念层次的改变，而这一点将对人的经世致用有很大作用。只有转变了观念，才能促使人们自觉地参与到生态建设和环境保护的进程中去。要在全社会树立生态文明建设的理念，倡导有关生态文明的行为，建立推广生态文明体系，促进生态文明建设发展的繁荣。加大对生态文明建设的宣传力度，使公众充分认识到进行生态文明建设的必要性和迫切性，加强人们对人与自然之间相互依存关系的认识度，带动全员参与，并把生态文明融入社会、家庭、教育等不同方面，让生态文明建设深入人心，见之于行。

最后，完善现有的关于环境保护和生态建设的规章制度，改革现有体制机制，保证生态文明建设顺利进行。新中国成立以来，1979 年五届全国人大十一次常委会通过了《中华人民共和国环境保护法（试行）》，从而结束了中国无环境保护法的历史。如今在改革开放和全面建设小康社会的关键时期，江西省作为中部崛起的大省，同时又是我国生态文明先行示范区之一，更应完善生态文明法规体系，不断改革和创新现有体制，建立起适合本土发展的生态文明建设体系制度，用法规体制的强制性保障生态文明建设的有效推进，并把生态文明建设进度作为考核政府部门工作的一项重要内容。

参考文献

[1] 毛明芳. 生态文明的内涵、特征与地位——生态文明理论研究综述[J]. 中国浦东干部学院学报，2010（5）.

[2] 谷树忠，胡咏君，周洪. 生态文明建设的科学内涵与基本路径[J]. 资源科学，2013，35（1）.

[3] 李培超. 自然的伦理尊严[M]. 南昌：江西人民出版社，2001.

[4] 黄国勤. 江西省生态安全面临的问题和生态建设对策[J]. 安全与环境学报，2006，6（2）.

[5] 江香梅，周敏荣，李田，等. 鄱阳湖退化湿地生态系统恢复策略初探[J]. 江西林业科技，

2009（6）.

[6] 许新桥. 生态经济理论阐述及其内涵、体系创新研究[J]. 林业经济，2014（8）.

[7] 龚建文，甘庆华，陈刚俊. 生态文化与生态文明建设研究——以鄱阳湖生态经济区为样本[J]. 鄱阳湖学刊，2012（3）.

江西省生态文明建设现状及对策分析

申 青
（江西农业大学政治学院，南昌 330045）

摘 要：江西省生态文明先行示范区的获批标志着江西的生态文明建设站在了一个新的更高的起点上，然而由于历史和社会经济发展程度等因素影响，江西的生态环境与生态文明建设还存在诸多问题，需要我们在生态文明先行示范区建设进程中加以克服。

关键词：江西 生态文明 现状 对策

前不久国家六部委正式批复《江西省生态文明先行示范区建设实施方案》（以下简称《实施方案》），作为我国首批全境列入生态文明先行示范区建设的省份之一，《实施方案》的获批，标志着江西省生态文明建设已站在一个新的更高的历史起点上。江西省有着丰富的自然资源和重要的生态区位优势，当前正处于加速发展的爬坡期、全面小康的攻坚期、生态建设的提升期。江西省建设生态文明先行示范区，对于推动发展方式向绿色循环低碳转变、提高资源高效清洁利用水平，实现在保护中发展、在发展中保护，为全国生态文明建设积累经验、提供示范，均具有重要意义。

但是，由于受生产方式和经济发展等因素的影响，江西省的生态文明建设现状和水平跟与一些地区还存在一定差距，人口、资源、环境和发展之间的矛盾仍然比较突出，这就需要我们在生态文明先行示范区建设过程中不断加以克服并采取切实可行的措施加以应对。

一、江西省生态环境现状

江西省是一个生态资源丰富，而生产方式相对落后的中部省份，为了较快实现工业化、城镇化，促进经济社会的快速发展，较长时期以来采取了比较粗放的生产方式，从而导致生态环境问题的凸显。

（1）水土流失严重。目前江西全省水土流失面积占全省总面积的 21.1%，且其中 1/3 以上的地区属于大强度水土流失区。全省每年水土流失量达 0.24 亿 t，其中一大半在鄱阳湖和入湖五大河流沉积。

（2）水资源受到污染。居民生活污水随意排放，城市饮用水水源受到严重污染。再加上工业废水大多往河流里排放，使河流也受到了不同程度的污染。

（3）噪声污染严重。由于现在江西省交通的快速发展，人们在感受交通便利的同时，也感受到了噪声的污染。噪声严重影响着人们的日常生活，给城市居民带来不小的烦恼。

（4）大气污染严重。虽然江西省的空气质量相较于其他省来说是不错的，但仍存在着空气污染现象。汽车排放的废气、工厂烟囱排放的浓浓黑烟都给江西的空气带来了很大的压力。

（5）自然灾害频繁。现如今江西省局部地区多次出现自然灾害，比如说旱灾、洪涝等自然灾害。另外，暴风雨等重大灾害性天气情况也频繁发生。

二、生态环境问题的原因分析

（1）经济因素。国内各省进行相互竞争，努力发展经济。当然江西省也不例外。江西省现如今处于经济快速发展阶段，经济越是发展，对自然资源的需求量也就越大，生态环境问题出现的也就越多。很多企业为了追求更好的经济效益，他们过多地使用自然资源，导致自然资源遭到了很多破坏甚至是浪费。不仅如此，各行业的废水、废气的排放量也不断增多，环境受到了严重的污染，人们只片面地追求经济增长的数字，却忽视了其背后所付出的沉重代价。

（2）政策因素。一些地方官员由于缺乏前瞻性与战略性，在发展经济中没有注重保护环境，加之一些好的环境保护政策没有落到实处，结果是等到问题出现了才想办法解决。政府只注重经济的发展，而忽略了遵循自然发展规律，没有正确处理好人与自然的关系。

(3) 社会因素。首先，江西省人口增长快，生态环境压力大。人口越多，需求的自然资源也就越多，因此，产生的生态环境问题也就越多，问题程度也就越大。其次，人们的环境保护意识不高。公众的环境意识和知识水平还都处于较低的水平，环境道德较弱，甚至有些人对环境问题漠不关心。除此之外，公众普遍认为这是政府的事，跟自己没什么关系，没有做到从我做起、从小事做起。

三、生态文明建设取得的成就

江西省委、省政府十分注重生态文明建设，新一届省委确立了“发展升级，小康提速，绿色崛起，实干兴赣”的十六字发展方针，为江西在新的历史时期的发展指明了道路与方向，尤其是“绿色崛起”的提出为江西的生态文明建设奠定了好的政治基础与政策保障，我们有理由相信一道道独特的“江西风景”将在生态文明示范区建设的进程中逐步形成；回顾多年来江西在生态文明建设方面取得的成果，我们更有理由满怀信心地继续努力，为全国尤其是欠发达地区的生态文明建设做好示范区、排头兵。下面从三个层面对江西省生态文明建设取得的成就加以梳理。

(1) 物质层面。在发展战略上，江西省借助其作为长江三角洲、珠江三角洲和闽南三角洲等沿海发达地区腹地的地缘优势，依托长江黄金水道和京九线、浙赣线等重要交通动脉，不断开展和深化与周边省份以及长三角、珠三角和闽南三角洲等沿海经济发达地区的经济交流与合作，实施资源互补、互通有无、合作共赢的发展战略，逐步实现资源的最佳配置和区域之间的合理分工，从而为江西的绿色崛起和生态文明建设奠定坚实的物质基础。在发展方式上，江西省积极转变经济发展方式，改变以往只追求经济效益的粗放型经济增长方式，大力发展低碳经济、循环经济和绿色经济，不断提高资源利用效率，努力降低资源消耗和污染排放。此外，江西还积极致力于江河湖泊的管理与保护，加快修复由于不合理的人类活动而日益失衡的江河湖泊生态系统，加强鄱阳湖生态经济区建设，实现经济发展与生态环境保护的有机统一，全面贯彻落实科学发展观。

(2) 制度层面。江西省政府积极探索生态文明建设过程中的自然资源产权管理制度、自然资源有偿使用制度，以及与生态环境效益相挂钩的政府绩效考核制度等一系列管理体制，不断进行生态环境保护制度创新，逐步开拓生态文明建设的新局面和新境界。江西省将能源消耗、污染排放、空气质量等纳入政府绩效考核和评价的范畴，对不符合污染物排放标准的地区和产业部门，在经济发展的政策倾向上加以适当的限制，从而在制度层面上积极引导江西省各地区走低碳发展、循环发展、绿色发展的资源集约型和环境友好型经济发展道路。同时，江西省还逐渐确立了生态环境破坏的权责追究制度，坚定落实“谁污染，谁治理”、“谁破坏，谁保护”等制度理念，基本上形成了有利于生态文明建设和生态环境保护的制度保障和长效机制。

（3）观念层面。为了大力发展经济，实现绿色崛起，江西省进一步解放思想，鼓励创新，坚持科教兴赣、生态兴赣的方针，以科技为先导，努力做到高起点、高标准、高环保的要求。另外，政府还努力构建从家庭到学校到社会的全方位生态文明教育体系，使每个人都能受到生态文明教育，从而提升全民的生态素养和生态素质。

四、生态文明建设的基本路径

生态文明以人与自然、人与人、人与社会和谐共生、良性循环、全面发展、持续繁荣为宗旨，以建立可持续的经济发展模式、健康合理的消费模式以及和谐的人际关系为主要内容。据此，江西省就要努力改变人与自然、社会相互冲突对抗的发展状态，转变不合理的经济发展模式、不科学的消费模式以及不和谐的人际关系，从经济发展模式、思想道德、法律制度等方面着手，形成生态文明建设的强大合力。

1. 转变传统的粗放型经济发展模式，大力发展循环经济、低碳经济和绿色经济

改革开放以来，那种单纯追求经济效益而忽视生态环境效益的粗放型经济发展模式在很大程度上推动了江西省生产力的巨大发展和社会的空前进步。但是，由于这种粗放型的经济发展模式严重依赖资源的高投入、能源的高消耗，并且常常以环境的高污染为代价，加之受自然资源有限性的约束，传统的经济发展模式在江西省这样一个资源人均占有量少的地方很难得以长久维系。同时，粗放型经济发展模式的弊端也日益显现。例如，空气质量的下降、水源的污染、土地流失的加剧、极端天气的频发等，这些都给江西省的生存和发展带来严峻的挑战。此外，传统的经济发展模式对资源的不合理利用，也使得人口、资源、环境与发展

之间的矛盾更加激化，并逐渐成为制约江西省经济平稳较快发展的“瓶颈”问题。所以，转变经济发展模式，大力发展循环经济、低碳经济和绿色经济就成为推进生态示范省建设的迫切要求和必然选择。

循环经济以减量化、再利用和资源化为原则，以提高资源利用率为核心，以资源节约、资源综合利用、清洁生产为重点，通过调整结构、技术进步和加强管理等措施，大幅度减少资源消耗、降低废物排放、提高劳动生产率。它力图实现资源的循环式利用，形成能源资源节约型的经济增长方式和消费方式，从而促进经济社会的可持续发展。低碳经济通过技术创新、制度创新、产业转型，尽可能减少煤炭、石油等高碳能源消耗，减少温室气体排放，最终达到经济社会发展与生态环境保护的“双赢”。

2. 坚持科学发展观，加快推进资源节约型和环境友好型社会建设

在党的十七大报告《高举中国特色社会主义伟大旗帜　为夺取全面建设小康社会新胜利而奋斗》中，胡锦涛总书记提出，科学发展观第一要义是发展，核心是以人为本，基本要求是全面协调可持续，根本方法是统筹兼顾，明确了科学发展观是指导经济社会发展的根本指导思想，标志着中国共产党对于社会主义建设规律、社会主义发展规律、共产党执政规律的认识达到了新的高度。

科学发展观的理论内涵要求在经济发展过程中，要充分考虑人口承载力、资源支撑力、生态环境承受力，正确处理经济发展与人口、资源、环境的关系，统筹考虑当前发展和长远发展的需要，不断提高发展的质量和效益，走生产发展、生活富裕、生态良好的文明发展道路。江西省要在新时期加快推进生态文明建设，必须毫不动摇地坚持科学发展观，全面贯彻落实科学发展观的基本要求和根本方法，走科学发展、绿色发展的道路。

资源节约型社会和环境友好型社会是对科学发展观重大战略思想的进一步贯彻和落实，也是对如何推进中国特色社会主义经济建设、政治建设、文化建设、社会建设与生态建设全面协调可持续发展的路径探索。江西省应努力建设一个以人与自然和谐相处为目标，以环境承载能力为基础，以遵循自然规律为核心，以绿色科技为动力，坚持保护优先、开发有序，合理进行功能区划分，倡导环境文化和生态文明，追求经济、社会、环境协调发展的社会体系。

3. 弘扬生态伦理道德，提高全民生态自觉和生态环境保护意识

党的十八大报告提出要“加强生态文明宣传教育，增强全民节约意识、环保意识、生态意识，形成合理消费的社会风尚，营造爱护生态环境的良好风气”。因此，推进生态文明建设不仅需要国家宏观经济政策的导向，更需要广大人民群众身体力行的广泛参与，因为在认识世界和改造世界的过程中，人始终是各种活动的主体。所以，弘扬生态伦理道德，提高活动主体的生态环境保护意识在如何加快推进江西省生态文明建设的问题上就显得尤为重要。

生态伦理道德，是指人类在处理人与自然关系上所应遵循的行为准则和规范。生态伦理道德是生态文明不可或缺的重要内容，建构和弘扬生态伦理道德并使其融入现代化建设各方面和全过程，是生态文明建设的题中应有之义。可以通过建构与弘扬生态伦理道德，唤醒人们的生态良知、生态道德自觉，增强人们的生态正义感和生态伦理责任感，促进人与自然和谐相处。

弘扬生态伦理道德，要加强对江西人民进行思想道德教育和生态文明自觉的教育。与思想道德教育相同，生态伦理道德的教育和生态文明自觉的教育也是一个内化与外化相互转化、相互促进、相辅相成的动态过程。对人们进行生态文明自觉教育，是社会有意识、有目的地向人们灌输生态伦理道德的过程，也是促使人们将外在的生态伦理道德内化为自身的行为规范和活动准则的过程。只有当广大江西人民都普遍认识到保护生态环境的重要意义，江西省的生态文明建设才会提升到更高的层次，才会取得卓有成效的活动结果。

4．转变政府职能，增强生态文明法律制度保障

人们在将生态伦理道德有意识地外化为自觉保护生态环境的行动过程中，并非总是能够取得预期的良好效果，难免会出现某些偏离初衷的情况和破坏生态环境的违法现象。所以，除了要加强对人们进行生态伦理道德教育和生态文明自觉教育以外，还必须转变和发挥政府职能，建设服务型政府和创新型政府，严格生态环境保护的立法、执法和司法过程，加强对生态环境保护违法行为的惩治，从而为生态文明建设提供强有力的法律制度保障。

江西省要扭转以往的先污染、后治理的局面，就要有效发挥政府的服务性功能。政府要建立和完善有关环境保护的科学决策制度，如调整产业布局、转变经济发展方式，取缔高污染、高能耗产业等，从产业布局、经济结构等重大决策的源头上控制资源环境问题的产生。在完善科学决策制度的同时，还必须建立和完善法治管理制度，加强生态补偿、生态环境保护责任追究、环境损害赔偿等制度的执行力度和监督检查，从资源环境角度形成对江西人民的行为约束和规范。对于那些以牺牲环境为代价而牟取经济利益的违法犯罪行为，要依法予以严厉的制裁和惩罚。通过惩治生态环境违法行为在全省树立和弘扬生态文明责任感和正义感，积极引导人们自觉对自身行为加以规范和调整，进而形成科学合理的生产方式、生活方式和消费方式，最终使每一个江西人民都能够为江西生态示范省的建设贡献自己的一份力量。

参考文献

[1] 谷树忠. 生态文明建设的科学内涵与基本路径[J]. 资源科学，2013，35（1）：2-13.

[2] 冉从茂. 浅谈如何推进生态文明建设[N]. 新华网，2013-04-03.

[3] 马永庆. 生态文明建设的道德思考[J]. 伦理学研究，2012（1）：1-7.

[4] 夏光. 制度建设是生态文明的软实力[N]. 人民日报，2013-01-05.

[5] 孙佑海. 生态文明建设需要法治的推进[J]. 中国地质大学学报，2013，13（1）：11-14.

江西建设生态文明示范省实践与思考

吕贵芬　陈院华　杨　涛
（江西省农业科学院土壤肥料与资源环境研究所，南昌 330200）

摘　要：生态是江西省发展的最大优势，建设生态文明示范省是解决经济发展和环境保护这对矛盾的唯一出路。本文总结了江西省在生态文明建设实践过程中取得的成果及存在的问题，并对今后发展提出对策建议。

关键词：江西　生态文明　示范省

一、前言

江西是全国生态环境质量最好的省份之一。良好的生态是江西最大的优势，绿色是江西最闪亮的名片。但是，与许多省份面临的问题一样，江西省正在加速实现工业化和城镇化，保护环境的压力更为巨大，如何在加快发展中，保护好我们共同的绿水青山，是全省人民的共同梦想。江西省提出建设生态文明示范省的战略构想，是省委、省政府着眼于江西省情实际和未来发展需求作出的重大战略决策。

二、江西生态文明建设的实践

1. 高度重视生态制度建设

长期以来，江西省在生态文明建设中积极探索实践，取得了较好的成效。先后出台了 30 多部地方法律法规，如《鄱阳湖生态经济区环境保护条例》《江西省湿地保护条例》等，在绿色发展道路上取得了很大成就。从 20 世纪 80 年代“山江湖”工程，到鄱阳湖生态经济区，到今天建设生态文明示范省，体现了历届政府对生态文明建设的重视。目前，江西省的森林覆盖率、大气环境质量、水资源总量及水质、湿地面积、生态多样性等各项生态指标位居全国前列。2009 年，鄱阳湖生态经济区上升为国家战略，最近江西又被纳入全国生态文明先行示范区建设，这都是江西省始终坚持绿色发展、保护生态所做的努力。

2．全面积极保护鄱阳湖生态环境

目前，中国乃至世界范围内的许多湖泊面临严重的污染问题，鄱阳湖是为数不多没有受到严重污染或富营养化的大型湖泊之一。江西在保护鄱阳湖方面所做出的长期努力，如恢复湖区植被，实施完善的湖泊保护制度及法律，在湖区建立自然保护区及监测水质和其他生态系统功能，得到了国际湖泊保护组织的认可。目前，江西计划采取进一步措施，确保鄱阳湖枯水期必要的最低水位，以维持其生态系统功能和人民生活的需要。这些举措都是十分积极和有效的。

3．大力发展绿色林业

江西省近年来蓬勃发展绿色林业，苗木花卉产业综合产值超 200 亿元。油茶和毛竹是江西的两大优势产业，面积、产量均列全国第二位，发展潜力极大。林下经济也是发展的重要领域，如江西的草珊瑚、崇义的南酸枣糕、樟树产业等。近年来，江西省森林旅游也不断升温，2014 年全省森林旅游接待旅客达到了 4 300 多万人次。将来我们还要培育一批“森林庄园”、“森林人家”等森林旅游品牌。

4．“源头控制”与“末端治理”双管齐下

高度重视能源资源节约和生态环境保护的观念，大力实施造林绿化、“五河一湖”生态环境综合治理、城镇生活污水处理、工业园区污水处理、农村清洁等重大生态工程，在实现“绿色崛起”的过程中，坚持在发展中保护生态，在保护生态中加快发展，大力推进鄱阳湖生态经济区建设，让鄱阳湖始终保持“一湖清水”。

三、江西生态文明建设实践中存在的问题

1．江西省发展基础薄弱

2013 年江西 GDP 总量在全国仅排名第 20 位，人均 GDP 全国排名第 25 位，江西欠发达的省情还未改变，产业层次不高，产业结构调整难度较大，社会事业相对滞后，基本公共服务水平不高，城乡居民收入水平偏低，与全国同步全面建

成小康社会的任务十分艰巨。

2. 生态建设与环境保护投入能力不足

目前鄱阳湖的生态系统较为良好，然而，湖区城镇化推进和工业化发展是其可持续发展面临的巨大挑战。但江西经济基础薄弱，地方财力有限，相对于繁重的生态建设与环境保护任务，投入能力不足的矛盾已经显现，持续保持和提升生态环境质量的压力很大。

3. 发展与保护的关系很难协调

江西的经济发展基础薄弱，提高经济质量，做大经济规模，促进工业化、城镇化，依然是江西经济发展的主要任务，而这势必给江西的生态环境带来巨大压力。如化工、有色金属、黑色金属等行业的迅速发展加大了江西在生态、环保方面的压力和难度。在保护中发展，在发展中保护，积极探索一条人与自然和谐相处，经济、社会与环境协调推进的有江西特色的绿色发展之路是我们在今后相当长时期内的艰巨任务。

四、江西建设全国生态文明示范省的对策建议

1. 建立和完善生态文明制度体系，加大执法力度

综合运用法律、行政等综合手段，建立生态文明示范省建设管理机制。在全省范围内加强各种污染治理，包括城镇生活污水处理、工业园区污水处理、农村清洁等重大生态工程，重点是环鄱阳湖流域农村污染治理，建设生态文明示范村、示范乡镇，从“五河一湖”源头建立生态屏障，并将生态补偿的范围逐步扩大。推动生态文明建设走上法制化的轨道。要把责任落实到基层。要建立生态文明的长效保障机制，建立和完善生态补偿机制。

2. 普及生态文明建设

建设生态文明示范省与每个公民息息相关，一定要严格规范生态文明的行为准则。生态文明要形成绿色发展观、消费观。首先要建立每一个公民的绿色消费观念，绿色居家，绿色交通，要从节水、节电、节能入手，倡导低碳节能生活。其次，要大力宣传生态文明建设的重大意义，鼓励每位公民积极行使自己的知情权、参与权、监督权，加大公众对政府、企业环境相关信息的公众参与力度，引导公众更多地参与生态文明示范省的建设。

3. 全方位构建绿色产业体系

在全省范围内整体规划，整体建设。坚持“五位一体”总体布局，将生态文明放在突出的战略位置，融入经济、政治、文化、社会建设的各方面和全过程，整体加以推进。根据环境承载能力，明确优先开发、重点开发、限制及禁止开发区域，分区分类布局生态功能和产业发展方向。

大力发展绿色经济，建立绿色产业体系、绿色生态体系、绿色消费体系。全面发展绿色农业、工业和服务业。绿色工业提倡发展循环经济，加速推进新型工业化，积极发展风电、核电、光伏、生物能源等能源产业。绿色农业发挥江西省资源优势，大力发展绿色食品、有机食品。只有大力发展绿色产业经济，转变传统经济发展方式，才能从根本上实现更安全、更环保、更清洁的发展。

只要坚持不懈抓好生态环境保护与建设，江西不仅会建成全国生态文明的示范省，还会为全国提供可复制、可推广的先进经验，为全国生态文明建设发挥示范引领作用。更将转化为可持续发展的“绿色银行”。全省贯彻绿色政绩观、绿色生产观和绿色消费观，上下一致、齐心协力，全力以赴将江西打造成为全国生态文明示范省和美丽中国排头兵，为实现江西梦、中国梦和中华民族的永续发展而尽心竭力。

参考文献

[1] 江西省社会科学院课题组，万建强，李志萌. 江西建设生态文明示范省研究[J]. 鄱阳湖学刊，2013（6）.

[2] 温珍梁，李琳. 建设富裕和谐秀美江西——江西生态文明建设的实践与路径选择[J]. 资源节约与环保，2013（9）.

[3] 陈坤峰，宋增伟. 生态文明建设的海南模式与基本经验[J]. 新东方，2012（2）.

江西建设全国生态文明先行示范区战略思考*

蒋海燕　黄国勤

（江西农业大学农学院/江西农业大学生态科学研究中心，南昌 330045）

摘　要：江西省委、省政府对生态文明建设高度重视，始终坚持走生态立省、可持续发展道路。江西省委十三届七次全体（扩大）会议明确提出“要坚持生态立省、在发展中最大限度巩固好、发挥好江西的生态优势，努力把江西建设成为全国生态文明示范省”。2014 年江西省全境列入生态文明先行示范区建设地区。本文分析了江西建设全国生态文明先行示范区的意义，并提出了江西建设全国生态文明先行示范区的战略措施和建议。

关键词：江西　生态文明示范省　意义　建议

生态是江西最大的优势，绿色是江西最亮的品牌。江西省委十三届七次全体（扩大）会议明确提出要坚持生态立省、在发展中最大限度地巩固好、发挥好江西的生态优势，努力把江西建设成为全国生态文明示范省。2014 年 7 月，国家发改委、财政部、国土资源部、水利部、农业部、国家林业局六部门公示了“国家生态文明先行示范区建设地区”（第一批）名单，全国共有 55 个地区入选，其中江西、贵州、云南、青海 4 省全境列入生态文明先行示范区建设地区。2014 年 11 月，国家发改委、财政部、国土资源部、水利部、农业部、国家林业局正式批复《江西省生态文明先行示范区建设实施方案》（以下简称《实施方案》）。作为我国首批全境列入生态文明先行示范区建设的省份之一，《实施方案》的获批，标志着江西省建设生态文明先行示范区上升为国家战略，成为江西省继鄱阳湖生态经济

* 江西省软科学研究计划项目“江西生态文明示范省建设对策研究”（项目编号：20133BBA10005）阶段性成果之一。

区规划（包含38个县、市、区）和赣南等原中央苏区振兴发展（包含54个县、市、区）后的第三个国家战略，也是江西省第一个全境列入的国家战略。

一、江西建设全国生态文明先行示范区的意义

1. 生态文明是一种新型文明境界

江西生态环境良好，有能力达到生态文明。江西是全国生态环境质量最好的省份之一。经评估，“十一五”末江西森林生态效益价值达到了8 233亿元，位居全国第一。江西省森林覆盖率达到63.1%，全省森林公园有161个，其中国家级45个。此外江西省城市绿地率和绿化覆盖率均为中部第一；人均公园绿地面积为13 m^2，列中部第一。

江西是全国最重要的湿地省份之一。湿地是“地球之肾”，江西湿地面积达5 478万亩，占江西国土面积的21.87%，居全国前列。鄱阳湖是亚洲最大的湿地，目前是我国五大淡水湖中唯一没有富营养化的湖泊之一，是候鸟的家园。

江西是全国生物多样性最丰富的省份之一。全省现有林业自然保护区220个，位居全国第2位。生物资源种类位于全国前列，全省已知的野生高等植物有5 000余种，占全国总数的17%。国家一级重点保护陆生野生动物和二级保护野生动物，分别占全国总数的22.4%和50%。

工业文明给人类带来了物质的极大丰富，同时也带来了能源短缺、资源短缺、环境恶化等诸多问题。生态文明是人类文明发展的一个新阶段，即工业文明之后的文明形态；生态文明是人类遵循人、自然、社会和谐发展这一客观规律而取得的物质与精神成果的总和；生态文明是以人与自然、人与人、人与社会和谐共生、良性循环、全面发展、持续繁荣为基本宗旨的社会形态。生态文明是人类为保护和建设美好生态环境而取得的物质成果、精神成果和制度成果的总和，是贯穿于经济建设、政治建设、文化建设、社会建设全过程和各方面的系统工程，反映了一个社会的文明进步状态。

2. 建设全国生态文明先行示范区为实现“发展升级、小康提速、绿色崛起、实干兴赣”提供了前所未有的战略机遇

江西入选生态文明先行示范区，饱含了党中央、国务院的高度重视和亲切关怀，体现了国家部委的大力支持和热情帮助。国家站在战略和全局的高度，启动生态文明先行示范区建设，为江西推进生态和经济协调发展指明了方向和路径，

为江西实现“发展升级、小康提速、绿色崛起、实干兴赣”提供了前所未有的战略机遇，有利于提升江西省在全国发展格局中的地位，形成竞争新优势；有利于把生态优势转化为发展优势，加快全面建成小康社会；有利于巩固长江中下游生态安全屏障，更好地融入长江经济带建设；有利于探索生态文明建设体制机制创新，进一步推进绿色循环低碳发展。

二、江西建设全国生态文明先行示范区的战略措施建议

1．将国家要求和江西实际紧密结合起来，推进生态文明先行示范区建设

建设生态文明先行示范区，是进一步加快发展升级、推进绿色崛起的重大战略举措，有利于提升江西省在全国区域发展格局中的地位，加快形成发展新优势，有利于推进生态文明建设体制机制创新。建设生态文明先行示范区，要结合江西实际，打造生态文明建设的“江西模式”。应当加强探索实践、积极先行先试，大力弘扬实干精神，把建设生态文明先行示范区的各项工作落到实处。全省各地都要把生态文明建设放在更重要的位置，当做一项战略性的系统工程、开创性的生态工程、基础性的发展工程，上下齐心协力共同推进，全力开创江西省生态文明建设新局面。

2．建立绿色 GDP 考核体系

建设生态文明示范省的核心问题就是要强化绿色政绩观、生产观、消费观和绿色发展考核评价体系。当前，固投、招商引资和财政收入数据的不实，表象是基层所为，根源还在于考核体系的导向问题。建立绿色 GDP 考核体系，应对生态脆弱的地方必须考核生态修复，在生态富足的地方必须考核生态适度利用、生态产业的有序发展。要建立严格的绿色目标考核体系和严格的目标管理办法，要把责任落实到最基层。要建立生态文明的长效保障机制，建立和完善生态补偿机制。

3．加大宣传力度

着力抓好生态文化建设，加强生态文明宣传教育，倡导生态文明行为，传播生态文化，开展生态创建活动，在全社会树立生态文明理念；要形成绿色发展观、消费观，首先是意识养成，要学会尊重自然、顺应自然、保护自然。其次是规则构建。建设生态文明先行示范区，一定要严格规范生态文明的行为准则。从旅游管理角度，也应加大标准体系建设，要从传统的模糊管理模式向标准化管理模式转型，不但有景区有分级标准，连农家乐也应有分级标准。要建立旅游生态行为

规范，再就是要在全省营造一种生态文明的环境氛围。要建立老百姓绿色消费观念，绿色居家，绿色交通，要从节水、节电、节能入手，倡导低碳节能生活。

4．加强生态环境保护

（1）要控制住环境污染源，不让污染进入生态系统。要把餐饮垃圾、农村垃圾、建筑垃圾等垃圾处理好。都说鄱阳湖是一湖清水，其实鄱阳湖是Ⅱ类水、Ⅲ类水，鄱阳湖流域的污染让人忧虑。

（2）要大力实施生态环境综合治理工程。如大力实施造林绿化工程、城镇生活污水处理工程、工业园区污水处理工程、农村清洁生态工程、重金属污染土地的修复工程等。

（3）大力发展生态农业。生态农业是按照生态学原理和经济学原理，运用现代科学技术成果和现代管理手段，以及传统农业的有效经验建立起来的，能获得较高的经济效益、生态效益和社会效益的现代化高效农业。它要求把发展粮食与多种经济作物生产，发展大田种植与林、牧、副、渔业，发展大农业与第二、第三产业结合起来，利用传统农业精华和现代科技成果，通过人工设计生态工程、协调发展与环境之间、资源利用与保护之间的矛盾，形成生态上与经济上两个良性循环，经济、生态、社会三大效益的统一。

5．要建立绿色产业体系

构建绿色产业体系，包括发展绿色农业、绿色工业、绿色服务业。

绿色农业，就是要咬定“绿色”不放松，大力发展绿色食品、有机食品，这是江西的强项。要充分发挥江西生态环境好的优势，大力发展绿色食品项目。绿色食品所具备的条件严格标准，包括：绿色食品生态环境质量标准；绿色食品生产操作规程；产品必须符合绿色食品标准；绿色食品包装储运标准。油茶和毛竹是江西的两大优势产业，面积、产量均列全国第二位，发展潜力极大。林下经济是未来发展的重要领域，一根草、一棵树都可能发展成一个大产业。只有大力发展绿色产业经济，转变传统经济发展方式，才能从根本上实现更安全、更环保、更清洁的发展。

绿色工业是指实现清洁生产、生产绿色产品的工业，即在生产满足人的需要的产品时，能够合理使用自然资源和能源，自觉保护环境和实现生态平衡。绿色工业的实质是减少物料消耗，同时实现废物减量化、资源化和无害化。因为一切工业污染都是因为工业生产过程中对资源利用不当或利用不足所导致。绿色工业特别提倡发展循环经济，其中有一个很重要的产业就是能源产业。加速推进新型工业化，要紧紧抓住风电、核电、光伏、生物能源等能源产业。

绿色服务业是指有利于保护生态环境，节约资源和能源，无污、无害、无毒的、有益于人类健康的服务总称。绿色服务业强调采用绿色技术和绿色管理手段，在服务全过程中严格遵循“节约资源、降低消耗、防污治污”原则，尽可能地减少服务过程对生态环境以及人体健康的负面影响，既能最大限度地保护生态环境，又能够降低服务成本和提高经济效益，同时，也能够满足客户的实际需求。长期以来，我国服务业大多为劳动密集型，习惯于粗放经营，即高投入、高消耗、低产出的经营方式，同时也显示：我国服务业在发展绿色服务、节约能源和资源、降低消耗方面确实存在较大潜力。实际上，绿色服务具有较高的附加价值，服务企业可从中获得额外的“绿色利润”。21 世纪将是一个绿色的世纪，一切破坏生态环境的行为都将被禁止。可以预见，绿色服务业将是未来服务业发展的必然趋势。旅游业是绿色服务业的支柱。只要绿色农业、绿色工业、绿色服务业“三业”兴旺，绿色产业体系就一定可以构建完善。

三、结语

建设生态文明示范省必须先行推进生态文明示范区的建设，建设生态文明先行示范区的目的，是以制度创新为核心任务，以可复制、可推广为基本要求，鼓励示范地区紧紧围绕破解本地区生态文明建设的“瓶颈”制约，先行先试、大胆探索，释放政策活力，为全国生态文明建设积累有益经验，树立先进典型，发挥示范引领作用，也为建设生态文明示范省打下坚实基础。江西省要切实抓住宝贵的历史机遇，利用好江西省的生态资源和生态优势，不断推动生态文明建设。

参考文献

[1] 江西省社会科学院课题组，万建强，李志萌. 江西建设生态文明示范省研究[J]. 鄱阳湖学刊，2013（6）.

[2]《江西省生态文明先行示范区建设实施方案》解读——江西省将打造中部绿色崛起先行区[N]. 江西晨报，2014-11-24.

江西建设生态文明示范省的哲学思考

韦书明

（江西农业大学政治学院，南昌 330045）

摘　要： 本文从江西建设生态文明示范省的实际出发，以生态哲学为理念，以“以人为本”的科学发展观为指导，分析江西建设生态文明示范省的现状和必要性，运用马克思主义的生态哲学思想，从实践层面结合江西生态环境现状对生态文明示范省的建设进行哲学思考，提出了加快建设生态文明示范省的几点对策和措施。

关键词： 生态文明　哲学思考　实践途径

人类发展观的演变表明，当经济增长达到一定阶段时，对生态环境的免费使用必然达到极限。人类要继续发展，客观上必然要求我们转变经济增长方式，用新的模式发展经济；要求我们减少对自然资源的消耗，并恢复被过度使用和破坏的生态环境。改革开放30多年来，中国的经济得到快速的发展，江西作为中部地区的省份，也紧跟改革开放的时代潮流，大力加强经济建设，但经济发展过程中也带来了一系列的环境问题，如资源消耗、大气污染、水污染等。江西面临如何解决经济发展与环境保护的问题，为促进二者协调发展，建设秀美和谐富裕江西，省委、省政府不断探索和实践，开展了生态示范区和生态文明示范省的创建活动。

一、江西建设生态文明示范省的提出及其内涵

1．江西建设生态文明示范省的提出

（1）江西省的自然状况

江西省地处我国东南部，地理位置优越，属亚热带季风气候，四季分明，光

照和降水较充足，气候条件较好。全省国土面积 16.69 万 km^2，约占全国陆地面积的 1.74%。东、南、西部地势高，中部低，向北倾斜形成一个向北开口的盆地。江西的森林覆盖率达 63.1%，位居全国第二，省内河流众多，主要河流监测断面水质达标率由 2008 年的 76.3%提高到 81.8%。目前，江西拥有 4 处世界遗产、3 处世界地质公园、14 个国家级风景名胜区、45 个国家级森林公园、15 个国家湿地公园、11 个国家级自然保护区，各类自然保护区面积占全省土地面积的 7.1%。近年来，广大群众参与植树造林，政府实施各种生态环境治理措施和生态工程，全省已有 11 个设区市城区空气质量达到国家标准，生态环境总体质量位居全国前列。

（2）江西省的生态环境现状

改革开放以来，江西省经济建设得到快速发展，经济发展水平得到进一步提高。但是资源的过度开发超过了环境承载量，致使江西的生态环境面临严峻的挑战。土地利用现状是：耕地总量不断减少，人地矛盾突出。耕地质量不高，土壤养分有退化的迹象，严重威胁食品安全；水资源现状是：水污染面积扩大，农业用水浪费大，工业用水利用率低；空气资源现状是：雾霾天气增多，空气能见度低，空气中对人体有害的物质增多；生物多样性现状是：栖息地环境改变，不少野生动物处于濒临灭绝状态，外来物种入侵威胁着生物多样性。从目前的生态环境现状来看，环境形势令人担忧。在经济高速增长时期若不考虑人均资源占有量少的现实，不顾整体环境容量，在追求 GDP 增长的同时纳入环境成本，重增长数量而轻增长质量，其增长是不真实的增长也是不可持续的增长，其实质是重蹈“先污染，后治理”的老路。

（3）江西省由生态示范区到生态文明示范省建设的发展

在江西省生态环境脆弱，环境污染严重的现状下，需要在可持续发展观的指导下，不断探索与创新，寻找一条适合江西省省情、保持经济稳定快速发展、人与自然和谐相处的环境友好的发展道路。

生态示范区建设是江西省可持续发展实践的重要战略思想，是建设生态文明示范省的重要组成部分。鄱阳湖是我国最大的淡水湖，是江西人民的“母亲湖”。2007 年春，国务院总理温家宝视察江西时发出了“要保护鄱阳湖生态环境，使鄱阳湖永远成为一湖清水”的号召。江西省委、省政府积极响应温总理的号召，于 2008 年 3 月作出了建设鄱阳湖生态经济区的重大发展战略。2009 年 12 月 12 日国务院正式批复《鄱阳湖生态经济区规划》，使鄱阳湖生态经济区上升为国家战略，成为新中国成立以来江西省第一个被列为国家战略的区域性发展规划。鄱阳湖生态经济区国土面积 5.12 万 km^2，范围包括南昌市、景德镇市、鹰潭市以及九江、新余、抚州、宜春、上饶、吉安市的部分县（市、区），共计 38 个县（市、区）。经过几年的发展，鄱阳湖生态经济区的生态环境有了明显改善，地方经济也有显著发展。一些试点地区已在发展生态产业，促进了地方经济发展、提高了农民的生活质量，并为解决湖泊污染、生物多样性减少、湖区生态环境退化等环境问题探索出新的路子。面对所取得的良好发展成果，我们不能放松经济区的建设，应该将鄱阳湖生态经济区建设成为生态文明示范区，实现经济发展与生态保护相协调，要立足经济区的具体生态情况，系统开发，综合治理。

生态文明示范省建设是江西省可持续发展实践的创新，是生态示范区建设的进一步升华。在鄱阳湖生态经济区建设不断取得成绩的同时，示范区的规模也会不断地扩大。生态文明示范省建设就是在生态示范区基础上发展形成的更高一级的经济、社会、环境协调发展的模式，是可持续发展实践的新的探索。2001 年以来，江西省委、省政府明确提出“既要金山银山，更要绿水青山”的发展理念，着力建设“三个江西”其中包括“绿色生态江西”。2007 年江西省委、省政府又提出“生态立省、绿色发展”的战略。江西省在 2013 年《政府工作报告》中提出：“要在未来五年，力争实现生态文明建设全国领先的目标。”江西生态文明示范省建设是树立和落实科学发展观的实践行动，现已在全省范围内呈现出良好的发展态势，成为推动省域经济、社会与环境协调发展的有效载体，是正确协调人与自然关系、实现人与自然和谐共处、建设生态文明示范省的一个创新。

2. 江西建设生态文明示范省的内涵

生态文明示范省建设从根本上讲，就是在省域范围内解决经济、社会与环境保护之间的矛盾问题。明确这一点，可以使生态文明示范省建设的研究回到省域范围内的环境保护问题上来。笔者从以下几个方面提出生态文明示范省建设的内涵。

第一，从生态文明示范省建设提出的目的来看。生态文明示范省建设的目的是为实现人与自然和谐相处，促进经济增长方式和传统生活方式的转变，改善省域范围内的生态环境，以应对江西省日益突出的环境问题，建设和谐秀美富裕的江西。可以说，生态文明示范省建设的提出和有效实施，可以解决两大难题：“一是解决工业革命以来人类发展与资源环境之间的冲突；二是解决环境保护与经济建设相互脱节、相互矛盾的‘两张皮’现象”。

第二，从生态文明示范省建设的手段来看。生态文明示范省建设需要运用行政、经济、法制和教育等手段来保障和实施生态文明示范省建设。行政手段是政府各有关部门制订可行性的路线方针，大局上制定好规划，以政府的公信力权威地促进生态文明示范省建设各项目标的实现。经济手段是一种政策手段，主要是以市场为导向，鼓励企业产业升级，发展绿色经济，推动生态文明示范省建设的目标实现。法律手段是建设生态文明示范省的法律保障，实施生态文明示范省建设依托法律尤其是环境法可以解决“必须怎么做”以及“不这样做要承担怎样的责任”的问题。教育手段是传播生态文明示范省建设意识的有效途径，通过教育可以灌输全省民众建立起尊重自然、爱护自然、人与自然和谐相处的观念。

第三，从生态文明示范省建设的内容来看。生态文明示范省建设的“突出特点表现在整体性、系统性、协调性和高效性”，其内容包括自然环境、经济和社会三个方面，具体而言生态文明示范省建设应包括环境污染治理、生态保护与建设、转变经济增长方式发展生态产业、建设生态人居环境、倡导生态文化等方面内容。

第四，从生态文明示范省建设的指导理念来看。生态不是简单的蓝天碧水，“生态首先是一门哲学，是人们认识自然、改造自然的一种世界观和方法论；第二它是一门科学，是包括人在内的生物和周围环境之间关系的一门系统科学。”因此，江西建设生态文明示范省应以生态哲学为理念，建立在正确认识人与自然生态系统关系的基础上。“它的主要特点是，从反自然的哲学走向尊重自然的哲学，或者，从人统治自然的哲学过渡到人与自然和谐发展的哲学。”生态哲学是一种强调人与自然和谐统一，经济、社会和环境协调发展的世界观与方法论体系。江西生态文明示范省建设要以生态哲学为理念，充分调动全省广大民众积极参与到生态文明示范省的创建当中，以实际行动，将自己置身于自然生态系统当中。了解自身与生态系统的关系，按照生态自然规律去建设生态文明示范省。

综上所述，江西建设生态文明示范省是以生态哲学为理念、以相应的法律制度为保障，在省域生态环境能够承载的范围内发展生态经济，从而建设一个人与自然和谐相处，经济、社会和环境协调发展的生态文明示范省。同时，生态文明示范省建设也是以可持续发展观为指导，通过行政、经济、法律和教育等手段，在省域范围内保护生态环境、发展生态产业、建设生态人居和生态文化，在经济和社会得到发展的同时，环境也得到了有效保护，实现江西的良性发展。

二、江西建设生态文明示范省的哲学基础

随着近些年江西经济社会的发展，我们不难发现，江西的工业文明正在逐渐走向衰落，一种新的生态文明正在悄然兴起。江西的生态文明最终将取代工业文明，这是社会发展的潮流。从哲学的视野看，主要有以下思想。

1.“人是自然的一员”的思想

综观人类历史发展的进程，工业文明时期以“人是自然的主人”为哲学基础。通过科学技术的进步，人类不断向大自然索取，以牺牲环境为代价发展经济。不断增加物质生产量，以此来满足人类的需求。西方欧美国家的发展道路是如此，以牺牲环境为代价走先污染后治理的经济发展之路。自改革开放以来，我国经济得到快速发展，但是发展模式依然跳不出先污染后治理的怪圈。江西作为中国中部地区经济欠发达的省份，沐浴着改革开放的春风，搞经济建设，经济得到了发展，人民的生活水平有所提高。但是经济发展模式没有发生改变，“人是自然的主人”的哲学思想深深印入人们的发展观念之中。致使江西出现资源消耗、环境污染等一系列生态问题，这样的发展模式是行不通的。

与此相反，生态文明遵循的是“人是自然的一员”的哲学观点。生态文明的伦理原则为和谐性、整体性和全面性。在生产和生活中遵循生态学原理，建立人与自然和谐相处，合理利用和开发自然资源，建设良好的生态环境；依靠科技进步，进行适度规模的社会生产和消费，以满足人的物质、精神和生态需求。江西提出建设生态文明示范省充分证明全省民众的生态觉醒，完全符合“人是自然的一员”的哲学观点，是解决当前江西省经济发展与环境保护这一矛盾的重要举措，是有利于全省代际间及下一代拥有良好的自然资源和环境的重要决定。

2.“人—自然”的整体价值观思想

工业文明时期的价值观是以人为中心，这是一种经济价值观，即对任何事物，都以对人的欲望特别是物质欲望的满足来判断其价值，并由此确定人的行动方向和方法。工业文明只看重经济的发展，只看重经济发展给社会带来物质财富，而无暇顾及环境的保护和生态的需求。改革开放以来，江西的发展很大程度上也是只看重经济的发展，而忽视了环境的保护。当然走这样的发展道路也是由各种原因造成的，当前我们必须改变落后的发展模式，走生态立省的发展道路。

生态文明则要求形成“人—自然”的整体价值观和生态经济价值观。人们的

日常生产生活要遵循“人—自然”系统整体的利益，人类要在满足人类各种物质需求的同时保持自然及环境的健康发展，要让地球环境与人类一起可持续发展。江西提出建设生态文明示范省正是符合“人—自然”的整体价值观和经济价值观，在这种科学的价值观指导下，全省上下同心，在全面建成小康社会的过程中，在进一步提升经济综合实力的过程中，全省民众必须更加注重利用改造自然，保护省域生态环境，维护生态系统稳定，使人人都有享受良好环境的权利。这样经济可以得到发展，生态环境也可以得到保护，对美丽江西的建设又进了一步。

三、江西建设生态文明示范省的哲学思考及对策

1. 正确处理人与自然的关系

马克思和恩格斯的生态文明思想为江西省当前解决生态问题，进行生态文明建设理论探讨和实践行动提供了很强的理论支撑和方法论启示，对于生态环境问题的理解和处理原则，在方法论意义上，有很大的借鉴作用。树立人与自然相互依存的整体观念，人类的行为才能体现合目的性与合规律性的有机统一。因此，我们应做到：

（1）遵循自然规律，充分发展有机农业

自然界是人类赖以生存的物质基础，人类在接受自然规律制约的前提下，借助人的主观能动性，对自然所作的适度改变，这种改变必须以不破坏自然为前提。我们要借助江西部分市区现有的生态环境优势，在遵循自然规律的前提下，因地制宜地发展有机农业。有机农业在江西的发展前景乐观，21 世纪是一个绿色世纪，有机农业是“朝阳产业”。目前，江西的有机农业发展已初具规模，在一些地市已经建设了有机农业示范基地，开发了一些有机食品。如：万载县的有机姜、脚板薯、百合、蜂蜜等，产品可直接销往欧盟等国外市场；抚州的蜜橘、白莲、西瓜、麻鸡等产品都获得“绿色”和“有机食品”证书。江西发展有机农业是在充分遵循自然规律的前提下取得的重要农业成果，它有利于江西经济的发展、有利于解决现代农业大量施用化肥、农药所带来的问题，能够有效地防治环境污染，有利于资源保护，将资源优势转化为经济优势，提高农产品附加值，实现农业可持续发展。

（2）维护自然界的平衡，发展生态旅游业

在任何一个正常的生态系统中，能源流动和物质循环总是不断地进行着，并

在一定时期内，生产者、消费者和还原者之间保持着一种动态的平衡，这种平衡状态被称为生态平衡。江西发展生态旅游业是寻求生态平衡的有效途径。江西发展生态旅游具有得天独厚的优势，江西地处中国东南部，与多省毗邻，地理位置优越，交通便利。有独特的自然景观、多样的动植物资源以及丰富的人文景观。我们应抓住有利形势，发展和保护好江西的生态旅游，组织和开展形式多样的生态旅游活动。如：举办鄱阳湖生态旅游节、东江源生态旅游节、明月山月亮文化旅游节等。江西发展生态旅游是在正确处理人与自然关系、充分遵循自然规律的前提下，以维护自然界的平衡为出发点、实现人与自然和谐相处的重要产业。它是江西省建设生态文明示范省的重要组成部分，值得进一步发展壮大。

2. 确定自然界相互联系的整体性

联系是客观和普遍存在的，世界是相互联系的统一整体。人与自然都是世界的组成部分，都是相互联系、相互依赖的。我们要学会生态地和整体地看待世界和生命、看待人的存在和世界的存在。作为整体的世界，是以整体的方式而生存的。因此，我们应该做到如下几点：

（1）注重整体性思维，加强区域合作

江西在建设生态文明示范省时必须注重全国的整体性。江西省对于全国来说只是其中的一个部分，各个省对于整个国家而言也只是它的一部分，各个省生态环境的变化会影响国家的整体环境。在生态环境的治理中应加强省际的合作。江西是中部地区经济欠发达的省，同时也是经济发展具有活力的省。因此，江西所面临的挑战也是巨大的。目前，江西所面对的关键问题是如何在实现工业化发展的同时又能建设全国生态文明示范省。随着人们生态环境保护意识的增强，改变传统的工业文明发展模式、建设生态文明已成为全省民众的共识。福建省政府制定《福建“十二五”环境保护与生态建设专项规划》阐明了环保与生态建设领域总体要求、目标任务和政策举措，提出建设“森林福建”，实施重点节能工程。浙江省政府出台《“811”生态文明建设推进行动方案》的实施，以及节能降耗十大工程、污染减排六大工程的推进，浙江的节能减排和环境保护取得了一定成果。福建和浙江等省在生态文明建设上取得了一定的成果，江西应加强与在生态文明建设取得成效的省份之间的区域合作交流，学习他们的成功经验再结合江西省省情进行生态文明示范省的建设。

（2）节约资源，走江西绿色发展之路

在党的十八大报告中提到节约资源是保护生态环境的根本之策。节约资源范围广泛，我们要在多方面同时兼顾，在整体上树立全局观念，立足整体，统筹全局，实现生态文明建设的目标。在全省形成节约资源和保护资源的环保意识，树立全民节约理念，我们每个人从身边的每件事做起用实际行动来节约资源。政府相关主管部门要立足整体推行有利资源节约和环境保护的生产、生活模式和城乡建设模式，以节约资源为重点积极探索发展循环经济的有效模式。创建国家环保模范城、生态宜居城市和环境优美村镇，全面改善城乡人居环境，建立绿色发展的城乡体系。

3．发挥政府在生态文明建设中的主体作用

主体性是指人在实践过程中表现出来的能力、作用、地位，即人的自主、主动、能动、自由、有目的的活动的地位和特性。发挥政府在生态文明建设中的主体性作用，是江西能否快速实现建设生态文明示范省的关键。在建设生态文明示范省的过程中，政府作为国家“公权”的代表，应发挥其主导作用，大力推进生态文明建设。

（1）健全生态文明示范省建设的综合协调机制

江西生态文明示范省建设是一项涉及社会生产和生活各方面的系统工程，在政府部门中仅靠环保部门是难以组织和协调生态文明示范省的建设，这就要求政府将组织管理的综合协调作为重点，有效形成生态文明示范省建设的综合协调机制。目前，江西省按照环保部的要求成立了由各有关部门参加的生态文明示范省建设领导小组，并下设办公室。市县一级也相应成立了领导小组，为生态文明示范省建设提供了有力的组织保证，初步建立了各部门分工协作的工作机制。实践证明，综合协调工作做得好，就会得到党政领导、各职能部门、各地方和群众的支持，大家齐心协力，群策群力，生态文明示范省建设就能够有效地进行，最终取得一定的成效。反之，将会影响生态文明示范省建设工作的进展速度。王如松教授说：“凡是主要负责人不重视，没有建立部门间协调机制，没有落实人员编制、资金渠道和管理办法的，其生态规划都如同虚设，生态建设只是一个口号。”

（2）通过宣传教育引导公众参与生态文明示范省建设

调动公众的积极性、创造性和社会力量对于生态文明示范省建设是非常重要的。首先，公众参与生态文明示范省建设能够真正体现公众对生态文明示范省建设的意愿，能够自觉引导公众参与到生态文明示范省建设中。其次，能够促进生态文明示范省建设科学、高质量的进行。最后，能够使公众更加深刻理解生态文明示范省建设。因而应建立生态文明示范省建设的公众参与机制，唤醒公众的生

态意识和观念，用符合生态文明示范省建设的方法去改变自己的行为方式。政府应重视开展生态文化、生态文明的宣传和教育。通过多层次、多形式及全方位的宣传教育，使生态文明示范省的理念扎根于全省民众内心，以此提高公众创建生态文明示范省的责任感和使命感，把生态文明示范省建设转化为全社会的自觉行动。在统一思想达成共识的基础上，形成生态文明示范省建设的强大合力。

（3）完善生态文明示范省建设政绩考核制度

正确发挥政府的主体性作用就需要以正确的思想来引导。以科学的发展观为引导树立正确的政绩观，科学的发展观与正确的政绩观紧密相连，二者缺一不可。传统的政绩考核方式使得各级政府一味追求 GDP 的增长，不愿意放慢经济发展速度去搞生态建设，甚至有些地方领导急功近利，以牺牲环境为代价来实现经济的一时增长。其结果造成环境污染、生态破坏，影响公众的生活质量。

完善生态文明示范省建设的政绩考核机制，是要把生态文明示范省建设的成效作为各级领导政绩考核的重要内容，把建设生态文明示范省的实绩作为评价干部的重要依据。环境保护成效理应成为政绩考核内容，除了环境保护外，生态文明示范省建设还包括生态产业、生态文化建设等内容。因此，为促进生态文明示范省建设目标的实现，除把环境保护纳入考核体系外，还应把生态产业、生态文化建设成效等作为考核内容之一，进一步完善生态文明示范省建设的政绩考核机制。

完善生态文明示范省建设政绩考核机制，使政府在谋求经济发展的同时充分考虑生态环境的保护，做到保护自然与发展经济的统一，这样才有真正意义上的人与自然的和谐。实现江西的生态立省，建设美丽江西。

参考文献

[1] 中国科学院可持续发展战略研究组. 2006 中国可持续发展战略报告[M]. 北京：科学出版社，2006.

[2] 花明，华启和，朱青，等. 江西建设生态文明示范省的战略思考[J]. 东华理工大学学报，2013（1）.

[3] 解振华. 树立科学发展观　大力推进生态省建设[J]. 中国生态农业学报，2004（4）.

[4] 2013 年江西省《政府工作报告》亮点解读[N]. 江西日报，2013-01-24.

[5] 季昆森. 关于生态省建设的几点思考[J]. 安徽科技，2003（6）.

[6] 何文博. 关于实施生态省建设的思考[J]. 中国环境管理，1999（6）.

[7] 何雁.“生态和谐”的深层意义在哪？——一场关于生态文化建设的诠释性对白[J]. 今日海南，2007（2）.

[8] 余谋昌. 文化新世纪[M]. 北京：中国林业大学出版社，1996.

[9] 张幕萍，等. 中国生态文明建设的理论与实践[M]. 北京：清华大学出版社，2008.

[10] 王如松. 生态政区建设的系统框架——生态安全、循环经济与和谐社会[J]. 环境保护，2007（5）.

江西省农业生态文明建设存在的问题与对策*

马艳芹　黄国勤**
（江西农业大学生态科学研究中心，南昌 330045）

摘　要：随着发展现代农业和推进工业化、城镇化步伐的加快，生态环境与经济发展的矛盾日益突出，水资源短缺、水土流失严重、人口压力过大等一系列生态环境问题和高耗能、高污染、资源型的经济增长方式带来的结构性污染已成为制约江西农业可持续发展的重要因素。而农业生态文明是一种先进的发展理念，强调人与自然的和谐发展，农业、效益与生态的融合发展。推进农业生态文明建设，对破解现阶段江西农业发展中的种种难题有着重要意义。

关键词：农业　生态文明　问题　对策　江西省

引言

农业是与自然生态联系最密切的产业，是整个国民经济发展的基础和保障，农业的特质决定了农业生产和农业生态资源保护工作在整个生态文明建设中具有极其重要的地位，如何建设农业生态文明，直接关系着中国未来农业发展和生态文明全面建设的进程[1]。中国近几年来对农业生态文明建设十分重视，在建设进程中，既有硬件方面的要求，同时也有软件方面的要求。因此，研究农业生态文明建设的发展路径对于中国社会主义现代化建设与构建和谐社会均具有重要的现实意义[2]。农业生态文明，是指人类以一种对环境友好、资源节约的方式，促进

* 江西省软科学研究计划项目“江西生态文明示范省建设对策研究”（项目编号：20133BBA10005）阶段性成果之一。

** 通信作者：黄国勤，教授、博导，E-mail：hgqjxnc@sina.com。

农业可持续发展的各项成果的总称[3]。中国共产党在十八大报告中指出，要努力推进我国生态文明建设，并把“三农”问题作为生态文明建设的重点来抓。因为在我国这样一个历史悠久的农业大国，建设生态农业的文明是构建生态文明的核心和首要任务[4]。农业生态文明建设提出重视农村生活中一切有生命的内在价值和发展的需要，认为人们在利用农业资源生活的同时，更要承担对生存环境的保护责任，有效地配置农业生产资源，解决农业发展中的生态平衡问题，为后代的持续发展留下足够的空间[5]。

江西地处北回归线附近，全省气候温暖，光照充足，雨量充沛，无霜期长，非常适应农作物生长。全境土地肥沃，水资源丰富，有大小河流 2 400 余条和全国最大的淡水湖鄱阳湖。全省森林覆盖率达 63.1%，并居全国第一。农产品资源丰富，江西绿茶、赣南脐橙、南丰蜜橘、广昌白莲、泰和乌鸡、鄱阳湖大闸蟹等久负盛名，是我国重要的农业大省，是新中国成立以来全国两个从未间断输出商品粮的省份之一，粮食产量位居全国第 13 位，稻谷产量位居全国第 3 位，中部地区第 2 位，以占全国 2.3%的耕地和 3.3%的人口，生产了占全国 3.5%的粮食，是名副其实的粮食大省。近几年江西省省委、省政府高度重视生态文明建设，先后制定了相应的部署和政策措施，努力推动人与自然关系的和谐发展，例如通过实施“山江湖工程”、“既要金山银山，更要绿水青山”、“鄱阳湖生态经济区建设”战略，也取得了一些重大成就，但随着发展现代农业和推进工业化城镇化步伐的加快，生态环境与经济发展的矛盾日益突出，水资源短缺、水土流失严重、人口压力过大等一系列生态环境问题和高耗能、高污染、资源型的经济增长方式带来的结构性污染已成为制约江西农业可持续发展的重要因素。

一、江西省建设农业生态文明的意义

农业生态文明实质是一种先进的发展理念，强调人与自然的和谐发展，农业、效益与生态的融合发展。推进农业生态文明建设，对破解现阶段江西农业发展中的种种难题有着重要意义。

1. 农业生态文明建设是实现全面建设小康社会的必然选择

党的十八大对全面建成小康社会的目标任务，从五个方面提出了新的更高要求。“建设生态文明”既是目标任务之一，也是实现“更高要求”的保障。一方面，面对资源约束趋紧、环境污染严重、生态系统退化的严峻形势，必须加快生态文明建设，使经济社会发展建立在资源能支撑，环境可容纳、生态受保护的基础上，确保加快发展有保障、有支撑。另一方面，面对增长方式比较粗放，农业投入高、产出低、污染重的严峻现实，必须加快生态文明建设，促进农业发展方式的转变，使经济社会发展建立在绿色循环低碳的可持续基础上，确保加快发展有质量、有效益。

2．农业生态文明建设是满足民众对安全食品需求的内在要求

随着社会的进步，发展的目的，不仅仅是要满足人民群众对农产品、工业品和服务的需要，还要满足人民群众对生态产品的需要。大力推进生态文明建设，让老百姓喝上干净的水、呼吸新鲜的空气、享用绿色的植被、吃上放心的食物、生活在宜居的环境中，是全面建成小康社会的应有之义。这既是我们党以人为本、执政为民理念的具体体现，还是提高人民福祉、建设美丽中国、幸福中国的出发点和落脚点。

3．农业生态文明建设是发挥比较优势、实现江西崛起的现实途径

面对江西省经济总量小、人均低、排位后、发展不足的严峻挑战，如果不考虑自身实际，按照一般的思维，紧随别人后面追赶，是难以实现跨越式发展、进而赶超的。唯有结合江西实际，发挥比较优势，寻找一条加快发展崛起的捷径，才有希望实现后发赶超。江西农业资源禀赋好，森林覆盖率高，水量大水质好，空气污染小，环境容量大，农业发展潜力大，加强农业生态文明建设将是江西省发挥比较优势，实现江西崛起的现实途径。

二、江西省农业生态文明建设面临的困境

尽管近些年江西省生态文明建设取得了许多重大成就，但由于受到多种因素的影响，其农业生态文明建设仍存在以下几个方面的问题。

1．农业生态环境污染日益加剧

农业生态环境是农业可持续发展的基础条件，有良好的生态环境，才会使农业发展有根本的支撑和保证[6]。造成农业生态环境污加剧的原因主要有以下几方面。

（1）化肥、农药污染

据调查数据反映，江西省广昌县年施用化肥量为 1.97 万 t，亩平均施用 41 kg，单位耕地面积化肥用量达到了 615 kg/hm^2，是全国平均 375 kg/hm^2 的 1.6 倍，远

远超过发达国家为防止化肥对水体污染设置的225 kg/hm^{2}的安全阈上限。而化肥在使用过程中约30%流失于环境中，化肥大量使用，特别是氮肥用量过高，使部分化肥随降雨、灌溉和地表径流进入河、库污染水体，造成了水体富营养化。该县2010年农药使用量约445 t，每公顷农药施用量达13.35 kg，是1997年的1.27倍，比发达国家农药施用量高出一倍。由于农药的利用率低于30%，所以施药时70%以上的农药散失于环境之中，其中绝大部分落入土中，直接影响地表水和地下水的水质。

（2）畜禽和水产养殖造成的污染

由于畜禽粪便处理技术要求高，投入资金多，建设不完善等因素使得大部分地区的畜禽养殖户的畜禽养殖粪便不经过处理直接排放到环境中，而水产养殖的污水100%以不处理排入农田或河流。未经处理的畜禽水产养殖污水直接排入河道造成水中氨氮严重超标。

（3）农村生活垃圾污染

过去，由于农村垃圾的数量和种类少、易分解，采用堆肥、简易填埋或自然腐烂等方式，基本就可以维持平衡。随着农村经济社会快速发展，目前农村垃圾不仅数量猛增，而且结构也发生明显变化，农村垃圾也逐渐向城市“看齐”，处理难度也越来越大。规模庞大的农村垃圾不仅占大量土地，其中一些有毒有害物质还极易破坏地表植被，影响农作物生长，造成土壤、河流环境污染，并成为农民健康的“隐形杀手”。随意焚烧垃圾还使得空气污染加重；长期暴露的垃圾容易滋生蚊蝇等病虫害，成为各种疾病的传染源。

2. 优质高效农业比例小

2013年，江西全年作物种植面积508.24万hm^2，其中粮食种植面积369.09万hm^2，油料种植面积74.31万hm^2，棉花种植面积8.47万hm^2，蔬菜种植面积56.37万hm^2，其中粮食种植面积占全年作物种植面积72.62%，蔬菜种植面积占全年作物种植面积的11.09%，由此可见，粮食作物仍然是江西省主要作物品种，粮食作物中主要是水稻为主，据江西省统计年鉴数据显示，2012年江西省水稻种植面积占全部粮食作物播种面积的90.54%。传统种植业仍然占据较大比重，而优质高效农业所占比重相对较小。农业种植结构单一，高效经济作物面积较小，优质农产品的比重依然很低，农产品附加值低，市场竞争力不强。

3. 农业基础设施落后

江西农业基础设施落后主要表现在两个方面：一是交通条件差，江西以丘陵地为主，但农村地形地貌复杂，通电、通水、通路较为困难，许多农村地区特别是贫困地区几乎仍然处于未开发状态。很多农村交通设施落后，虽然基本实现了村村通公路，但农村公路通达深度不够，路桥不相配套，甚至大量设施损坏严重，公路质量较差，不仅不利于农产品外销和收购，也限制了农业机械的使用，导致了农业耕作成本增加。江西通公路的村为 17 004 个，占比为 97.7%，但水泥路面仅为 59.7%，柏油路面占 7.4%，而沙石路面占 27.6%，砖石、板路面占 0.1%，其他路面占 52%[7]。二是基础设施缺乏维护，如河流方面缺乏维护，导致河道淤积和污染严重，农田排灌设施老化，由于缺乏相应管理机构，各级政府对于农田水利设施、农村生活性基础设施和生态环境基础设施常年不进行检修，功能老化、更新改造缓慢，加之配套管理机制不完善，由于没有维护资金，村里没有负责维护基础设施的机构，30%以上的设施“带病”运转或根本不能使用，损坏淤积严重，经常出现有人建设、有人使用，却没有人管理的情况。如近年来新开垦的农田，大部分没有田间配套设施，涝不能排、旱不能灌，完全是靠天吃饭，全省有排灌站的村占比仅为 31.12%，农业抗灾害能力差。

4．农民文化素质不高

农业是弱势产业，对于大部分农民来说，农业经济收入在农民家庭中的比重较低。据统计 2012 年江西省农业人口 3 290 万，农业户数 899 万户，农村劳动力 2 053 万人，其中农业从业人员 831 万人。但大部分农村青壮年劳动力外出务工，对于农业生产倾注的精力较少，拥有知识的中青年劳动力只在收获和播种季节参与农事活动，生产过程中参与得很少，基本由留守在家的老年人、妇女、儿童完成田间管理，致使不能科学地施肥、灌溉、进行病虫害防治等，农业生产科技含量很低，导致大面积广种薄收。同时，农村儿童的教育问题也十分严峻，尤其是留守儿童的教育，因为疏于管理和缺少父母的日常关爱，许多孩子仅具有小学或初级中学文化程度，且易感染一些坏习惯，农村人口质量受到影响，长此以往不利于农业的可持续发展。

三、加强江西省农业生态文明建设的措施

1．提高农民保护生态环境的意识

“知是行之始”，凡事只有认识到位，才能积极主动地朝着方向去行动，否则，就显得盲目、被动。首先，要在各电视、报刊、网络等媒体，广泛宣传绿色消费、

生态人居环境等生态文明建设的有关知识，将生态文明的理念渗透到生产、生活的各个层面和千家万户，营造人人知晓、人人重视生态文明建设的氛围。其次，要抓好学校教育的环节，特别要重视青少年生态道德意识的培育和提高，将生态文明理念融入课堂教学。再次，倡导形成生态化的消费方式，变革人们的生态价值取向和消费方式，确立生态化的生活方式。通过倡导生态化的消费方式既能满足人的消费需求又能提高广大农民的生态文明意识。

2. 调整、优化农业种植结构

优化农业种植业结构，是进一步加快农业生产力发展，提高农业综合效益，全面振兴农村经济，进而促进国民经济增长的客观要求。坚持以市场为导向，发挥区域比较优势，获取比较利益，是优化农业产业结构必须遵循的重要原则。在保证粮食生产稳定增长的前提下，针对市场需求，种植业应以粮食作物和经济作物的二元结构发展成为集粮食作物、经济作物、饲料作物、蔬菜、瓜果、花卉等多元化种植结构。尤其是大力发展高产、高效、高附加值的经济作物和养殖业，推进农业产业结构升级，当前关键是要突出重点，改变地区农产品结构“资源型、趋同型、低级化”的劣势，大力发展农产品深加工和系列化加工，以满足市场优质化、多样化、无公害的需求。蔬菜产业重点发展环南昌优质蔬菜产业区、大广高速沿线优质蔬菜产业带、济广高速沿线优质蔬菜产业带及沪昆高速沿线优质蔬菜产业带。果业布局重点是建设以赣南脐橙、赣中南丰蜜橘、浙赣线江西甜柚、赣北早熟梨、赣中和赣西猕猴桃和葡萄为主的五大特色优势水果产业带。棉花产业突出抓好鄱阳湖棉花核心区和赣中棉花延伸区。茶叶产业以江西绿茶为主导产品，重点建设赣东北、赣西北、赣中、赣南等四大茶区，以发展有机优质名优茶和特色茶为重点，扩大有机红绿茶出口。蚕桑重点发展以修水为主的赣西蚕区和以永新、东乡、乐安为主的赣中蚕区；苎麻重点发展以分宜、宜春为主的赣西麻区和以瑞昌为主的赣北麻区；糖料重点发展赣南、丰城、临川等产区；花卉重点发展南昌市郊花坛草皮基地、宜春花木基地和京九沿线花卉苗木基地；中药材重点发展樟树、新干、安远、泰和等基地。

3. 加强保护农业生态环境

坚持农业发展和生态保护并重，积极策应鄱阳湖生态经济区建设，加快转变农业发展方式，促进人与自然和谐发展。一是大力发展特种水产、特色果业、无公害蔬菜、有机绿茶等绿色生态农业，全面推进畜禽标准化示范创建，积极开展“畜禽清洁生产行动”，继续推广“猪—沼—果”、发酵床养猪等循环农业模式和水产健康养殖。二是继续实施绿色植保工程和测土配方施肥，按照废物“减量化、再利用、资源化”原则重点推广废弃物综合利用技术（秸秆直接还田、过腹还田）、测土配方施肥技术、精量播种技术、喷（滴）灌灌溉技术，相关产业链接技术（如秸秆编织技术）和可再生能源开发利用技术（加工、提取、发酵），病虫害防治主要采用农业防治、物理防治和生物防治等，杜绝使用高毒高残留农药[8]。三是加强农村农业节能减排，如大力推广先进适用、可靠的农机新机具、新技术，快速淘汰落后的农机，快速推广高性能农业机械，大力发展农村户用沼气、大中型沼气和农村清洁工程等节能减排农业生产技术，建设生产、生活废弃物利用和处理设施，优化农村居住环境[9]。

4. 加大建设农田基础设施的力度

体制创新和农产品提价已不能使农业摆脱困境，增加政府基础性投入是使农业摆脱困境的根本途径[10]。加强农村基础设施建设是社会主义新农村建设的一项重要内容，也是实现农业生态文明发展的主要途径之一，加大对农村基础设施建设的投入，对于改善农村的生产生活条件，提高农业综合生产能力，增加农民收入都具有重要的意义。农业基础设施建设应统筹兼顾、突出重点，充分利用国家的财政支持政策，重点加强农田水利基础设施建设，一要狠抓小型农田水利建设。抓紧编制和完善县级农田水利建设规划，整体推进农田水利工程建设和管理。大幅度增加农田水利建设投入。二要大力发展节水灌溉。继续把大型灌区节水改造作为农业固定资产投资的重点，力争早日完成大型灌区续建配套与节水改造任务。三要加快完成大中型和重点小型病险水库除险加固任务。只有不断加强基础设施建设，提高农业抵御自然灾害的能力，才能保证农业的高产、稳产。

5. 发展循环农业，走资源节约道路

大力发展循环经济是我国经济发展的重要方向，也是建设资源节约型和环境友好型社会，构建创新型国家以及实现经济社会全面协调可持续发展的必然途径，从农业角度来说，发展循环经济就是要大力发展循环农业[11]。发展现代循环农业是牢固树立农业基础地位，彻底改变农村落后面貌，改善农村生态环境，增强农业国际竞争力，应对气候变化，从源头保障农产品安全，增加农民收入，落实民生之本，确保人民身体健康和生命安全的根本之道。发展循环农业，大力开发节约资源和保护环境的农业技术，推广节约化和生态化生产，积极发展节地、节水、节肥、无公害的资源节约型生产技术[12]，选择科研创新成本低、效益高、环境友好，适应不同类型农村地区亟须的关键技术、共性技术，加快推进农业科技创新，研发和推广节约能源资源、减少农业面源污染、农业废弃物再生利用、保护生态环境等技术，促进农业可持续发展。

6. 加大农业环境保护的立法力度和执法力度

加快农业生态文明建设除了进行宣传教育外，还要加强农业生态法制建设，全面清理现行法律法规中与生态文明建设不相适应的内容，对法律法规进行全面的衔接；完善法规体系，出台一批推动生态文明建设的法律、法规、规章、制度，把生态文明建设纳入法制化轨道。强化环境执法与刑事司法的有效衔接，严厉打击生态环境的违法犯罪行为。建立严格损害责任赔偿制度，对造成生态环境损害的地方领导要终身追究责任，对污染企业要严厉惩罚。

四、结语

“生态兴文明兴，生态衰则文明衰”，走农业生态文明建设之路，既是贯彻党的十七大精神和江西省省委、省政府决策部署的重要内容，又是全面建设小康社会、实现江西崛起的新要求；既是江西省发挥农业的比较优势、利用后发优势的正确选择，又是解决江西省发展中的突出矛盾、实现农业可持续发展的关键。既符合“既要金山银山，又要绿水青山”的理念，又符合现阶段江西省力争建设现代农业强省的战略决策的需要。

参考文献

[1] 方杰. 农业循环经济：建设农业生态文明的必然选择[J]. 西南大学学报：社会科版，2008（6）：122-124.

[2] 王晓东. 农业生态文明建设——澳大利亚经验[J]. 世界农业，2013（12）：130-133.

[3] 工大明. 构建农业生态文明的产业支撑——以四川宜宾为例[J]. 学术交流，2008（12）：146-150.

[4] 胡美伦. 对农业生态文明建设的思考[J]. 新西部，2014（24）：40-41.

[5] 蔡承智，梁颖. 贵州农业生态文明建设研究综述[J]. 生态经济 2010（3）：103-105.

[6] 齐晓安，朴晓迎，郦育文. 我国农业可持续发展对策研究[J]. 东北师范大学学报（哲学社会科学版），2001（1）：41-47.

[7] 钟卫稼. 江西农村基础设施建设中存在的问题分析[J]. 农业经济，2011（4）：41-42.

[8] 尹昌斌，周颖. 循环农业发展理论与模式[M]. 北京：中国农业出版社，2008.

[9] 支援. 生态文明视阈下的贵州可持续发展路径探析[J]. 黄河科技大学学报，2013，15（1）：83-86.

[10] 马兰，蔡建霞. 河南农业发展存在的问题及对策研究[J]. 河南科学，2005，23（5）：778-780.

[11] 洪渡，刘向阳，袁庄朝. 循环农业是实现农业可持续发展的必然选择[J]. 新经济，2014（1）：107-109.

[12] 杨传喜，张俊飚. 生态文明视域下的农业科技路径选择[J]. 生态经济，2010（11）：129-132.

我国旅游农业的现状与发展对策*

钱晨晨　黄国勤**

（江西农业大学生态科学研究中心，南昌 330045）

摘　要：农业和旅游业的结合，是国内外开辟农业发展新领域和促进旅游产品更新换代的共同热点，并已催生出一种新的产业形态——旅游农业。本文主要介绍了旅游农业的概念以及旅游农业具有广泛性、季节性、差异性、生产性、服务性和生态性等特点，阐述了发展旅游农业对于促进农村经济的发展、缩小城乡差距、完善基础设施、加强农村教育、增加就业、提高农民素质、密切城乡交流和提高农产品附加值都有重要意义，并在现有的客观条件的基础上，针对我国现阶段旅游农业中存在的诸多问题，提出了解决问题的对策。

关键词：旅游农业　现状　问题　发展对策

引言

随着我国经济的快速发展，生活水平的不断提高，人们的可自由支配的收入也越来越多，再加上劳动生产效率的加快，空余时间不断增加的同时，人们不再仅仅满足于物质生活，而转向追求精神享受，这就给人们的出游提供了可能。但是每天生活在城市中的人们整天面对着钢筋混凝土结构的高楼大厦，仿佛早已厌倦，他们试图摆脱嘈杂的城市、污染的空气和疲惫的身影，试图缩短已经疏远了的人与自然、人与人之间的距离[1]。而一些传统的风景名胜、人文景观在旅游旺

* 江西省软科学研究计划项目“江西生态文明示范省建设对策研究”（项目编号：20133BBA10005）阶段性成果之一。

** 通信作者：黄国勤，教授、博导，E-mail：hgqjxnc@sina.com。

季，往往人满为患，人声嘈杂，因此他们似乎更加向往青山绿水、碧海蓝天的田园风光，接近自然、返璞归真成了他们心中追求的生活方式。因此，旅游农业也就应运而生。

由于国内外农业政策和环境的不断变化，农业的可持续发展越来越受到关注，而发展旅游农业恰恰是实现农业可持续发展的有效途径之一。旅游农业不仅有利于农业的可持续发展，还为游客提供了丰富的农业旅游资源，从而为旅游业的可持续发展提供了条件[2]。因此，发展旅游农业势在必行。

一、旅游农业的概念

旅游农业又称生态旅游农业或者称为观光农业，它是相对于传统农业而言的，是在传统农业的基础上提出的一种新型农业模式[3]。它主要是为那些不熟悉农村，或者想回农村寻根，渴望到郊外观光、度假的城市居民服务的，其目标市场主要是城市居民，将农村的自然景色作为旅游资源，提供必要的生活设施，让游客从事农耕、收获、采摘、垂钓、饲养等活动，享受回归自然的乐趣。

对于旅游农业的概念，很多学者都有自己的定义，但总的来看，也有相似之处，他们一般认为旅游农业是在充分利用现有农业资源的基础上，通过规划、设计、施工，把农业建设、科学管理、商品生产、艺术加工及其价值增加和游客动手实践融于一体，供游客领略在其他名胜风景地欣赏不到的大自然及意趣浓厚的现代化的新兴农业艺术[4]。

在我们看来，农业属于第一产业，而旅游业属于第三产业——服务业中的一个分支，将两者结合起来，本身就是一种创新。旅游业和农业的结合，使得旅游农业成为一种交叉性行业，它既具有农业功能，又具有旅游功能[5]。而它带来的产品也分为两种：一种是有形产品，即它所生产的农副产品；另一种是无形产品，即在旅游过程中它所提供的各种服务和欣赏到的景色。

二、旅游农业的特点

1. 广泛性

旅游农业的广泛性主要体现在两个方面：一是参与对象的广泛性，二是活动内容的广泛性。首先，就参与对象而言，旅游农业属于一种休闲的农业发展模式，它对年龄、身体状况等都没有任何要求，因此不论是老年人、中年人，还是青少年都可以参与其中，是一种适合大众参与的农业类型。其次，就活动内容而言，我们不仅可以欣赏到田园美景，到田间劳作体会农耕的乐趣，还可以体验农村的民俗风情以及参与农产品的加工制作。

2. 季节性

我国疆土辽阔，所跨纬度较宽，气候各异，但总体属于季风气候，多处地区一年四季更替明显。与人文旅游资源不同，自然旅游资源会受到季节的影响，旅游农业的农产品生产往往会受到雨量、光照、气候等自然因素的制约，这就使得旅游农业活动具有了季节性，有了淡季和旺季之分[6]。

3. 差异性

我国幅员辽阔，国土面积很大，不同的地域有着不同的自然风貌和风俗习惯，因地制宜地发展旅游农业很有必要。其实旅游农业的模式有很多，山地、盆地、湖泊、平原……不同的地貌决定了发展旅游农业的条件不同[7]。因此，各地区的旅游农业模式表现出明显的差异性。

4. 生产性

农业本身就是一种生产活动，所以与旅游业相结合的旅游农业也必然具有农业生产的特性，包含一定的农业生产活动。一方面可以生产具有特色的农产品和绿色食品，另一方面可以引进名贵的花草树木和反季节果蔬为农业发展提供技术支撑。

5. 服务性

旅游农业归根到底还是脱离不了“旅游”二字，带有浓重的服务特性，是以服务人们休闲娱乐为一大目的。因此，旅游农业的经营定位是服务性的，以游客需要定模式。

6. 生态性

传统农业产出的经济效益低，而且带来的生态破坏比较严重，水土流失、农药污染等。而旅游农业是为了促进传统农业向新型可持续发展农业转变，保持它的生态性，是发展旅游农业的前提。

总的来说，我国旅游农业的特点是农业和旅游业产业的结合，田园风光和旅游景点的相互呼应，生产功能和旅游功能的耦合，生产活动和旅游活动的统一，物质价值和文化价值的互补。

三、发展旅游农业的意义

1. 有利于促进农村经济的发展，缩小城乡差距

农村地区由于经济技术水平低，人口素质不高，很难发展工商业。但是农村地区往往有清新的空气，优美的环境，古朴的民风，因此立足于农村的生态环境，发展旅游农业不仅可以充分利用现有的资源优势，还能以最低的成本较快地帮助农民增加收入。旅游农业虽然关键词是农业，但它也是一种旅游形式，既然是旅游，那么势必会招徕八方宾客，而作为旅游的六大要素：食、住、行、游、购、娱，每一个要素都会给当地带来巨大的经济效益。除此之外，我们还可以引进资金、技术、人才，加强与外部的联系，提高本地区的知名度，吸引更多的消费者，扩大市场，增加农民的经济收入，改善农村生活条件。

2. 有利于基础设施的完善

食宿和交通问题是旅游者出游首先要考虑的最基本的问题。游客要到达旅游目的地首先要有方便的交通，旅游业的发展就会促进当地交通设施的完善。接着要有便利的住宿，给游客提供一个舒适的休息落脚点，才能使他们有更好的精力和心情去出游。最后要有很好的餐饮供给，才能使游客达到休闲娱乐的目的。正是有这些需要，餐饮、住宿和交通运输业也就逐渐完善。而这些基础设施，不仅可以满足游客的需要，也能供当地人使用，方便了当地人的生活。

3. 有利于加强农村教育

现在很多孩子，尤其是生活在城市中的孩子对农业、农村缺乏了解，只知道学习书本上的知识，而忽略了一些我们本应该清楚的基本常识，这不符合复合型人才的培养。而发展旅游农业，可以使孩子亲近自然、亲近农业，在参观和游玩的过程中体验到农业生产的快乐，亲手采摘水果、蔬菜能够有效培养青少年参与农业生产的乐趣，调动他们的积极性，具有一定的教育意义。

4. 有利于增加就业，提高农民素质

旅游业和农业都属于劳动密集型行业，旅游业的各个部门，比如：餐饮、酒店、旅馆以及农产品的生产和加工都需要大量人力，这也就解决了农村剩余劳动力的就业问题，也为社会的稳定带来了益处[8]。在对农业经营管理的过程中，我们不仅需要专业的技术人员，更需要具备综合知识的复合型人才。在与高素质人才的沟通和与城市居民的交流中，农民的素质可以得到进一步提高，这样才能为

游客提供更细致、更周到的服务，并解决游客在参观过程中可能遇到的各种问题。

5．有利于密切城乡交流

旅游农业的主要消费群体是城市居民，通过发展旅游农业，城市居民就有了接近农业、亲近自然的机会，加深了对农业的认识和了解。同时，农民在和城市居民的接触中，可以更新他们传统的思想观念，这不仅丰富了他们的物质生活，也充实了他们的精神生活。

6．有利于提高农产品的附加值

传统的农业产品只是一些粮食作物和经济作物，农民获得的经济收入还很低，而与传统农业不同，旅游农业不仅生产各类作物，它还在原有基础上为游客提供休闲、购物、观赏、品尝、娱乐、疗养等功能，这些新兴功能可以为农民带来较高的经济收入，从而提高农业生产的附加值。

总之，我国发展旅游农业的现实意义主要体现在它为农村经济开辟了一个全新市场，促进传统农业的转型，是一个新兴产业。

四、我国具有发展旅游农业的客观条件

1．我国人口基数大

我国人口众多，农产品的销售市场也就很大，作为一种经济方式，这是发展旅游农业的前提。随着我国人民生活质量的不断提高，人们的观念和饮食习惯也发生了巨大变化，人们在食物方面更加注重安全与营养。旅游农业所生产的农产品是在良好的生态环境中生产出来的，绿色环保正好符合现代人们对农产品的要求，市场潜力巨大。

2．经济发展迅速

自改革开放以来，我国的经济有了显著的发展，生产力水平也得到了很大的提高，人们的收入也不断增加，消费结构也就发生了很大的变化。就旅游业来说，近年我国旅游业保持了稳定而高速的增长。旅游农业也属于旅游业，鉴于旅游农业的特性以及人们对其的需求，因此可以说客源能有充分的保障。

3．农业在我国具有重要地位

我国是一个农业大国，农业在国内是第一产业，是国家的经济命脉。随着时代的发展，农业也要有新的发展。而我国地大物博，又有丰富多彩的各民族文化和地区特色。这就为旅游农业的出现提供充分的客观条件。

五、我国旅游农业发展存在的问题

我国的旅游农业虽然从 20 世纪 90 年代就开始发展，但是与发达国家的旅游农业相比，仍有很大的差距，存在很多亟须解决的问题[9]。

1. 过度注重经济效益，忽略生态环境

在发展旅游农业的过程中，农民往往只注重提高经济收入，而忽略了自然环境承载力，导致景区环境遭到破坏，从而引发了诸多环境问题。比如急剧增加的旅游人数远远超过了景区环境的可承载能力，再加上游客环保意识淡薄，乱扔垃圾，自然环境的自我净化速度和人工处理垃圾的速度比不上制造垃圾的速度，因而造成了严重的环境污染。

2. 地方特色不够明显

我国疆域辽阔，自然资源种类多种多样，非常容易形成地方特色。但是综观我国的旅游农业发展模式都大体相同，文化内涵和地方特色无法凸显出来，具有特色的旅游产品并不多，开发程度还不够，这样就会造成重游率低。

3. 国民素质不高

一方面，从农民的角度来说。自古以来，旅游业的就业门槛相对较低，而目前从事旅游农业的人员主要以当地农民为主，他们文化水平较低，服务质量较差，虽然对发展旅游农业有较高的热情，但是却缺乏相应的技术、先进的管理经验和系统的营销知识，再加上他们一味追求所谓的经济效益，只注重眼前的利益，不做长远打算，过度开发旅游资源，使环境受到了破坏。另一方面，游客在参观游览时，环境保护意识低下，乱扔垃圾，造成较为严重的白色污染。

4. 基础设施不完善

发展旅游农业的地区虽然有原始的自然风光，但是与其他旅游资源相比，由于经济条件的落后，不管是住宿还是交通都存在很大的问题，不能从根本上解决人们出行的后顾之忧。

5. 没有形成规模经营和品牌意识

一方面，开发的旅游农业大都形式一样，同质化现象严重，缺乏打造品牌的意识，导致都是清一色的农家乐出现在游客的眼帘。另一方面，由于我国的旅游农业大都是以个体农户独立经营的模式存在，资金投入少，项目较分散，内容也比较单一，更没有完整的产业链和产业体系，以至于对地方经济的拉动作用有限。

6．政府的重视度不够

政府对旅游农业这一块的关注度不够。一方面，导致各方面政策的扶持也就相对较少，结果就没有很好的招商引资的机会，使旅游农业没法做大做好。另一方面，国家对旅游农业的制度规范太少，往往会导致旅游农业的过度开发、破坏环境，不能达到既经济又环保的目的。

六、我国旅游农业发展的对策与措施

面对如此多的问题，我们应该积极采取措施，搞好旅游农业，使这种新兴产业能健康快速地发展。

1．提高公众环保意识

通过宣传，让游客在旅游中享受自然的同时，把保护环境变成一种自觉行动，做到娱乐、环保两不误。因此，在倡导生态旅游时，必须树立生态保护第一的思想，加强宣传教育。在大自然中接受生态教育和生态道德教育，使每一个旅游者从自己做起。只有置身于大自然中，才能从体验自然、了解自然到享受自然、热爱自然，再升华到保护自然。

2．突出地方特色

旅游者来到旅游目的地想观赏到的是在客源地或是其他地方所没有看到的景色，如果旅游目的地总是千篇一律、没有自己的特色，就很难吸引外地游客。与众不同的景观、服饰、纪念品总会带给人们别出心裁的感觉，让旅游者有一种新奇的感受，这样不仅能吸引慕名前来的游客，还能提高重游率。

3．加强开发者的素质教育

只有旅游农业开发者有较高的个人素质，才不会造成过度开发、破坏环境，也能使旅游农业的规划更为合理，经营模式得到最高程度的发展，做出有特色、有品牌、成规模的旅游农业。

4．政府应该加强对旅游农业的重视

政府可以制定一些招商引资的政策和扶持当地人民的地方政策，使旅游农业的发展不缺少资金。这样，基础设施的完善、规模的扩大才可以得到落实。政府还应该制定相应的限制措施，使旅游农业不过度开发、破坏生态平衡。

总之，我国的旅游农业的发展任重道远，需要在摸索中成长，希望在各方面的支持下，农业旅游能够得到稳步而快速的发展。

参考文献

[1] 朱信凯，雷海章，张娇健. 生态旅游农业发展初探[J]. 农业现代化研究，1999（6）：372-375.

[2] 张遵东. 关于我国旅游农业发展的思考[J]. 农村经济，2004（6）：31-33.

[3] 袁天凤. 四川省生态旅游农业分析[J]. 内江师范学院学报，2000（4）：75-78.

[4] 应瑞瑶，褚保金. “旅游农业”及其相关概念辨析[J]. 社会科学家，2002（5）：31-33.

[5] 光善万，周世祥，赵桂亭，等. 四川生态旅游农业发展的问题与对策[J]. 贵州农业科学，2010（1）：181-183.

[6] 熊丙全，李谦，刘益荣，等. 我国观光农业存在的问题及其发展对策[J]. 四川农业科技，2011（3）：5-7.

[7] 刘小龙. 中国农业发展的新天地——生态旅游农业[J]. 生态经济，2001（8）：30-33.

[8] 宋晓虹. 生态旅游农业的发展及其创新意义[J]. 贵州农业科学，2002（1）：59-62.

[9] 李锋，赖勇. 中国观光旅游农业发展探析[J]. 湖南农业大学学报（社会科学版），2005（3）：12-16.

“美丽乡村”建设与生态农民培育*

钟 诚 郭如良 权 斌
（江西农业大学经管学院，新农村发展研究院，南昌 330045）

摘 要：生态农民的培育对于“美丽乡村”建设具有重要意义，本文就生态农民培育提出了相关建议。

关键词：生态农民 美丽乡村 培育

党的十八大报告提出了建设“美丽中国”，为中国未来的发展勾勒出了一个“美丽”前景。建设“美丽中国”重点在乡村，难点在乡村，亮点也在乡村。美丽乡村建设既是美丽中国建设的基础和前提，也是推进生态文明建设和提升社会主义新农村建设的新工程、新载体。“美丽乡村”的建设对“美丽中国”目标的达成至关重要。由于受到历史文化和国家政策的影响，传统农民很难具备主体意识，难以完全承担起“美丽乡村”建设的责任。因此，加快生态农民培育已成为“美丽乡村”建设中一个亟须解决的重要课题。

一、“美丽乡村”建设呼唤培育生态农民

“绿遍山原白满川，子规声里雨如烟。乡村四月闲人少，才了蚕桑又插田”。在我们的心中，广袤的农村恬静安逸，空气清新，世外桃源亦不过如此。在环境污染日趋严重的今天，城市身陷“十面霾伏”，每个人都渴望永久地留住那片珍贵

* 本研究得到了“江西现代农业及其优势产业可持续发展决策支持协同创新中心”支持。

的“APEC蓝”①，可是事与愿违，往日朴素洁净的农村也不可避免地染上了环境病。在农村，秸秆焚烧、病畜乱丢现象屡禁不止，金属污染、农药滥用等新问题却又蜂拥而至。生活污染和工业污染叠加，各种新旧污染相互交织，相比于城市，农村环境问题真可谓有过之而无不及。现阶段，由于农村基础设施建设滞后，60多万个村落鲜有实现治污基础设施的配备，每年产生的2.8亿t生活垃圾，90多亿t的生活污水，无法及时完全消化，猪羊粪便俯拾皆是，脏水污水倒入水源，加上城市垃圾的“城市包围农村”给本就缺少“垃圾消化器”的农村雪上加霜，“癌症村”、“垃圾村”此起彼伏地被接连曝光，农村“脏、乱、差”现象无法避免。另一方面，工业垃圾源源不断地涌向农村，据农业部统计，我国遭受重金属污染的土地面积占污水灌区面积的64.8%，估计有1 000万hm^2的土壤遭到污染，每年遭重金属污染的粮食1 200万t，造成直接经济损失超过200亿元，粮食安全问题愈演愈烈，手中全毒粮，心中能不慌②？农业、农村的生态环境问题已经成为“美丽乡村”建设亟须解决的问题。

党中央、国务院高度重视农业、农村的生态环境问题。2010年中央一号文件提出：“加快推进农村户用沼气、大中型沼气和集中供气工程建设，加强沼气技术创新、维护管理和配套服务。支持农村开发利用新能源，推进农林废弃物资源化、清洁化利用”③。2012年中央一号文件明确要求：“加强农村沼气工程和小水电代燃料生态保护工程建设，改善农村人居环境”④。党的十八大报告中提出了“五位一体”，首次把生态建设与经济、政治、文化、社会四大建设并列，特别提出：“要努力建设美丽中国，实现中华民族永续发展”⑤。第一次提出了“美丽中国”的全新概念。2013 年中央一号文件提出：“推进农村生态文明建设。加强农村生态建设、环境保护和综合治理，努力建设美丽乡村”⑥。2013 年中央农村工作会议强

① 新华社记者：《当好东道主，让APEC留下美丽中国印》，新华每日电讯2014年11月11日第2版。

② 朱信凯. 农业农村环境治理攸关“三农”发展大局[J]. 农村工作通信，2014（8）。

③ 中共中央、国务院：《关于加大统筹城乡发展力度进一步夯实农业农村发展基础的若干意见》，新华社北京2010年1月31日电。

④ 中共中央、国务院：《关于加快推进农业科技创新持续增强农产品供给保障能力的若干意见》，新华社北京2012年2月1日电。

⑤ 胡锦涛：《坚定不移沿着中国特色社会主义道路前进　为全面建成小康社会而奋斗》，新华网2012年11月19日。

⑥ 中共中央、国务院：《关于加快发展现代农业　进一步增强农村发展活力的若干意见》，新华社北京2013年1月31日电。

调："中国要美，农村必须美。"2014 年中央一号文件又提出："促进生态友好型农业发展。加大生态保护建设力度。抓紧划定生态保护红线。"①习近平总书记指出，只有实行最严格的制度、最严密的法治，才能为生态文明建设提供可靠保障。党的十八届四中全会也明确提出，用严格的法律制度保护生态环境。这些要求和论断无疑是正确的。在大力推进新型工业化、信息化、城镇化和农业现代化的"新四化"建设进程中，生态环境保护与经济发展的矛盾日渐凸显，广大农村还存在着许多为发展经济而不惜损害自然生态环境的现象；农业可持续发展面临资源约束趋紧、投入品过度消耗、环境污染加剧等严峻挑战……整体而言，整个环境是原生态稀缺、次生态不足，泛生态泛化。农民占我国人口的大多数，是生态建设的主体力量，也是对生态环境构成威胁的主体之一，他们的生态伦理意识水平高低直接决定和影响广大农村的生态建设及社会主义生态文明建设。让农村美起来，把农村建设成为农民的幸福家园，是生态文明建设的重要内容，是亿万农民的共同心愿。在国家加速推进生态文明建设，保持秀美乡村、促进农业发展、建设美丽中国的大背景下，越来越呼唤培育更多生态农民。

二、生态农民助推"美丽乡村"建设

生态农民是指拥有生态意识，握有生态知识，具有高度的社会责任感和现代观念，行为对生态环境和社会负责的新型农民，是生态文明建设中的重要力量。具有生态知识、观念、技能和行为的生态农民与传统农民相比，更加注重农业收益的可持续性，更加注重农业产品的高溢价，更加注重农业要素的利用率。其一，更加注重农业收益的可持续性体现在生态农民具有科学的生态意识，追求生产要素在长期内的收益最大化，注重生态环境对长期收益的影响，力求收益获得的可持续性。改变了过去农民只重眼前短期利益的狭隘的"经济人"特性。其二，更加注重农业产品的高溢价性体现在生态农民具有更丰富的生态知识，明晰市场需求，愿意选用农家肥、商品有机肥、生态植保等生态要素代替化肥、农药等石化生产要素，生产出高溢价的生态农产品，以期获取更丰厚利润，改变了过去农民滥用农药、化肥等石化生产要素造成青山绿水、财源滚滚两不沾的窘境。其三，

① 中共中央、国务院：《关于全面深化农村改革加快推进农业现代化的若干意见》，新华社北京 2014 年 1 月 19 日电。

更加注重农业要素的利用率体现在生态农民握有更先进的生态技术，追求在既定产出前提下农业生产要素投入的最小化，充分挖掘农业废弃物资源，减少废弃物的存在，努力实现农业废弃物资源的循环利用，改变了过去农民只重加大资源投入不知变废为宝的低效现象，削减以前收益少且废物遍布、污染环境行为。

具有生态知识、观念、技能和行为的生态农民是“美丽乡村”建设的主体。农民生于村庄，长于村庄，是“美丽乡村”建设毋庸置疑的主体。“美丽乡村”建设的最终目的是改善农民的生产生活水平，提高农民的幸福指数。想要一个什么样的“美丽乡村”，如何建设“美丽乡村”，农民应该有着自己的话语权。因此，只有农民切切实实地参与到“美丽乡村”建设的规划、实施和管理之中，“美丽乡村”的建设才更具意义。然而，在“美丽乡村”建设的具体实施过程中政府主导有余，农民参与不足的现象却十分普遍，没有充分显现出农民的主体地位。这一方面是因为政府过于一厢情愿，全盘为农民做决定，没有调动起农民的积极性，产生了“上热下冷”、“外热内冷”的不正常现象。另一方面，也是更为重要的，是因为传统农民由于自身知识、文化、意识的局限性，缺乏自身的主体意识。农民只有具备了充分的主体意识，才能清醒地认识到“美丽乡村”建设的重要意义，明确自身在“美丽乡村”建设中的价值和地位，真正把“美丽乡村”建设当做自己的事业，才能积极能动地参与到“美丽乡村”建设中来。

生态农民的参与有利于“美丽乡村”建设。“美丽乡村”既不是积贫积弱的山青水秀，也不是“乌烟瘴气”的富裕安康，它要求我们继承“天人合一”、“循环再生”的优秀传统农耕文化，努力改善农村的基础设施建设，提高环境治理和保护的力度，营造良好的生态环境，尊重和把握农业生产的内在发展规律，更加注重生态资源环境的利用，更加关注人与自然的和谐相处，更加关注农业发展方式的转变，更加关注农村可持续发展，更加关注保护和传承农业文明①，为农民增产增收创造良好的条件，向“生态美，农民富”的目标不断奋斗。生态农民与“美丽乡村”都将实现“生态美，农民富”作为其实践目标，共同的实践目标有利于提高生态农民参与到“美丽乡村”建设中的积极性。

---

① 唐珂．关于建设美丽乡村的理论与实践[J]．休闲农业与美丽农村，2014（6）．

三、生态农民培育的相关对策建议

1. 加强生态伦理教育，夯实生态农民培育基础

培育生态农民的直接目的在于推动“美丽乡村”更好更快地建设，这不仅要求农民能够依靠其生态知识对于正在实施的“美丽乡村”项目作出生态学方面的评价，更为重要的是要求生态农民依据生态道德主动策应、投身“美丽乡村”建设项目中。因此，应根据我国农民的实际情况，因地制宜，注重对农民科学地实施生态伦理教育，使农民树立天人合一的生态理念，使农村形成良好的生态伦理规范，使农业走上绿色环保的生态农业之路，为生态农民的培育奠定良好的基础。首先，在教学内容上应注重基础性。我国农民文化水平普遍不高、思想相对比较陈旧，缺乏最基本的生态科学知识，不能对日益严重的农村农业生态危机作出科学的辨识，因此，加快对农民传授最基本的生态科学文化知识是提高其生态伦理道德水平的前提。进而循序渐进，不断深化教学内容。其次，在传授方式上应注重技巧性。针对农民的特殊性，注重传递内容的通俗性，用通俗易懂的语句、生动活泼的例子将生态文化知识与科学致富的经验结合起来，引起农民注意，提高教育质量。积极进行大量的实践、示范活动，让农民在实践的过程中潜移默化地增强生态伦理意识，引导农民在实践中进行批评与自我批评，自主地找出日常生产生活中不良的行为，主动地改良落后的生产方式，营造出一个良好的乡村生态伦理文化。最后，在教育目标上应注重实践性。应力促农民生态伦理行为的养成，在生活习惯上，向农民倡导“三清”、“三改”行动，自觉维护乡村环境；在消费方式上，向农民倡导健康节约的绿色消费，避免铺张浪费；在政策宣传上，向农民倡导“环保家庭”，营造生态伦理水平提升氛围。

2. 发挥政府主导作用，明确生态农民培育责任主体

生态农民培育实质是对农民进行人力资本投资。遵照舒尔茨人力资本投资理论，人力资本投资的主体包括个人、企业及政府。政府具有向社会提供公共物品和公共服务的责任，从我国的国情来看，我国的社会属于政府主导型的社会，而农业又是国民经济的基础，是“安天下、稳民心”的战略产业，推动“美丽乡村”建设也是国家战略导向，所以生态农民培育的主要责任必然要由政府来承担。明确政府在生态农民培育问题上的主体责任，发挥政府在生态农民培育问题上的主导作用，有利于政府有效回应生态农民培育的相关需求，有利于建立生态农民培

育的外部环境，包括政策法规、规划、技术研发、公众意识等，以及生态农民培育的价格、税收等市场机制，对农民实施生态农业项目给予减税免税或补贴政策，放宽对此类农民的贷款政策，形成责权统一、协调有序、运行高效、治理能力现代化的公共治理结构，为生态农民培育保驾护航。

3. 加快生态市场培育，激发生态农民培育动力

从传统农民转化为生态农民既是为了追求农业的可持续发展，力促农村的干净整洁，更是为了追求农民生活水平的显著改善，也就是说，生态农民依旧是追求经济效益最大化的经济人，是受利益驱动的。因此，在市场经济迅猛发展的今天，可以通过建立和完善生态市场，将生态农民期待的经济利益和社会期待的生态效益有效地结合起来，激发生态农民培育动力。生态市场的形成需要生态产品供需的相对平衡，市场对于生态产品的需求量越大就意味着生态农民获利的可能性就越大，因此倡导绿色消费、健康饮食，在社会营造一个生态食品的消费热，是建成和扩大生态市场必不可少的一个环节。此外，市场管理者也应该出台相应的规章制度，明确生态市场内买卖双方的权利和义务，界定发生纠纷时的责任和惩罚，规范生态市场，促进其长久有效的壮大和发展。

4. 加快生态农业发展，加快生态农民培育进程

生态农民的培育只有与之相匹配的农业生产模式相结合，才能最大化地发挥生态农民的价值。生态农业是一个开放的、平衡的、综合的、因地制宜的农业系统，它特别强调化肥农药的合理使用、物质与能量的平衡转化、资源与环境的全面保护，以及农业生产与自然环境的和谐发展，是未来农业发展的一种必然趋势。[①]将生态农民的培育寓于生态农业的发展之中，寓教于实践，在生态农业的生产过程中，向农民推广诸如茶胶相依、桑基鱼塘这样的成功经验，有效利用自然规律，科学改善生产方式；向农民灌输理性用肥、优良用药的科学理念，提高农药化肥综合利用率，减少农产品的农药残留和有害物质的排放；向农民传授生态技术，提高农民素质，改变农民长久愚昧无知的形象。加快生态农业的发展有助于加快农村经济发展速度、改善农民收入状况，优化农业发展方式，从某种程度上说，发展生态农业的过程其实就是培育生态农民的过程，为扩大生态农民培育的覆盖面提供有力的保障。只有这样才可能尽可能多地调动传统农民的积极性，激发农民主动接受生态知识的培训，积极向生态农民转化。

① 李太平，桑润生，马万明. 论生态农业的发展[J]. 中国农史，2011（2）.

5. 鼓励涉农专业学生到农村，充实生态农民培育队伍

我国现在拥有涉农院校600多所，每年招收涉农专业的学生在20万左右，但毕业后从事与农业有关工作的人员比例相当低，导致农业教育资源的巨大浪费。生态农民的培养需要一批有知识、有能力、有理想的优秀青年去充实队伍。要改变这种现象，国家应该出台相应的政策鼓励激励大学生下农村，推动生态农民的培养。首先，在招收对象时涉农专业生源应该率先考虑农村学生。农村生源生于农村、长于农村，对农村的状况有着比城市生源更全面的认识，对传统农业的弊端和优点也具有比城市生源更深层次的了解。更有利于把现代农业与传统农业的优秀成分有机结合起来，促进现代农业的传承。其次，应减免投身农村、投身农业大学生的学杂费，提高对这类学生的资金支持，给予精神上和物质上奖励，提高其投身农村的意愿，吸引更多孩子学农务农。

6. 制定、完善相关法律法规，强化生态农民培育力度

法律法规是由国家实施的具有强制性的行为规范，可以有效地保障、规范和发展农民教育，促进生态农民的培育。一部专门针对生态农民培养法律法规的出台一方面可以保证农民自觉地接受生态农业知识的相关培训，促进生态农民的养成；另一方面可以强制政府给予生态农民培训所需要的财力、物力和人力的支持，明确政府在生态农民培养中的主体责任，做到有据可查，有法可依。在这方面，发达国家已经陆续出台了与生态农民的相关法律法规，例如，21世纪初韩国出台了《亲环境农业培育法》，将韩国的亲环境农产品划分为有机农产品、无农药农产品、低毒农药农产品几种类型，对进行生态农业生产的生态农民颁发证书，以保证其较高的收益。在荷兰，荷兰政府制定了《环境意识栽培法》，加强提高农民的生态意识，减少杀虫剂、化肥的使用量，为生态农民的培育创造了条件[①]。而在我国相关的法律法规却很少。相关法律法规的缺失，不仅导致农民法律意识淡薄不会利用法律保护农村环境，而且助长了某些不良企业为求经济效益不惜牺牲农村生态环境的行为。对此，我国应该借鉴西方发达国家的先进经验，明确生态农民培育过程中各个主体的权利与义务，提升生态农民培育速度和强度。

“美丽乡村”建设任重道远，生态农民培育也是一个复杂系统工程，需要进行一系列的制度改革，这对于党和政府，以及所有的农业工作者来说都是一项重要且具有挑战性的工作。只有加快推动生态农民的培育，“美丽乡村”建设才可能大

① 黄明光. 借鉴国外生态农业经验 加快我国农村建成小康社会的步伐[J]. 当代社科视野，2013（3）.

踏步地向前迈进。

参考文献

[1] 周一波，褚健．培养新型职业农民的途径及政策保障[J]．江苏农业科技，2012（12）．
[2] 胡小平，李伟．农村人口老龄化背景下新型职业农民培育问题探究[J]．四川师范大学学报，2014（5）．
[3] 霍生平．两型农业生产体系中农民生态经营素质的开发[J]．求索，2012（1）．
[4] 王卫星．美丽乡村建设：现状与对策[J]．华中师范大学学报（人文社会科学版），2014（1）．
[5] 刘凤梅．美丽乡村建设实践中农民现代主体意识的培育[J]．中共银川市委党校学报，2013（11）．
[6] 康琼．论生态农民培育的政府责任构建[J]．湖南财经高等专科学校学报，2009（25）：121．
[7] 贺新春，黄美珍．农民生态伦理教育的特点、目标和实践路径[J]．教育学术月刊，2009（12）．
[8] 华启和．新型农村背景下加强农民生态道德教育的思考[J]．成人教育，2008（1）．
[9] 谭宇．现代性视域中生态农民之培育[J]．社科纵横，2013（6）．
[10] 朱信凯．农业农村环境治理攸关“三农”发展大局[J]．农村工作通讯，2014（8）．
[11] 唐珂．关于建设美丽乡村的理论与实践[J]．休闲农业与美丽农村，2014（6）．
[12] 何得桂．中国美丽乡村建设驱动机制研究[J]．生态经济，2014（10）．

第二部分

区域生态文明实践与探索

基于情景导向的产业发展模式探讨
——以北京延庆为例

尹　科　杨期勇　邱秀文
（九江学院鄱阳湖生态经济研究中心，化学与环境工程学院，九江 332005）

摘　要：生态文明作为工业文明之后的文明形态，理念一经提出，就在我国各领域引起了广泛而热烈的讨论与研究。而如何运用先进的理论指导现实决策以及生产生活，却是当下所面临的难题。本文基于现实数据以及区域特点，对延庆产业发展的一般模式、工业导向模式、生态文明模式进行了产业结构和产值的对比研究，结果表明：生态文明发展模式能够满足地区经济发展的要求，并在最大程度上保护区域生态环境。

关键词：生态文明　情景　产值

一、生态文明与区域产业发展

党的十八大报告体现了中国共产党人对社会主义的信念，对科学发展的信心，以及对生态文明的信心。党的十八大报告中有 39 次提到生态，15 次提到生态文明，提出了建设生态文明是关系人们福祉、关乎民族未来的长远大计，要求把生态文明建设放在突出的地位，深深地融入和全面地贯彻经济建设、政治建设、文化建设、社会建设各方面和全过程。“五位一体”[1]是科学发展观的升华，是社会自然生态系统的整合，是中国特色社会主义的净化。

生态文明建设包括经济建设中生产和消费的物态文明，政治建设中组织和管理的体制文明，文化建设中知识和智慧的认知文明，以及社会建设中道德和精神的心态文明。生态文明融入经济建设，就是要处理好经济建设中生产、流通、消费、还原、调控活动，以及资源、市场、环境、政策和科技的生态关系，把传统单目标的物态经济转变为生态经济，利润经济转变为福祉经济，促进生产方式和消费模式的根本转变，通过生命周期设计和生命周期管理，将条块分割的传统产业合纵连横为生产、服务、生态建设一体化的复合生态体系[2]。

原始文明以采摘狩猎为特征，以发明用火和金属工具为标志，是一种自生式的社会形态；农业文明以种植养殖为特征，以发明灌溉和施肥育种为标志，是一种再生式的社会形态；工业文明以市场经济为特征，以大规模使用化石能源和机械化工产品为标志，是一种竞生式的社会形态；社会主义以社会公平与生态和谐为理想，以社会公德和行政管理为手段，是一种共生式的社会形态[3]。市场经济依靠竞生，社会主义强调共生，小农经济依赖再生，中国传统文化强调自生。但是，依赖以上任何一种机制单独运行的社会都不是可持续的，也解决不了复杂的生态危机问题。

要将生态文明的理念融入产业发展当中，就必须依靠科学发展的思想，在可持续发展理论、复合生态理论的带领下，吸取农业文明的再生机制，以及在工业文明高效活力的基础上推进资源耗竭、环境破坏型工业文明向资源节约型、环境友好型生态产业转型；发展以竞生、共生、再生和自生机制为特征的生态经济，推进传统生产方式从产品导向向功能导向、资源掠夺型向循环共生型、厂区经济向园区经济、部门经济向网络经济、自然经济向知识经济、刚性生产向柔性生产、减员增效向增员增效、职业谋生向生态乐生的循环经济转型。主要手段：产业的纵向闭合、横向联合、区域耦合、社会复合、功能导向、结构柔性、结构灵活、软硬结合、结构柔化、增加就业和人性化生产等[4]。

根据生态文明的设计原则，以及生态经济的理论和生态系统的层级结构原理，将产业重新划分为（图1）：第一产业，以光合资源和自然资源生产为目的的自然资源产业，包括：种植业、养殖业、捕捞渔业、矿产采掘业、一次能源开采以及风能、水能等直接利用自然条件开发的新能源产业，这类似于自然生态系统中的初级生产者；第二产业，以制造物质、电能等二次能源为主的有形加工业，包括制造业、食品加工业、电力、冶炼、化工产品生产等，这类似于自然生态系统中的各级消费者；第三类产业，以自然生态修复涵养、人文生态修身养性、经济生态休整孵化为目的的生态“修闲”产业，具体包括：物资还原、环境保育和自然修复为目的的自然生态服务业，如物质循环企业、环保企业、植树造林、水土保持、生态修复等生态保育企业；第四类产业，以提供社会公共服务和人类身心愉悦为目的的人文生态服务业，如交通运输、医疗卫生、信用贷款等公共服务业；第五类产业，以新型产业策划和传统产业转型为目的的经济生态服务业，如各专业高校和研究院所、技术咨询服务公司等。这类服务产业的客体是“社会-经济-自然”[5]复合生态系统中的各要素，相当于自然生态系统中的还原者。

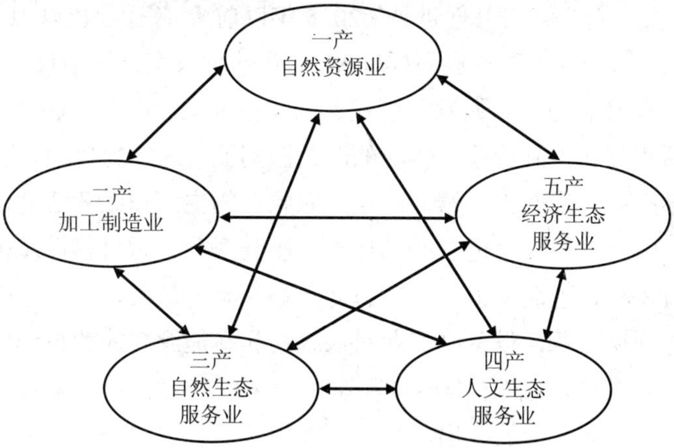

图1 生态产业分类

二、延庆县产业发展情景分析

1. 情景设计

延庆县 2011 年的 GDP 为 75.83 亿元，以延庆年均 GDP 增长 20%进行计算，其 2015 年、2020 年 GDP 将分别达到 115.16 亿元和 193.98 亿元。另外，结合延庆现有的《“十二五”农业发展规划》《“十二五”工业发展规划》《延庆循环经济规划》《“十二五”新能源发展规划》《“十二五”旅游发展规划》等相关规划，在保证延庆现有产业基础上，保证其 GDP 达到预期目标的基础上，规划为下述三种情景。

（1）现有常规情景模式（Business as Usual，BAU）。BAU 模式下的产业结构推算依据为，根据延庆 2009—2012 年的统计年鉴，其地区生产总值从 559 758 万元增长到 758 315 万元，年均增长率为 10.6%。因此，在 BAU 模式下，在 2015 年以前，设定各行业年均增长率为 10.6%；2015—2020 年，由于受到国内宏观调控，经济趋于平稳，BAU 模式下，其增速应相对放缓，取各行业全国年均增长率为 8%进行计算，探讨延庆主要行业生产总值及各行业变化情况。

（2）工业主导情景模式（Industry Foundation，IF）。IF 模式下的产业结构，是在遵循延庆农业、工业、服务业、旅游业各“十二五”规划中制定的总体目标，以及不同规划年限内各主导产业的发展目标的基础上，对上述各主要行业的产值增长率进行设置。首先假设其在近期（2015 年以前），各行业也以 10.6%的平均增长率维持增长，远期各主要行业同样以 8%的年均增长率维持增长。其次，考虑到 IF 产业是以工业发展为主导的发展模式，因此在未来的产业发展当中，延庆相关的特色农产品相关加工制造业、传统的服装医药业、新材料以及机械制造业，将是发展的主导产业，进而带动第一产业如农牧业的生产和经营活动，以及相关服务业的产值。因此，最终设定农产品加工、服装医药、新材料以及机械制造业的年均增长均为 30%，远期（2015—2020 年）增速相对放缓，但仍保持 15%的年均增长率；考虑到加工业，设备制造业对农牧业和新能源产业的拉动作用，近期年均增长率设定为 12%，略高于 BAU 模式，而远期（2015—2020 年）则回归到 10%的增长水平；随着制造业的提出，与制造业相关的会展服务业，节能环保专业，以及旅游业均有相对提高，设定上述产业近期增长率为 12%，远期为 10%。

（3）生态文明发展模式（Eco-civilization，EC）。EC 发展模式，是以复合生态系统理论为主导，在延庆自身的资源生态位、环境生态位相对优势，经济生态位、社会生态位相对弱势的前提下，根据自身的特点确定的可持续发展模式。通过生态资产的开发和利用，转化为经济资产、社会资产，提升广大人民群众的生态福祉，实现区域的可持续发展。

生态文明模式下，主要发展新能源产业、全境生态旅游业、心理卫生咨询业、会展服务业、节能环保产业、废弃生物质利用业以及生态技术交易孵化产业。其中重点发展新能源产业以及生态旅游业，因此，设定上述两项产业近期增长率为 30%，远期增长率为 20%；由此带动的新兴产业，如心理卫生咨询、会展服务、节能环保也以同样的增长率保持增长；传统产业农牧业、农产品加工业、服装医药业，采用 BAU 模式下的传统发展模式，近期同样采用 10.6%的增长率，而远期则采用 8%的增长率；由于新能源产业的发展，对机械设备制造业也将有一定的带动作用，因此近期设定其增长率为 15%，高于 BAU 模式，远期为 10%。另外，延庆存在大量的水土流失土地，以及一定量的矿山待修复，由此有条件形成生态修复产业及相关的生态技术交易平台和市场，产生的产值无法定量估量，但是从北京门头沟等区域的现状来看，其已经形成较具规模的矿山生态修复基地及交易市场，集矿山修复技术、咨询、设计等于一体的孵化系统，因此，延庆在后续的产业发展规划当中，可考虑发展上述产业类型。

延庆的心理卫生咨询产业根据下述计算而得。2012 年，北京市心理咨询师缺口约为 4 400 名，而实际有心理咨询师 1 200 名，缺口约为 3 200 名。北京的心理咨询市场每年有约 130 万人需要定期咨询，348 万人需要不定期咨询，目前尚有 320 万人的心里咨询缺口得不到满足，市场缺口有 60 亿～150 亿元。考虑到延庆同门头沟、房山、通州、顺义、昌平、大兴、怀柔、平谷、密云 9 个区县存在同质化竞争，因此取上述缺口最大值 150 亿元的平均值 15 亿元，作为延庆的所得份额。近期 2012—2015 年取年均 BAU 模式下的 10.6%，而远期心理咨询业、培训业等将随着城市病的增多而受到极大提升，远期设定增长率为 15%。

另外，废弃生物质利用产业（即利用畜禽粪便、城市污泥、秸秆等废弃生物质的产业）目前在延庆尚未开展。虽然延庆提出的循环经济规划当中，对于畜禽粪便与农业的循环提出了一些措施，但是没有形成具体的产业和相对产值。因此，在 EC 模式下，本规划提出基于废弃物资源化与延庆花卉、苗圃、植物绿化等不进入人体食物链的相关产业进行连用的方式，即通过工程技术手段，将生物质转化为花卉、苗木所需的复合肥模式进行产业关联。本次计算的前提是，假定延庆现有的垃圾存量都将得到开发和利用，并根据前人研究参数进行计算。

根据延庆县政府提供的数据，延庆非正规垃圾填埋场目前总计填埋量为 10.306 4 万 t，面积为 4 6432 m^2，另外根据延庆县报告资料显示，延庆生活垃圾每年产生量为 10 万 t，其中生活垃圾量为 6 万 t，农村 4 万 t。根据荆门同类垃圾填埋场实验数据显示：以 150 万 t 的老垃圾填埋场为例，可获得 75 万 t 腐殖土，售价 60 元/t；可燃垃圾（一般垃圾制成的 RDF）51 万 t，售价 250 元/t；可回收资源 7.5 万 t，售价 100 元/t。因此，根据现有垃圾进行转化计算，延庆进行废弃生物质产业化利用后，可获得 0.12 亿元的总收益，且每年如此。具体计算结果见表 1。

表 1 不同情景模式下延庆产业发展情况

产业类型	具体产业	BAU 情景				IF 情景				EC 情景			
		增长率/%		产值/亿元		增长率/%		产值/亿元		增长率/%		产值/亿元	
		2015 年	2020 年	2015 年	2020 年	2015 年	2020 年	2015 年	2020 年	2015 年	2020 年	2015 年	2020 年
第一产业	农牧业	11	8	35.91	52.77	12	10	37.76	60.82	11	8	35.91	52.77
	新能源产业	11	8	55.74	81.90	12	10	57.88	93.22	30	20	90.52	225.23
第二产业	农产品加工	11	8	11.72	17.21	30	15	22.36	44.98	11	8	11.72	17.21
	服装医药	11	8	24.30	35.70	30	15	46.38	93.29	11	8	24.30	35.70
	新材料，机械制造	11	8	37.44	55.01	30	15	71.46	143.73	15	10	43.76	70.48
第三产业	旅游业	11	8	62.70	92.12	12	10	65.93	106.18	30	20	119.67	297.78
	生态修复产业	—	—	—	—	—	—	—	—	—	—	—	—
第四产业	心理卫生咨询业	11	8	0.00	0.00	0	0	0.00	0.00	11	15	20.29	40.82
	会展服务业	11	8	3.05	4.49	12	10	3.21	5.17	30	20	5.83	14.50
第五产业	节能环保产业	11	8	5.41	7.95	12	10	5.62	9.05	30	20	8.79	21.87
	废弃生物质利用产业	—	—	—	—	—	—	—	—	—	—	0.12	0.12
	生态技术交易产业	—	—	—	—	—	—	—	—	—	—	—	—
总计		—	—	236.26	347.15	—	—	310.61	556.45	—	—	360.90	776.48

2．产值分析

通过不同情景参数的设定，可以得出各个产业不同情景下 2015 年及 2020 年的产值，详细见图 2。

从总产值来看，三种情景下，在 2015 年，IF 以及 EC 情景下，两者总产值相差不大，但是从长远来看，EC 情景将在 2020 年远远超过 BAU 以及 IF 情景。这说明，从长远可持续发展的角度来说，EC 情景更为符合延庆经济发展以及产业转型的需要。

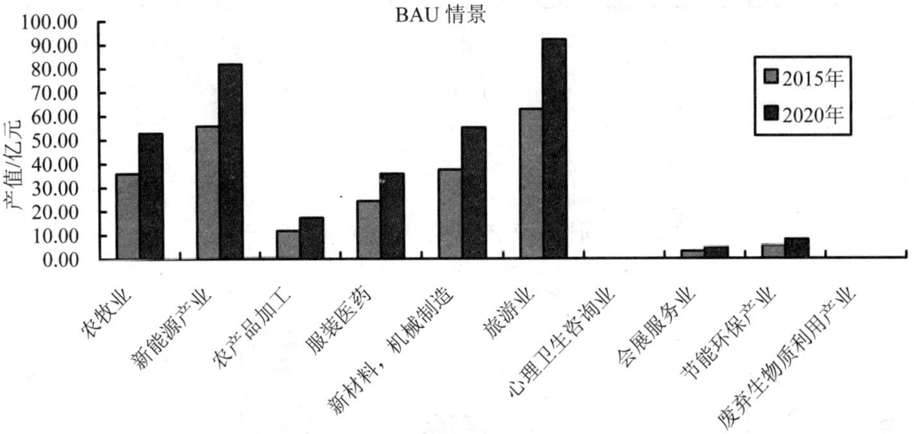

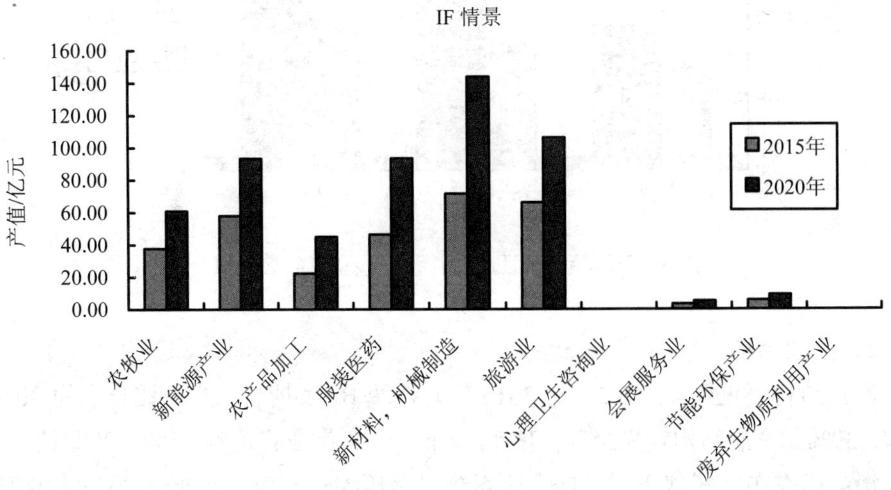

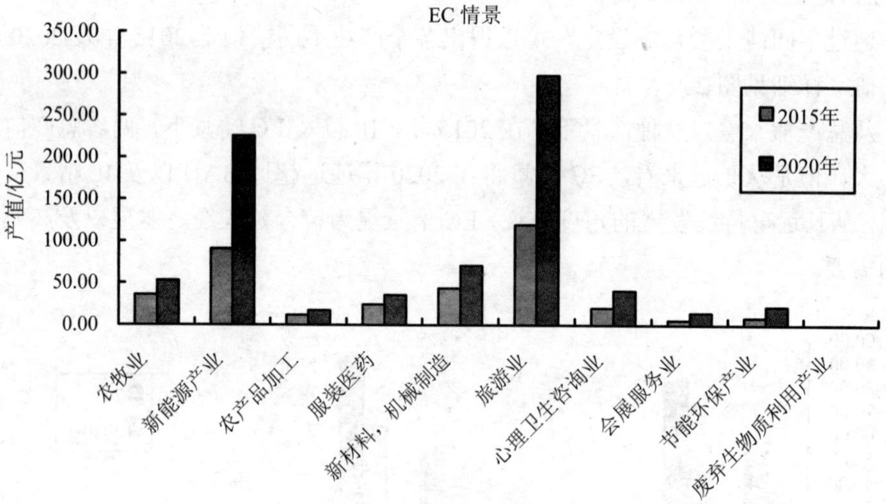

图 2　不同情景下 2015 年、2020 年产业产值

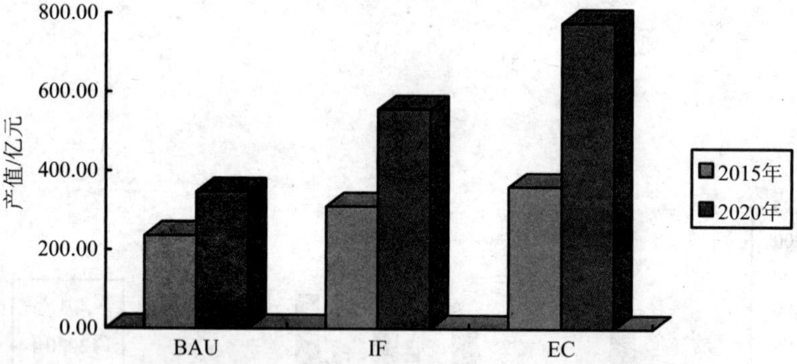

图 3　三种情景下延庆 2015 年、2020 年总产值

3. 产业结构

产业结构可见图 4、图 5。在 2015 年，传统 BAU 情景三产占比分别为 30%、31%、39%，产业结构较为合理；IF 情景下，第二产业将达到 45%，产业结构可能失衡；而在 EC 模式下，二产占比得到显著压缩，而由于新能源产业的急速发展，按照新划分的产业结构，一产为直接利用自然资源的相关产业，包括新能源产业，该支持产业将成为未来延庆的主要支柱产业，占比较大，其产业比重较大，

也相对合理。从 2020 年产业结构来看，BAU 情景中，其三产占比相对保持不变，这与延庆现行的产业结构及方针政策有关；而 IF 情景下，二产占比将超过五成，EC 模式下，随着新能源产业的进一步发展，一产、三产比重相对增大，而二产将进一步压缩。

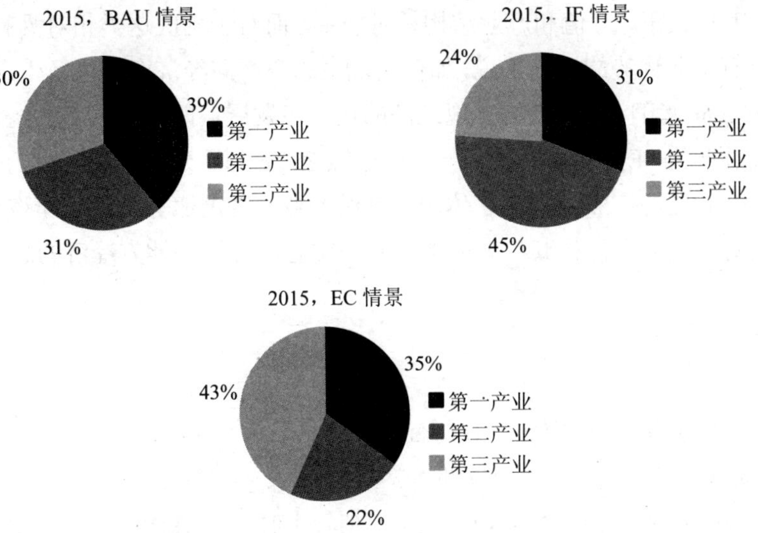

图 4　2015 年三种情景产业结构

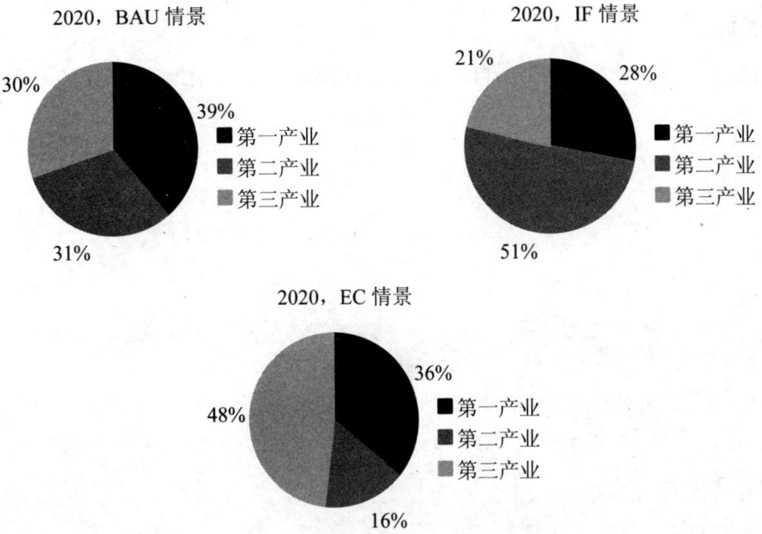

图 5　2020 年三种情景产业结构

三、结论

从三种情景来看，EC 模式下的产值较高，但是 BAU 模式下的产业结构较为合理，IF 模式下，产值和产业结构相对居中。而对于延庆这类相对具有生态优势，而不具有工业优势的地区来说，如何实现生态资产向经济资产以及生态福祉转变，在首都生态保育区的前提下实现经济的进一步发展，既保障首都的经济安全同时又提高总产值，EC 模式提供了一条可行的途径。利用延庆得天独厚的生态资产优势，发展新能源产业、生态“休闲”旅游产业、会展服务业、健康咨询业，从而实现自身在发展中保护其生态服务，利用生态服务发展地方经济的总目标。

参考文献

[1] 王如松. 生态文明与五位一体[J]. 经济参考研究，2013（1）：75-76.

[2] 王如松，周涛，陈亮，等. 产业生态学基础[M]. 北京：气象出版社，2006.

[3] 王如松. 从农业文明到生态文明——转型期农村可持续发展的生态学方法[J]. 中国农村观察，2000（1）：2-8.

[4] 王如松. 资源、环境与产业转型的复合生态管理[J]. 系统工程理论与实践，2003（2）：125-132.

[5] 马世骏，王如松. 社会-经济-自然复合生态系统[J]. 生态学报，1984，4（1）：1-9.

不同来源地外商直接投资与南昌市能源消耗强度

——基于工业行业的实证分析*

滕玉华　阮　华

（江西农业大学经济管理学院，南昌 330045）

摘　要：运用 2005—2013 年南昌市规模以上工业行业面板数据实证分析不同来源地 FDI 对工业能源强度的影响，研究发现，无论是港澳台投资，还是其他外商投资对工业能源强度的影响均不显著；出口贸易和企业规模对工业能源强度的影响不显著；技术水平对工业能源强度有显著的负影响；能源消费结构对工业能源强度有显著的正影响。

关键词：能源消耗强度　港澳台资本　外商资本　工业行业

一、引言

工业是能源消耗的主体，降低工业能源强度对于降低碳排放发展绿色经济有重要意义。技术进步是提高能源利用效率的一个有效途径。在开放经济条件下，地区的技术进步除了依靠国内企业的研究与开发外，就是依靠国际技术扩散。已有研究主要从三个方面展开：一是从国家和省域层面研究外商直接投资对能源强度影响的整体效果。如：Mienik 和 Goldemberg（2002）研究发现 FDI（Foreign Direct Investment，即外商直接投资）的增加可以显著地降低能源强度，认为主要原因是 FDI 技术溢出效应的存在。而 Hubler 和 Keller（2008）研究表明 FDI 的流入并不

* 基金项目：教育部人文社会科学研究青年基金（11YJC790167）、国家自然科学基金（71263024）和中国清洁发展机制基金“南昌市低碳产业体系建设与示范”（1213086）。

能降低发展中国家的能源强度。齐绍洲等（2011）运用1995—2005年的面板数据，从省域层面分析外商直接投资的知识溢出效应对当地能源强度的影响，发现东部地区FDI的知识溢出对本地区能源强度的影响不显著，中部地区FDI的知识溢出提高了本地区的能源强度，西部地区FDI的知识溢出能够显著降低能源强度。张炎治等（2009）将我国能源强度变化分解为FDI规模效应、FDI结构效应和GDP结构效应三部分，研究表明1997—2006年FDI规模效应对我国的能源强度起增加作用，FDI结构效应起降低作用。二是从外商直接投资技术溢出的传导渠道，研究不同途径FDI技术溢出（水平溢出和垂直溢出）对能源强度影响的效果。如李铠和齐绍洲（2011）发现影响中国工业能源强度最可能在水平关联和后向关联效应两种渠道，但两种渠道产生的作用相反，外资水平关联效应能够降低中国工业能源强度，而外资后向关联效应是负面的，外资前向关联效应不显著。三是从FDI质量差异角度，分析不同来源地FDI对能源强度的影响。如张敏等（2012）发现不同来源地FDI份额的变化对中国能源消费强度的影响程度存在显著差异。已有研究主要从国家和省域层面研究FDI对工业能源强度的影响，但从市区层面进行的研究较少。鉴于此，本文运用2005—2013年南昌市规模以上工业企业数据，实证分析不同来源地FDI对工业能源强度的影响，对南昌市利用FDI降低工业企业能源强度有很重要的意义。

二、模型说明

1. 理论分析

能源效率包括能源经济效率和能源技术进步效率。能源经济效率是指经济发展水平、产业结构、价格、对外开放以及经济体制等经济因素对能源效率的影响（史丹，2002）。能源技术进步效率是指由生产技术产品、生产工艺和技术设备所决定的能源效率（李廉水和周勇，2006）。综观已有的研究成果，影响能源强度的因素主要有：

（1）技术水平

工业生产中采用新技术不仅能够提高生产率也可能降低能源消耗强度，因此，技术水平是促进工业部门能源强度下降最重要的原因。开放条件下，提高技术水平主要有三种途径：一是自主研究与开发，这是提高技术水平最主要的渠道。研发投资不仅可以产生新的知识和信息，而且可以增强企业吸收现有知识和信息的能力，促进知识和技术的外溢（张海洋，2005）。二是国际技术扩散。国际技术扩散有多种途径，如国际商品贸易、外商直接投资、国外专利申请及专利引用等，其中外商直接投资和国际贸易是国际技术扩散的主要渠道（Keller，2004）。外资企业通过竞争效应、示范效应和人员流动效应影响本行业内资企业的技术水平，也可以通过产业间的联系影响上、下游行业的技术水平。

（2）能源消费结构

由于各种能源之间的差异和特性，导致其使用效率存在差异，其中煤炭的效率最低，其次为石油、天然气、电力。并且这些能源之间具有一定的替代作用，如增加了电力的消费，就会减少对煤的需求，进而对能源强度产生影响。能源消费结构调整对于提升能源效率、减少环境污染具有非常重要的作用（史丹，2006；魏楚、沈满洪，2007）。因此，工业行业的能源消费结构直接影响着工业行业的最终能源消耗强度。

（3）产权结构与企业规模

陈勇和李小平（2007）认为对"存量"的国有企业进行不同程度的产权改造，从而改善公司治理结构，促进企业绩效。工业能源效率随着企业规模的扩大呈现先上升后下降的倒"U"形特征（唐玲和杨正林，2009）。因此，工业行业产权结构的变动和企业规模可能会对工业能源强度产生影响。

2．计量模型设定

综合以上分析，本文设定如下的计量模型：

$$\ln(EI)_{it}=\alpha_0+\alpha_1T_{it}+\alpha_2W_{it}+\alpha_3N_{it}+\alpha_4J_{it}+\alpha_5G_{it}+\alpha_6M_{it}+\alpha_7S_{it}+\varepsilon_{it} \qquad (1)$$

式中，下标 i 和 t 分别表示工业各行业和年份，α_0 代表截距项。T 表示港澳台外资参与度，W 表示外资参与度，N 表示行业的技术水平，J 表示行业能源消费结构，G 表示行业产业结构，M 表示行业出口贸易，S 表示企业规模，α_1、α_2、…、α_7 表示各项系数；ε_{it} 是误差项。

三、数据与变量

1．数据说明

本文以工业部门为研究样本，分析 2005—2013 年工业行业的不同来源地外商直接投资对能源强度的影响。根据国家统计局行业分类标准《国民经济行业分类》

(GB/T 4754—2002)，中国工业可以细分为39个行业，而《南昌统计年鉴2011》只提供了其中34个行业数据，并且2005—2013年统计口径发生变化。在2011年之前《南昌统计年鉴》提供的是交通运输设备制造业数据，2012年后将交通运输设备制造业细分为汽车制造业和铁路、船舶、航空航天和其他运输制造业。2013年《南昌统计年鉴》将橡胶制品业、塑料制品业合并为橡胶和塑料制品业。为了保证样本数据的完整性和口径的一致性，本文将“橡胶制品”和“塑料制品”合计为“橡胶和塑料制品”，将“汽车制造业”和“铁路、船舶、航空航天和其他运输制造业”合并为交通运输设备制造业，最终选取31个工业行业来研究。这31个行业的代号及名称如下：H1 非金属矿采选业、H2 农副食品加工业、H3 食品制造业、H4 饮料制造业、H5 烟草制品业、H5 纺织业、H6 纺织服装、鞋、帽制造业、H7 皮革、毛皮、羽毛（绒）及其制品业、H8 木材加工及木、竹、藤、草制品业、H9 家具制造业、H10 造纸及纸制品业、H11 印刷业和记录媒介的复制、H12 文教体育用品制造业、H13 石油加工、炼焦及核燃料加工业、H14 化学原料及化学制品制造业、H15 医药制造业、H16 橡胶制品业和塑料制品业、H17 非金属矿物制品业、H18 黑色金属冶炼及压延加工业、H19 有色金属冶炼及压延加工业、H20 金属制品业、H21 通用设备机械制造业、H22 专用设备制造业、H23 交通运输设备制造业、H24 电气机械及器材制造业、H25 通信设备、计算机及其他电子设备制造业、H26 仪器仪表及文化、办公用机械制造业、H27 工艺品及其他制造业、H28 废弃资源和废旧材料回收加工业、H29 电力、热力的生产和供应业、H30 煤气生产和供应业、H31 水的生产和供应业。本文选取指标均为规模以上工业企业主要指标，所有数据除特别说明外均来源于历年的《南昌统计年鉴》和《中国统计年鉴》。

2. 变量构建

①能源强度（EI），采用工业各个行业内全部国有及规模以上非国有工业企业的工业总产值来表示各行业的产出，用各行业的工业品出厂价格指数将当年价格的工业总产值折算成以2005年为基期的可比价。工业各行业的能源强度用该行业单位工业总产值的能源消耗量来表示。②港澳台投资参与度（*T*），采用港澳台资本占行业实收资本的比重表示。③外资参与度（*W*），采用外商资本占行业实收资本的比重表示。④技术水平（*N*），用行业的劳动生产率表示技术水平。⑤能源消费结构（*J*），采用行业煤炭消费量占能源消费总量的比重来表示。⑥产权结构（*G*），采用行业国有资本占行业实收资本的比重表示。⑦行业出口贸易（*M*），用行业出

口交货值与销售收入的比值表示。⑧企业规模（*S*），先用行业工业总产值与工业企业个数的比值（亿元/个），然后取对数。

四、回归结果

本文采用面板数据模型的方法来估计模型（1）中各解释变量的系数。采用面板数据模型进行估计，主要包括聚合最小二乘法回归模型、固定效应模型和随机效应模型。理论上，面板数据模型的设定和筛选，采用 Hausman 检验。由于随机效应模型严格要求扰动项与解释变量不相关，这与本文所讨论的工业能源强度测定影响因素问题的实际情况不符合，故直接选择固定效应模型。借助 Stata11.0 软件，以式（1）为基本回归模型，得到不同来源地外商直接投资对能源强度影响的估计结果（表 1）。

表 1　估计结果

项目	系数	标准误
常数项	3.768	1.394
港澳台投资参与度（*T*）	0.081	0.607
外资参与度（*W*）	0.010	0.045
技术水平（*N*）	−0.464*	0.160
能源消费结构（*J*）	1.125*	0.397
产权结构（*G*）	−0.204	0.162
出口贸易（*M*）	0.161	0.927
企业规模（*S*）	−0.024	0.044
观测数值	213	
F（7，174）	3.55	
Prob＞*F*	0.001 4	

注：*代表参数估计值在 1%水平显著。

由表 1 可知，在样本研究期内，技术水平的系数−0.464，这表明在其他条件不变的条件下，提高工业技术水平有助于降低工业能源强度。因此，为了促进南昌市工业可持续发展，应该采用各种措施，鼓励工业企业加大研发投入，进行技术创新。

在样本研究期内，能源消费结构对工业能源强度有显著的负影响。这意味着提高降低煤在能源消费总量所在比重，有利于降低工业能源强度。因此，优化工业能源消费结构对于南昌市工业走绿色发展之路有重要意义。

在样本研究期内，无论是港澳台投资，还是其他外资对工业能源强度的影响均不显著。这表明通过外商直接投资途径的技术溢出对工业能源强度的影响并不显著。原因可能为：一是工业引进的外商直接投资质量较低，二是工业因自身研发能力较弱，导致技术吸收能力不强，不能有效吸收通过外商直接投资渠道的技术溢出。

在样本研究期内，出口贸易对工业能源强度的影响不显著。这说明通过国际贸易途径的技术扩散并没有促进工业能源强度的下降。主要原因可能是重视研发的发达国家并不是工业企业出口贸易的主要伙伴，或者是工业企业出口到技术发达国家的贸易额偏低。

在样本研究期内，企业规模对能源强度的影响也不显著。这表明扩大企业规模并不能有效降低南昌市工业能源强度。

五、结论

本文运用 2005—2013 年南昌市规模以上工业行业面板数据实证分析不同来源地 FDI 对工业能源强度的影响，得到如下结论：无论是港澳台投资，还是其他外商投资对工业能源强度的影响均不显著；出口贸易和企业规模对工业能源强度的影响不显著；技术水平对工业能源强度有显著的负影响；能源消费结构对工业能源强度有显著的正影响。

基于以上结论，提出以下政策建议：一是南昌市在增加财政科技投入的同时，还要鼓励企业增加研发投入，提高工业技术水平，充分发挥技术进步降低工业能源强度促进作用。二是鼓励企业重视自主研发，提高工业企业的自主研发能力，增强企业的技术吸收能力，使国际技术扩散降低工业能源强度的作用能够有效地发挥出来。

参考文献

[1] Keller W. International Technology Diffusion[J]. Journal of Economic Literature，2004，42（3）：752-782.

[2] Otavia M，Josle G. Foreign Direct Investment and Decoupling Between Energy and Gross Domestic Product in Developing Countries[J]. Energ Policy，2002：87-89.

[3] 张贤，周勇. 外商直接投资对我国能源强度的空间效应分析[J]. 数量经济技术经济研究，2007（1）：101-108.

[4] 张海洋. 我国工业 R&D 生产效率和影响因素——基于省级大中型工业数据的实证分析[J]. 科学学研究，2008（5）：970-978.

[5] 魏楚，沈满洪. 能源效率与能源生产率：基于 DEA 方法的省际数据比较[J]. 数量经济技术经济研究，2007（9）.

[6] 史丹. 中国能源效率的地区差异与节能潜力分析[J]. 中国工业经济，2006（10）.

农村居民生态消费行为影响因素分析

——基于鄱阳湖区972个样本的调查*

汪兴东[1] 陈昭玖[1] 郭锦墉[2]
（1. 江西农业大学经济管理学院，南昌 330045；2. 江西农业大学人文学院，南昌 330045）

摘　要：本文基于江西鄱阳湖区972个样本的调查数据，通过构建模型，从文化、个体和群体三个层面研究了农村居民生态消费行为的影响因素。结果表明，文化因素（集体主义、天人合一）、个人因素（生态认知、生态情感）和群体因素（参照群体）以生态消费意愿为中介，进而正向影响生态消费行为。研究结论可以为更好地理解农村居民的生态消费行为提供参考，以及为政府制定相关政策和企业采取营销措施提供借鉴。

关键词：农村居民　生态消费　传统文化　个体态度　参照群体

一、引言

改革开放30多年来，我国在取得巨大经济成就的同时，也伴随着生态环境的严重恶化，如气候极端化、土壤沙化、水污染、大气污染等。根据2014年发布的全球环境绩效指数（EPI），中国在178个国家中排名第118位，已成为全球污染最严重的国家之一①。生态环境的恶化引起了政府的高度重视，党的十八大报告提

* 基金项目：国家自然科学基金项目“农村居民低碳能源消费行为形成机制及引导政策研究——以鄱阳湖生态经济区为例”（71363028）；江西省社科规划课题“鄱阳湖生态经济区内农村居民低碳能源消费行为影响因素及推进政策研究”（14GL07）。

① 资料来源：http：//epi.yale.edu/epi。

出了“四化同步，五位一体”的建设目标，首次把生态文明建设上升到国家战略高度。许多专家认为造成环境问题的重要原因之一是人类的活动（Vlek & Steg，2007；2009），Minx 等（2013）通过研究发现 57%的环境污染来自于居民的消费行为。因此，研究居民的生态消费行为对于防止环境恶化、提升环境质量具有重要的现实意义。

生态消费是指一种绿色化或生态化的消费模式，既能满足人的消费需求，又不对生态环境造成危害的一种消费行为（汪玲萍与刘庆新，2013）。近年来，生态消费引起了国内学者的高度重视，尤其是判断消费者生态消费行为的决定因素，以便更好地探明消费者的个体和社会特征如何影响消费者的生态消费行为（Tang et al.，2011）。然而，目前的研究多集中于城市消费者，对于识别农村居民生态消费行为影响因素的探讨则较为少见。鉴于农村人口占我国总人口的 47.4%（6.4 亿人），农村的社会零售总额达 3.2 万亿元，较上年增长 14.6%，增幅高于城镇的 12.9%[①]，本文通过对鄱阳湖区 972 个样本的调查，对农村居民生态消费行为影响因素进行实证研究，以期为促进农村居民生态消费，建设生态文明新农村提供借鉴和参考。

二、文献回顾及假设提出

大量研究发现社会心理因素会影响消费者的生态消费行为，如人口特征、环境知识、环境情感、个体态度、生活方式、消费习惯等（Zaccaï，2008；贺爱忠与戴志利，2009；Wray-Lake et al.，2010），但这些因素与生态消费行为之间的关系还不甚清晰（Bamberg，2013）。Peattie（2010）指出，目前的研究大多基于消费者的个体特征进行考察，然而消费者的行为可能会受到社会参照群体的影响，如家庭成员、亲友、邻居、社会群体等，我们还需要考虑社会参照群体对消费者生态消费行为的影响。另外，就农村居民而言，还没有深入探讨这些个体和社会因素是如何影响其生态消费行为。因此，本文从社会文化、个体态度和参照群体三个方面展开文献回顾，并提出研究假设。

（1）社会文化：集体主义与天人合一

与西方人相比，中国人更容易表现出集体主义价值观，更重视身份认同，更

① 资料来源：中国统计年鉴 2013。

关注自己的行为是否与群体内成员一致。大量的生态消费行为都与集体决策有关，如分享亲环境产品信息、产品回收与利用、能源消费等（Joonas，2012）。由于集体主义文化是一种“耻感文化”，如果消费者个体表现出破坏环境行为，会弱化群体身份认同。许多学者已经证实集体主义文化会正向影响生态消费行为，如McCarty 等（1994）认为集体主义倾向的个体比个人主义倾向的个体更容易表现出亲环境消费行为，在中国消费者的研究中，汪兴东和景奉杰（2012）发现城市居民的集体主义价值观会对绿色低碳购买行为产生积极影响。因此，我们得到假设 1（H1）。

H1：农村居民的集体主义价值观会正向影响其生态消费意愿。

Kluckhohn 等（1961）利用价值导向来测量中国的文化，发现“天人合一”是中国传统文化的重要特征，强调人与自然的和谐共处。这种价值观起源于佛教文化和道家思想，佛教文化宣扬众生平等，有生命之物都应平等，强调人与自然的和谐；道家认为世界万物都有其自然规律，草木皆有意识，人应顺应自然，而不是主宰自然，强调“天人合一”，这种思想类似于西方的自然中心主义价值观。Chan（1999）通过实证研究发现，中国人对于环境的生态情感要强于美国人。另一项研究表明，有 75%的中国消费者对于绿色产品表现出很强的购买意愿（万厚芬，2000）。故我们有假设 2（H2）。

H2：农村居民的天人合一价值观会正向影响其生态消费意愿。

（2）个体态度：生态认知与生态情感

为了更好地研究消费者的生态消费行为，Maloney 和 Ward（1975）提出，人们对生态知识的了解（认知）及对环境的感受（情感）会深刻影响其生态消费行为。沿着这个思路，大部分研究者认为，生态认知是生态消费行为的驱动因素，如 BArtkus 等（1999）通过研究发现，无论是自我汇报数据还是客观测量数据都表明生态认知会正向影响消费行为。另一方面，Pedersen 和 Neergaard（2006）却发现，生态信息的提供并不必然导致消费行为的改变。因此，生态认知与消费行为之间的关系还没有十分明确。Hines 等（1987）通过元分析得出，生态认知与行为之间的平均相关系数为 0.3。总体来看，认为生态认知与行为之间存在正向关系的文献居多。为了进一步验证二者之间的关系，我们得到假设 3（H3）。

H3：农村居民对生态知识的认知会正向影响其生态消费意愿。

相比较而言，对于生态情感与行为之间关系的研究，结论比较一致，即积极的生态情感会正向影响消费行为。Hines 等（1987）的研究表明，生态情感与消费行为之间的平均相关系数为 0.37。Carrus 等（2008）认为，生态情感比生态认知和经济因素更能预测人们的生态消费行为，甚至有些欠缺生态知识的消费者也会表现出积极的生态情感。Martin 和 Simintiras（1995）通过实证分析得出结论，在对生态消费行为的影响中，生态认知与生态情感是相互独立的两个变量。因此，在本文中，我们把生态认知和生态情感作为两个独立的变量来分析其对生态消费行为的影响，我们得到假设 4（H4）。

H4：农村居民的生态情感会正向影响其生态消费意愿。

（3）参照群体

许多消费行为不仅是个体动机、态度的反应，而且是群体承诺及群体责任的表现。最近的研究开始强调参照群体在亲环境消费行为研究中的重要性（Welsch &kühling，2009）。Park 和 Lessig（1977）认为参照群体对消费行为的影响包括信息、利益和价值表达三个方面，信息是指群体成员所提供的强化个体应对环境问题的知识；利益是参照群体对于个体表现出来的亲（或非亲）环境行为所给予奖励（或惩罚）的承诺（包括隐形承诺和显性承诺），当亲环境行为易于被大众感知时，利益的影响尤为重要；价值表达是指参照群体内成员所表现出来的价值取向一致性。这三方面的影响会加强或削弱消费者个体表现出亲环境行为的倾向（Gupta & Ogden，2009）。鉴于中国消费者较强的集体主义文化价值观，他们会尽量保持群体一致，并购买群体内其他成员推荐的产品或品牌（Yang et al.，2007），我们得到假设 5（H5）。

H5：参照群体会正向影响农村居民的生态消费意愿。

（4）生态消费意愿与消费行为

大量的实证研究表明，亲环境消费意愿会正向影响亲环境消费行为。Bamberg 和 Möser（2007）通过对 57 篇文献的元分析也发现，亲环境消费意愿与行为之间的相关性为 0.52。参照 Ajzen 和 Fishbein 的计划行为理论（TPB），行为意图是预测相关行为是否发生的重要前置变量，我们得到假设 6（H6）。

H6：农村居民的生态消费意愿会正向影响其生态消费行为。

根据上述文献分析及所提出的假设，我们构建出农村居民生态消费行为概念模型（图 1）。三个影响农村居民生态消费意愿的前置变量分别是：社会文化（集体主义与天人合一）、个体态度（生态认知与生态情感）和参照群体。而这三个前置变量会通过生态消费意愿间接影响生态消费行为。

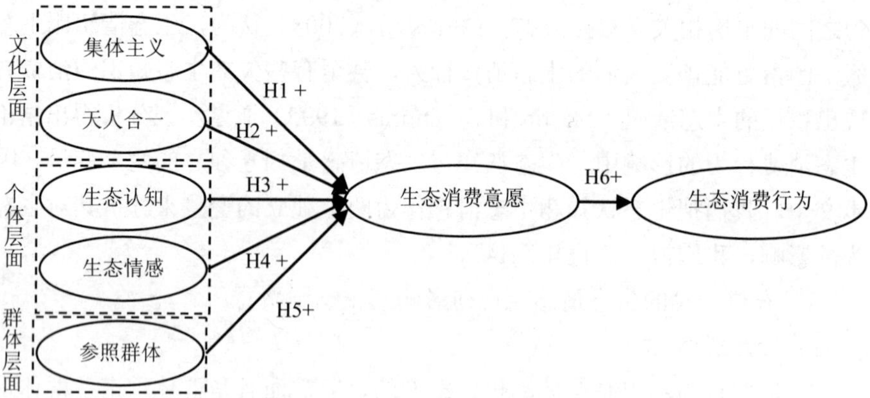

图 1　农村居民生态消费行为概念模型

三、研究设计

（1）数据收集

为了验证概念模型，我们在江西省环鄱阳湖区进行了实地调研。调研方法采取三阶段抽样。首先，在环鄱阳湖 30 个县（市、区）随机抽取 10 个县（市、区）①；然后，在每一个样本县（市、区）随机选取 5 个行政村；最后，利用系统随机抽样在每个样本村抽取 20 个样本户，共发放 1 000 份问卷。由于一些概念如生态消费、生态认知、生态情感等在我国比较陌生，农村家庭中其他成员可能对调查中涉及的这些问题难以全面理解，故我们选择户主作为调查对象。对调查人员进行培训后，入户开展一对一的问卷调查，为了激励受访者认真填答问卷，每个受访者完成问卷后给予价值 10 元的电话卡作为报酬。共回收 1 000 份问卷，去除关键问题未填答完整和明显误答的问卷，得到有效问卷 972 份，问卷有效率为 97.2%。样本的描述性统计见表 1，参考 2013 年江西省统计年鉴，本研究的样本统计特征与江西省农村人口的统计特征相似，可以认为本次调查具有代表性。

① 10 个样本县（市、区）分别为：新建县、进贤县、彭泽县、余江县、鄱阳县、万年县、湾里区、乐平市、武宁县和丰城市。

表 1　样本的描述性统计

变量	定义	样本数	%	变量	定义	样本数	%
性别	男	812	83.5	家庭年均收入	1 万元以下	54	5.5
	女	160	16.5		1 万～2 万元	96	9.9
年龄	35 岁以下	134	13.8		2 万～3 万元	343	35.3
	35～44 岁	334	34.4		3 万～5 万元	405	41.7
	45～55 岁	462	47.5		5 万元以上	74	7.6
	55 岁以上	42	4.3	教育水平	小学及以下	426	43.8
家庭规模	3 人以下	128	13.1		初中	363	37.4
	3～5 人	201	50.7		高中	115	11.8
	5 人以上	643	36.2		高中以上	68	7.0

（2）变量测量

本研究中所涉及的变量测量量表均来自前人的研究成果，对于来自英文文献中的量表采取回译技术，以保证所翻译的量表与原量表的一致性。除具体说明外，所用量表均采取李科特 7 点测量，1 表示“完全不同意”，7 表示“完全同意”。

集体主义和天人合一。参考 McDougall（1993）的研究成果，我们利用 3 条语句测量农村居民的集体主义价值观，具体描述见表 2。探索性因子分析发现只抽取了一个因子（KMO 值为 0.726，$P<0.001$），所用因子载荷都大于 0.5，方差即时比率为 76.2%，同质信度为 0.844，说明量表具有很好的聚合效度。采用 Chan（2001）在研究中国消费者绿色购买行为中所使用的 5 条目量表来测量天人合一价值观，详见表 2。对原量表进行探索性因子分析（KMO 值为 0.726，$P<0.001$），只抽取了一个因子，其中第 5 条语句的因子载荷为 0.454<0.5，删除此条语句后，方差解释比率为 76.5%，同质信度为 0.895，所有的因子载荷都在 0.5 以上，表明量表具有很好的聚合效度。

生态认知和生态情感。利用 5 个条目测量农村居民对生态知识的了解程度（Bohlen，et al.，1993），1 表示“一点也不了解”，7 表示“非常了解”，具体描述见表 2。探索性因子分析表明只抽取了一个因子（KMO 值为 0.745，$P<0.001$），其中第 3 条语句的因子载荷为 0.366<0.5，删除后方差解释比率为 69.3%，同质信度为 0.813，所有因子载荷都在 0.5 以上，说明量表具有较好的聚合效度。生态情感通过 Fraj 和 Martinez（2007）在研究消费者生态消费行为中所使用的 7 个条目来测量（表 2）。探索性因子分析发现（KMO 值为 0.860，$P<0.001$），只抽取了 1

个因子，删除 1 条因子载荷较小的语句后（载荷为 0.457＜0.5），方差解释比率为 52.1%，同质信度为 0.849，所有因子载荷都在 0.5 以上，表明所用量表具有较好的聚合效度。

表 2　量表来源描述

变量	测量语句	来源
集体主义	X11：我努力工作是为了我的群体（包括：家人、亲戚、朋友等）	McDougall 2008
	X12：我认为同伴是否健康快乐对我来说很重要	
	X13：我会随时帮助哪些需要帮助的人	
天人合一	X21：我们应该与自然和谐相处	Chan 2001
	X22：我们应该理解和崇尚自然	
	X23：我们作为世界的主体，可以随心所欲地利用自然 R	
	X24：我们只是自然的一部分	
	X25：我们应该主宰自然而不是适应自然 R*	
生态认知	X31：您了解气候变暖吗？	Bohlen 等 1993
	X32：您了解大气污染吗？	
	X33：您了解酸雨吗？*	
	X34：您了解水污染吗？	
	X35：您了解人口膨胀吗？	
生态情感	X41：得知我们的许多食物中农药超标，我很震惊	Fraj 和 Martinez 2007
	X42：我认为气候变暖的危害被高估，故我不会感到苦恼 R	
	X43：得知政府采取了许多措施来治理生态环境，我很欣慰	
	X44：当听说在下世纪全球温度将升高 3 摄氏度时，我感到恐慌	
	X45：我认为雾霾天气对我和家人影响很小，故我不会感到担心 R*	
	X46：在雾霾天气的时候，我会感到沮丧	
	X47：当得知生态污染对植物和动物造成的危害时，我很愤怒	
参照群体	X51：我会从亲朋好友及邻居处得到有关生态的信息	Park 和 Lessig 1977
	X52：亲朋好友的推荐会影响我是否选择生态产品	
	X53：我的家人会影响我是否购买生态产品	
	X54：为了满足家人及亲朋好友的期望，我会选择购买环保产品	
	X55：购买环保产品会提升我在亲朋好友心中的地位*	
	X56：购买环保产品会被其他人尊重*	

<table>
<tr><th>变量</th><th>测量语句</th><th>来源</th></tr>
<tr><td rowspan="3">生态消费意愿</td><td>Y11：在下个月内，我会考虑购买环保产品</td><td rowspan="3">Ling-Yee 1997</td></tr>
<tr><td>Y12：在下个月内，我会考虑购买更为环保的产品品牌</td></tr>
<tr><td>Y13：在下个月内，我会考虑购买更为环保的产品型号或款式</td></tr>
<tr><td rowspan="3">生态消费行为</td><td>Y21：上个月，我经常购买环保产品（购买频率）</td><td rowspan="3">Chan 2001</td></tr>
<tr><td>Y22：上个月，我花费了较多钱购买环保产品（购买总量）</td></tr>
<tr><td>Y23：上个月，我在环保产品上的支出占总消费支出的比率较大（购买比率）</td></tr>
</table>

注：R 表示反向量表，* 表示因子载荷小于 0.5 而删除的语句。

参照群体。利用 6 条语句来测量参照群体的三个维度（Park & Lessig，1977），即信息、利益和价值表达，具体语句描述见表 2。对原量表进行探索性因子分析（KMO 值为 0.726，P<0.001），只抽取了一个因子，其中有两条语句的因子载荷小于 0.5，删除后方差解释比率为 59.4%，同质信度为 0.853，所有的因子载荷都在 0.5 以上，表明量表具有很好的聚合效度。

生态消费意愿和生态消费行为。使用 3 个题项来测量农村居民的生态消费意愿（Ling-Yee，1997）（表 2）。探索性因子分析表明（KMO 值为 0.748，P<0.001），只抽取了一个因子，所有题项的因子载荷都大于 0.5，方差解释比率为 83.7%，同质信度为 0.902，说明量表具有很好的聚合效度。为了更准确地测量农村居民的生态消费行为，受访者在完成主体量表一个月后，我们进行了二次调查。二次调查包括 3 个题项（Chan，2001）（表 2），第一个题项测量农村居民在过去的一个月内购买环保产品的频率，第二个题项测量农村居民在过去的一个月内购买环保产品所花费的金额，第三个题项测量农村居民在过去的一个月内在环保产品所花费的金额在总消费金额中所占的比率。为了验证受访者回答的正确性，我们要求所有回答在过去一个月内购买过环保产品的受访者出示所购买的产品。探索性因子分析表明（KMO 值为 0.631，P<0.001），只抽取了一个因子，所有题项的因子载荷都大于 0.5，方差解释比率为 73.1%，同质信度为 0.801，说明量表具有很好的聚合效度。

四、模型分析与假设检验

（1）验证性因子分析

利用 AMOS18.0 对概念模型进行验证性因子分析，结果见表 3，模型中七个潜变量的组合信度都大于 0.8，说明量表具有较高的内部一致性信度。各潜变量的平均方差抽取值（AVE）均大于 0.5，表明量表具有较好的聚合效度。在区分效度上，如各潜变量 AVE 的算术平方根大于潜变量间的相关系数，则可认为量表具有较好的区分效度，由表 4 可知，潜变量间的相关系数均小于各潜变量 AVE 的算术平方根，由此可认为量表具有良好的区分效度。

表 3　验证性因子分析结果

潜变量	项目	因子载荷	信度系数	组合信度	AVE
集体主义	X11	0.809	0.654	0.845	0.645
	X12	0.840	0.706		
	X13	0.758	0.575		
天人合一	X21	0.944	0.891	0.897	0.689
	X22	0.887	0.787		
	X23	0.707	0.500		
	X24	0.759	0.576		
生态认知	X31	0.642	0.412	0.802	0.506
	X32	0.654	0.428		
	X34	0.696	0.484		
	X35	0.836	0.699		
生态情感	X41	0.806	0.650	0.856	0.506
	X42	0.764	0.584		
	X43	0.727	0.529		
	X44	0.835	0.697		
	X46	0.501	0.251		
	X47	0.570	0.325		
参照群体	X51	0.692	0.479	0.860	0.608
	X52	0.880	0.774		
	X53	0.805	0.648		
	X54	0.729	0.531		
生态消费意愿	Y11	0.849	0.721	0.878	0.705
	Y11	0.856	0.733		
	Y11	0.814	0.663		
生态消费行为	Y21	0.976	0.953	0.829	0.627
	Y22	0.744	0.554		
	Y23	0.611	0.373		

表 4　区分效度检验

项目	均值	标准差	集体主义	天人合一	生态认知	生态情感	参照群体	购买意愿	购买行为
集体主义	6.535	0.826	0.803						
天人合一	5.684	1.048	0.542	0.830					
生态认知	2.558	1.048	0.023	−0.016	0.711				
生态情感	5.725	1.007	0.437	0.540	0.025	0.711			
参照群体	5.716	1.191	0.281	0.337	0.068	0.361	0.780		
购买意愿	5.720	1.307	0.442	0.494	0.109	0.562	0.462	0.840	
购买行为	4.009	1.312	0.057	0.017	0.241	0.284	0.196	0.349	0.792

注：对角线上的数值为各潜变量的算术平方根，对角线以下的数值为各潜变量间的相关系数。

（2）模型拟合及假设检验

整体模型拟合指标为：χ^2（397）=737.12，χ^2/df =1.857（p<0.001），RMSEA=0.046，CFI=0.968，IFI=0.968，TLI=0.953。尽管 p 值未达到适配标准（p>0.05），鉴于 χ^2 检验对于样本量较为敏感，而其他拟合指标均高于适配临界值，故可认为整体模型具有较高的拟合效果。

路径模型分析结果如图 2 所示。集体主义和天人合一的均值分别为 6.535 和 5.684（表 4），表明农村居民如预期一样表现出明显的中国传统文化特征，且这两个传统文化维度会对生态消费意愿产生积极影响（标准化路径系数分别为 0.165 和 0.201，p 值都小于 0.001），假设 1 和假设 2 得到验证。虽然农村居民对生态知识的认知水平较低（均值为 2.588），但他们表现出较强的生态情感（均值为 5.752），且个人层面的这两个维度对生态消费意愿都有显著的正向影响（生态认知的标准化路径系数为 0.066，P<0.05；生态情感的标准化路径系数为 0.313，P<0.001），假设 3 和假设 4 得到支持。参照群体的均值为 5.716，说明参照群体会对农村居民产生重要影响，且这种影响会显著提升农村居民的生态消费意愿（标准化路径系数为 0.270，p>0.001），假设 5 得到验证。生态消费意愿和行为的均值分别为 5.720 和 4.009，尽管生态消费意愿不能完全转化为购买行为，但生态消费意愿是具体生态消费行为实施的重要预测变量（生态消费意愿的标准化路径系数分 0.340，p>0.05），假设 6 得到支持。

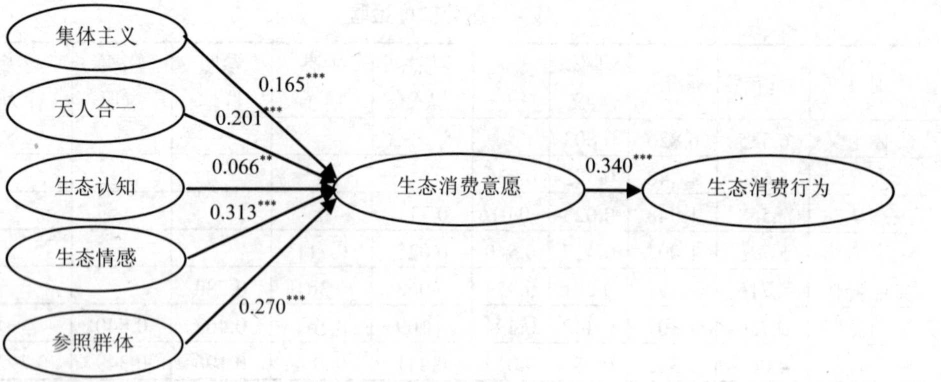

注：***表示 $P<0.001$；**表示 $P<0.05$。

图 2 路径模型分析结果

五、结论及启示

（1）研究结论

本文以江西省鄱阳湖区的农村居民作为研究对象，通过构建概念模型从文化、个体及群体三个层面考察了农村居民生态消费行为的影响因素。实证研究结果显示，农村居民的个体因素（生态认知、生态情感）、文化因素（集体主义、天人合一）和群体因素（参照群体）会对其生态消费意愿产生积极的正向作用，但他们作用的大小存在差异。在文化层面，天人合一价值观的影响要略高于集体主义价值观；在个人层面，生态情感的影响要远远大于生态认知；在群体层面，参照群体的影响仅次于生态情感。生态消费意愿会对生态消费行为产生积极的正向影响。

（2）研究启示

研究结论对于了解中国农村居民的生态消费行为具有重要的理论和现实意义。在文化层面，中国传统的集体主义和天人合一价值观会通过生态消费意愿正向影响生态消费行为；对于政府而言，提倡生态消费可以从传统文化入手，通过宣传教育弘扬人与自然和谐共处的价值观，提高国民的生态意识，促进可持续性消费；对于企业而言，在生态环保产品的宣传上可以嵌入传统文化要素，从内在价值观上唤起消费者对生态问题的关注，引导其购买行为。在个人层面，农村居民的生态认知和生态情感会对生态消费意愿产生积极作用进而正向影响其生态消费行为，但二者的影响程度存在差异，生态认知的影响程度要小于生态情感，对于政府及企业而言，如想从消费者的个人层面去影响其生态消费行为，利用情感策略可能会比认知策略更为有效，故我们在普及生态知识的同时，要特别注意采取措施激发消费者对生态环境问题的相关情感。在群体层面，参照群体对生态消费意愿的影响仅次于生态情感，因此，政府和企业要注重对农村群体的宣传和教育，使生态行为成为一种群体行为，通过参照群体（如意见领袖、社会网络等）影响农村居民的生态消费。

尽管生态消费意愿会对生态消费行为产生积极影响，但意愿到行为之间的转化并不是十分有效，标准化路径系数仅为 0.340，远低于亲环境消费意愿与行为之间的相关系数 0.52（Bamberg & Möser，2007）。有学者分析，在中国消费者中生态消费意愿与行为之间的低度相关可能是由于生态产品的缺乏，但万厚芬（2000）认为，虽然与西方发达国家相比，中国的绿色生态产品还偏少，但在市场上已经有许多绿色生态产品在销售。Chan（2001）发现中国消费者对绿色生态产品的信任程度较低是导致这种低度相关的主要原因，这个结论在汪兴东和景奉杰（2012）研究中国城市消费者的低碳购买行为中得到证实。因此，对于政府而言，一方面，要强化生态环保知识的教育和宣传，提高消费者对生态环保产品的辨识能力；另一方面，要加强对绿色生态产品的监管，降低消费者对绿色生态产品的评估难度；对于企业而言，在宣传绿色生态产品时，要谨慎选择宣传策略，不能过分夸大，以防降低消费者对绿色生态产品的信任程度，损害企业形象，甚至影响整个行业的发展。

（3）研究局限与展望

尽管本研究中的假设都得到了验证，但还有几个问题需要进一步探索。首先，为什么生态认知与生态情感对生态消费意愿的影响差异较大，其中深层次的原因是什么，有哪些变量在起作用；其次，农村居民生态消费意愿与行为之间的低转化率值得进一步研究，除了信任之外，还有哪些因素抑制了这种转化；最后，中国地域广阔，农村差异较大，而本文的研究对象为江西鄱阳湖区的农村居民，研究结论是否适合其他农村地区还需进一步论证。

参考文献

[1] Bamberg S. Changing environmentally harmful behaviors：A stage model of self-regulated

behavioral change[J]. Journal of Environmental Psychology，2013，3（4）：151-159.

[2] Bamberg S.，G. Möser. Twenty years after Hines，Hungerford，and Tomera：A new meta-analysis of psycho-social determinants of pro-environmental behaviour[J]. Journal of Environmental Psychology，2007，27（1）：14-25.

[3] Bohlen G.，B B Schlegelmilch，et al. Measuring ecological concern：A multi－construct perspective[J]. Journal of Marketing Management，1993，9（4）：415-430.

[4] Carrus G.，P. Passafaro，et al. Emotions，habits and rational choices in ecological behaviours：The case of recycling and use of public transportation[J]. Journal of Environmental Psychology，2008，28（1）：51-62.

[5] Chan R. Y. Environmental attitudes and behavior of consumers in China：survey findings and implications[J]. Journal of International Consumer Marketing，1999，11（4）：25-52.

[6] Chan R. Y. Determinants of Chinese consumers' green purchase behavior[J]. Psychology & Marketing，2001，18（4）：389-413.

[7] Fraj E.，E. Martinez. Ecological consumer behaviour：an empirical analysis[J]. International Journal of Consumer Studies，2007，31（1）：26-33.

[8] Fransson N.，T. Gärling. Environmental concern：Conceptual definitions，measurement methods，and research findings[J]. Journal of Environmental Psychology，1999，19（4）：369-382.

[9] Gupta S.，D. T. Ogden. To buy or not to buy？ A social dilemma perspective on green buying[J]. Journal of Consumer Marketing，2009，26（6）：376-391.

[10] Hines J. M.，H. R. Hungerford，et al. Analysis and synthesis of research on responsible environmental behavior：A meta-analysis[J]. The Journal of environmental education，1987，18（2）：1-8.

[11] Joonas K. Imperative for Green Marketing in India：A Conceptual Research of Beliefs and Attitudes of Business Students[J]. Southwest Business Economic Journal，2012，29（2）：37-46.

[12] Kluckhohn F. R.，F. L. Strodtbeck. Variations in value orientations[M]. England，Oxford：1961.

[13] Ling-Yee L. Effect of collectivist orientation and ecological attitude on actual environmental commitment：the moderating role of consumer demographics and product involvement[J]. Journal of International Consumer Marketing，1997，9（4）：31-53.

[14] Maloney M. P.，M. P. Ward，et al. A revised scale for the measurement of ecological attitudes andknowledge[J]. American psychologist，1975，30（7）：787-790.

[15] Martin B.，A. C. Simintiras，The impact of green product lines on the environment：does what theyknow affect how they feel[J]？ Marketing Intelligence & Planning，1995，13（4）：16-23.

[16] McCarty J. A.，L. J. Shrum. The recycling of solid wastes：Personal values，value orientations，and attitudes about recycling as antecedents of recycling behavior[J]. Journal of Business Research，1994，30（1）：53-62.

[17] McDougall G. H. The green movement in Canada：implications for marketing strategy[J]. Journal of International Consumer Marketing，1993，5（3）：69-87.

[18] Minx J.，G. Baiocchi，et al. Carbon footprints of cities and other human settlements in the UK[J]. Environmental Research Letters，2013，8（3）：35-39.

[19] Park C. W.，V. P. Lessig. Students and housewives：Differences in susceptibility to reference group influence[J]. Journal of consumer Research，1977，4（2）：102-110.

[20] Peattie K. Green consumption：behavior and norms[J]. Annual Review of Environment and Resources，2010，35（1）：195-228.

[21] Pedersen E. R.，P. Neergaard. Caveat emptor – let the buyer beware! Environmental labelling and the limitations of green consumerism[J]. Business Strategy and the Environment，2006，15（1）：15-29.

[22] Steg L.，C. Vlek. Encouraging pro-environmental behaviour：An integrative review and research agenda[J]. Journal of Environmental psychology，2009，29（3）：309-317.

[23] Tang Z.，X. Chen，et al. Determining Socio-Psychological Drivers for Rural Household Recycling Behavior in Developing Countries A Case Study From Wugan，Hunan，China[J]. Environment and behavior，2011，43（6）：848-877.

[24] Vlek C.，L. Steg. Human Behavior and Environmental Sustainability：Problems，Driving Forces，and Research Topics[J]. Journal of social issues，2007，63（1）：1-19.

[25] Welsch H.，J.kühling. Determinants of pro-environmental consumption：The role of reference groups and routine behavior[J]. Ecological Economics，2009，69（1）：166-176.

[26] Wray-Lake L.，C. A. Flanagan，et al. Examining trends in adolescent environmental attitudes，beliefs，and behaviors across three decades[J]. Environment and Behavior，2010，42（1）：61-85.

[27] Yang J.，X. He，et al. Social reference group influence on mobile phone purchasing behaviour：a cross-nation comparative study[J]. International Journal of Mobile Communications，2007，5（3）：319-338.

[28] Zaccaï E. Assessing the role of consumers in sustainable product policies[J]. Environment，development and sustainability，2008，10（1）：51-67.

[29] 贺爱忠，戴志利. 农村消费者生态心理意识对生态消费影响的实证分析[J]. 中国农村经济，2009（12）：67-76.

[30] 万厚芬. 绿色营销[M]. 武汉：湖北人民出版社，2000.

[31] 汪玲萍，刘庆新. 绿色消费，可持续消费，生态消费及低碳消费评析[J]. 湖北民族学院学报：哲学社会科学版，2013（1）：48-50.

[32] 汪兴东，景奉杰. 城市居民低碳购买行为模型研究——基于五个城市的调研数据[J]. 中国人口·资源与环境，2012，22（2）：47-55.

鄱阳湖区湿地生态补偿研究综述*

杨　晶

（江西农业大学经济管理学院，南昌 330045）

摘　要：江西省在生态补偿方面一直先试先行。本文通过对已有文献进行总结，探讨了鄱阳湖湿地生态补偿的必要性，分析了现有鄱阳湖湿地生态补偿政策实施的情况及存在的问题，以及展望了鄱阳湖湿地生态补偿机制的构建。

关键词：生态补偿　鄱阳湖湿地　文献综述

党的十八大将“生态文明”写入党章，国家层面的生态补偿制度建设步伐进一步加快。江西省在生态补偿方面一直先行先试，2009年中央批准建立鄱阳湖生态经济区，确立了以坚持生态优先，促进跨越发展的战略方针，推进生态补偿试点。在这一大的背景下，本文试图通过对已有研究进行总结，探讨鄱阳湖湿地生态补偿的必要性，现有生态补偿政策实施的情况及存在的问题，以及展望鄱阳湖湿地生态补偿机制的构建。

一、鄱阳湖湿地生态补偿机制建设的必要性

目前，世界各国已普遍使用生态补偿机制来保护生态环境。生态补偿制度是以保护生态环境，促进人与自然和谐发展为目的，根据生态系统服务价值、生态保护成本、发展机会成本，运用政府和市场手段，调节生态保护利益相关者之间

* 基金项目：国家社科基金项目（13CJL070）；江西省社会科学规划项目（12YJ58）；江西省高校人文社科项目（JJ1226）。

利益关系的公共制度[1]（中国生态补偿机制与政策研究课题组，2007）。鄱阳湖湿地实施生态补偿的必要性表现为鄱阳湖湿地生态系统脆弱性加剧，亟须实施生态补偿政策来有效保护湿地生态环境，促进人与自然的和谐发展。

1. 鄱阳湖湿地存在的问题

鄱阳湖湿地是我国第一大淡水湖湿地，位于江西省北部。根据《鄱阳湖生态经济区规划》所划分的湖体核心保护区、滨湖控制开发带和高效集约发展区，湖体核心保护区和滨湖控制开发带分布在 13 个县（市）：南昌县、新建县、进贤县、庐山区、共青城市、德安县、永修县、星子县、湖口县、都昌县、鄱阳县、余干县和东乡县[2]。

由于鄱阳湖区人口持续增长、不合理的经济发展模式和不完善的保护措施等经济社会原因，以及地质构造运动、气候、水文等自然因素的共同作用，鄱阳湖湿地生态系统的脆弱性开始加剧[3]。廖富强等（2008）运用模糊评判模型对鄱阳湖区湿地生态脆弱性进行评估，结果发现，鄱阳湖区湿地整体脆弱性为轻度脆弱状态[4]。鄱阳湖区湿地存在的问题具体体现为以下几方面。

（1）鄱阳湖湿地生态环境的破坏[5-7]。鄱阳湖水土流失严重，湖区面积不断缩小，湖面面积从 20 世纪 50 年代的 5 000 多 km^2 缩小到现在的 3 000 多 km^2[3]。由于湖区面积的减少，鄱阳湖防洪能力降低，导致洪涝灾害日趋严重。2007—2010 年星子口最高水位分别为 16.28 m、17.63 m、17.09 m 和 19.95 m，洪水的最高水位逐年上升[8]。此外，湿地资源衰退，环境污染日益严重。2002 年鄱阳湖水质III类以上比例为 99.7%，2006 年下降到 82.1%，而 2011 年鄱阳湖水质已达到Ⅳ类水[3, 7]。由于湖面面积缩小，水质污染等问题，鄱阳湖生物多样性受到破坏。常见的水生、湿生和沼生植物正在逐渐消失或生物群落正在严重退化，鱼类品种减少和资源量不断降低[5]。

（2）环境破坏与生活经济发展的相互冲突。环境库兹涅茨曲线描绘了经济发展与环境污染水平关系，呈倒 U 形，在其左半部，环境污染与经济发展之间呈正相关关系，即环境保护与经济发展之间相互冲突，而在其右半部，环境污染与经济发展之间呈负相关关系。李志涛等（2010）研究发现鄱阳湖区经济增长与水环境保护正处于相互冲突的阶段，其主要原因在于产业结构的不合理[9]。廖富强等（2008）也认为包括经济发展方式在内的外部社会环境因素是导致鄱阳湖湿地脆弱性的主要制约因素[4]。

2. 生态补偿机制的作用

从鄱阳湖湿地目前存在的问题来看，对鄱阳湖湿地进行修复、保护和管理已经成为国家和地方政府亟须解决的重要问题[10]。相对于基于行政手段的强制管理，基于经济手段的生态补偿机制能够更好地协调湿地保护与利用之间的矛盾和冲突。国内外经验表明，湿地生态补偿制度既可以促进生产者和环境保护者的积极性，又可以稳定湿地周边经济发展，从而实现区域经济发展和环境保护的双重目标[11]。

（1）建立生态补偿制度有利于湿地保护政策的实施。湿地保护政策往往对湿地资源所有者和使用者的利益有所损失，因此补偿问题是湿地保护政策能否有效实施的首要问题。如果不建立合理的补偿制度，保障因湿地保护而导致生存基础受到影响和生产生活成本增加的农户利益，将无法调动湿地区域内农户保护湿地环境的积极性，那么这些湿地保护政策的实施将十分艰难[12]。

（2）建立生态补偿制度也有利于湿地周边农户增收。虽然各国的生态补偿项目所设定的目标主要是保护生态环境，但现有的研究表明，这些生态补偿项目均带来了农民收入的提高。以“退耕还林”政策为例，“退耕还林”政策有效地减少了水土流失和风沙危害的强度，占国土面积 82%的工程区森林覆盖率平均提高3%，有效地改善了生态环境；同时，退耕农户收入得到改善。2009 年年底，“退耕还林”工程使 3 200 万农户从国家补助粮款中直接受益，户均获得补助 5 000多元，不仅如此，退耕后发展的经济林等也取得了较好的经济效益，提高了农户的收入[13]。杨新荣（2014）的研究也发现，洞庭湖区进行的“三废”治理政策，改变了农户渔业生产方式，生态环境明显改善的同时，农户收入也显著提高[14]。

二、鄱阳湖湿地实施的生态补偿政策

1. 鄱阳湖生态补偿政策实施情况

1998 年在长江特大洪水给鄱阳湖区造成巨大灾害后，江西省在鄱阳湖区实施了“退田还湖、移民建镇”生态建设工程，标志着生态补偿政策在江西的探索正式开启。

生态补偿政策的具体措施包括退田还湖、禁渔期和封洲禁牧[11]。其中，退田还湖根据圩堤类型分为单退（退人不退田）和双退（退人退田）两种类型，具体措施主要包括移民建镇和退田还湖。移民建镇即要求居住地低于 22 m 高程以下的农户全部搬迁到23 m高程以上高地，政府向搬迁农户提供一次性安置费1.5万元。退田还湖包括土地权属变更和对农户以及集体土地所有和使用权的补偿。1998—2002年，国家财政共提供35.32亿元，移民22.1万户，退田8.67万 hm^2[15]。禁渔期是指政府规定每年10月1日至第二年3月31日为鄱阳湖悦动候鸟期，禁止在湿地自然保护区内猎捕候鸟，3月20日至6月20日为鄱阳湖水域禁渔期，渔民不允许下湖捕鱼。封洲禁牧指对鄱阳湖周边有螺易感草洲全面实行封洲禁牧，对家畜进行舍饲圈养，杜绝粪便污染草洲。

从补偿方式来看，除资金补偿外，还包括政策补偿、实物补偿和智力补偿[16]。其中，资金补偿包括上述退田补偿费以外，还包含通过金融机构给农户直接补贴和小额贷款。此外，九江市在2012年向国家发改委报送的鄱阳湖湿地生态补偿试点方案中提出按照“国家级湿地90元/亩，省级80元/亩，一般湿地70元/亩”的标准进行资金补偿[17]。政策补偿是指通过制定优先权和优惠待遇促进退田农户的经济增长。实物补偿指解决湿地地区农户生产生活要素问题。而智力补偿通过对农户提供知识和技能培训，提供其生产技能以及非农就业机会。

补偿的主体除湿地保护区的农户以外，地方政府和湿地保护单位也获得了相应的政策支持[18]。2007年实施了湖区转移支付补助，2009年起对鄱阳湖滨湖县地方政府实行了重点生态功能区转移支付补助。对湿地保护单位而言，国家级湿地自然保护区有自然保护区能力补助建设资金等专项补助，对省级渔政分局有每年600余万元的专项执法经费。

2．现有生态补偿政策存在的问题

首先，农户接受生态补偿的意愿低。李芬等（2010）在都昌县、湖口县和鄱阳县的6个乡镇进行调研的结果显示，受到收入水平的差异等因素的影响，只有51.48%的农户愿意接受生态补偿[19]。而韩鹏等（2012）则进一步发现生态补偿的模型对农户接受生态补偿的意愿影响较大。仅仅根据退耕面积对农户进行补偿的补偿模式无法解决农户的生计和就业问题，导致大多农户主要依赖国家补偿来解决家庭生计，因此当补偿政策实施告一段落时，土地利用变化出现了一定程度的逆转。因此，在考虑生产结构调整的基础上对农户进行补偿的模式具有“造血”功能，通过加快农业劳动力转移和提高农户生产水平，能更有效地实现生态补偿的目标。

其次，湿地资源缺乏国家法律的有效保护。尽管江西省在2003年通过了《江西省鄱阳湖湿地保护条例》，对鄱阳湖湿地保护规划、湿地自然保护区建设、湿地保护措施、湿地资源利用等方面作了具体规定。但是存在保护范围不明确、缺乏系统性和整体性、管理体制不健全、评价制度存在较多漏洞，以及可操作性不强等问题[20, 21]。

最后，湿地资源权属不明以及湿地管理体制呈现多元。当前鄱阳湖湿地没有确权，湿地权属归集体所有，但鄱阳湖子湖泊数量多，多数湖泊由多个村甚至乡镇共同管理，各自管理的范围相互交织，厘清湿地权属相当困难[18]。此外，在湿地区域管理上呈现了省、市、县三级管理，各自拥有管理区域，在湿地业务管理上水利、农业、林业、环保、交通、国土等部门均由管理权限，甚至有季节性的管理。例如水涨归湖区管，水退又归地方管的现象[21]。由于资源权属不明和多元化湿地管理体制，往往导致湿地资源难以统一，形成管理混乱的局面。

三、生态补偿机制的构建展望

从上面的分析可以看出，探索建立鄱阳湖湿地生态补偿机制已经成为政府亟待解决的问题。学术界在理论上已经对建立鄱阳湖湿地生态补偿机制做出了相应的展望，主要体现在三个方面。

（1）补偿主体的确定。一般而言，大多数文献坚持“谁受益、谁补偿”的原则来确定鄱阳湖湿地生态补偿的主体，基本上各级政府、企业以及其他社会主体作为生态补偿的主体。但考虑到农户既是湿地资源的受益者同时也是破坏者的情况，熊凯和孔凡斌（2014）首次提出农户应当作为鄱阳湖生态补偿主体，并估算鄱阳湖湿地农户户均生态补偿支付意愿值为 487.40 元[2]。

（2）补偿标准的确定。补偿标准的探讨是目前文献最关注的问题，但由于估算方法多样以及评估范围不同等原因，目前并没有统一的补偿标准。倪才英等（2010）利用生态系统服务功能价值法在鄱阳湖双退区计算得到生态补偿标准每公顷 27 000 元/年[22]。意愿价值评估法的估算结果较多：李芬等（2009）在南昌市、九江市和上饶市估算鄱阳湖区农户的平均生态补偿的标准为 292 元/亩·年[23]；姜宏瑶和温亚利（2011）在永修县、新建县、都昌县和进贤县估算农户户均生态补偿意愿为 339.9 元/亩·年[24]；韩鹏等（2012）在都昌县、湖口县和鄱阳县估算鄱阳湖湖区湿地周边农户的理论受偿意愿为 1132 元/亩·年[15]。郭跃（2012）利用成本核算的方式，在考虑到政府财政的基础上，以永修县吴城镇为例，估算补偿标准为 80 元/亩·年[25]。但值得注意的是，现有研究的生态补偿标准停留在抽象的理论水平，研究成果无法转化为现实政策参考[10]。

（3）补偿方式的确定。除现有政府为主导补偿方式外，市场主导的补偿方式和第三部门补充的补偿方式将会成为未来鄱阳湖生态补偿的主要方式[26]，具体包括发展乡镇企业、发展旅游业以及整合其他涉农资金等[11]。多重补偿方式相互结合，既有利于平衡湿地保护政策的短期利益与长远利益，也有利于解决政府财政压力。

参考文献

[1] 中国生态补偿机制与政策研究课题组. 中国生态补偿机制与政策研究[M]. 北京：科学出版社，2007.

[2] 熊凯，孔凡斌. 农户生态补偿支付意愿与水平及其影响因素研究——基于鄱阳湖湿地 202 户农户调查数据[J]. 江西社会科学，2014（6）：85-90.

[3] 安昌锋，钟业喜. 鄱阳湖湿地生态系统退化的社会经济根源研究[J]. 环境科学与管理，2008，33（7）：136-140.

[4] 廖富强，刘影，叶慕亚，等. 鄱阳湖典型湿地生态环境脆弱性评价及压力分析[J]. 长江流域资源与环境，2008，17（1）：133-137.

[5] 汤崇军. 鄱阳湖湿地生态补偿机制研究[C]. 中国环境保护优秀论文集，2005：681-685.

[6] 赵其国，黄国勤，钱海燕. 鄱阳湖生态环境与可持续发展[J]. 土壤学报，2007，44（2）：318-326.

[7] 涂晓玲. 建立和完善鄱阳湖生态经济区生态补偿机制的对策研究[J]. 老区建设，2012（10）：36-39.

[8] 梁玉，卢萍，张晓星，等. 鄱阳湖湿地存在的问题及对策[J]. 山东林业科技，2011（5）：91-92.

[9] 李志涛，黄河清，张明庆，等. 鄱阳湖流域经济增长与水环境污染关系研究[J]. 资源科学，2010，32（2）：267-273.

[10] 孔凡斌，廖文梅，熊凯. 论建立鄱阳湖生态经济区生态补偿机制的关键科学问题[J]. 鄱阳湖学刊，2013（1）：83-88.

[11] 孔凡斌，潘丹，熊凯. 建立鄱阳湖湿地生态补偿机制研究[J]. 鄱阳湖学刊，2014（1）：64-70.

[12] 郭跃. 鄱阳湖湿地生态补偿研究：标准与计算[J]. 林业经济，2012（7）：109-113.

[13] 国家统计局农村社会经济调查司. 中国农村贫困监测报告[M]. 北京：中国统计出版社，

2010.

[14] 杨新荣. 湿地生态补偿及其运行机制研究——以洞庭湖区为例[J]. 农业技术经济，2014（2）：103-113.

[15] 韩鹏，黄河清，甄霖，等. 基于农户意愿的脆弱生态区生态补偿模式研究——以鄱阳湖区为例[J]. 自然资源学报，2012，27（4）：625-642.

[16] 田盼.鄱阳湖湿地生态补偿研究[D]. 华中师范大学，2012.

[17] 涂晓玲. 建立和完善鄱阳湖生态经济区生态补偿机制的对策思考[J]. 鄱阳湖学刊，2012（5）：53-56.

[18] 张胜，张彬. 关于鄱阳湖湿地生态补偿政策的调研报告[J]. 农村财政与财务，2013（6）：16-17.

[19] 李芬，甄霖，黄河清，等. 鄱阳湖区农户生态补偿意愿影响因素实证研究[J]. 资源科学，2010，32（5）：824-830.

[20] 王世进，杨威. 鄱阳湖湿地保护相关法律问题探讨——兼论《江西省鄱阳湖湿地保护条例》的完善[J]. 江西警察学院学报，2011（6）：57-61.

[21] 徐忠麟，方孝安. 鄱阳湖湿地生态环境的法律保护探讨[J]. 安徽农业科学，2012，40（1）：287-289.

[22] 倪才英，汪为青，曾珩，等. 鄱阳湖退田还湖生态补偿研究（II）——鄱阳湖双退区湿地生态补偿标准评估[J]. 江西师范大学学报（自然科学版），2010，34（5）：542-546.

[23] 李芬，甄霖，黄河清，等.土地利用功能变化与利益相关者受偿意愿及经济补偿研究——以鄱阳湖生态脆弱区为例[J]. 资源科学，2009，31（4）580-589.

[24] 姜宏瑶，温亚利. 基于 WTA 的湿地周边农户受偿意愿及影响因素研究[J]. 长江流域资源与环境，2011，20（4）：489-494.

[25] 郭跃. 鄱阳湖生态经济区湿地生态补偿标准研究——以吴城为例[J]. 中国管理科学，2012，20（11）：906-910.

[26] 熊国保，胡婷婷，罗志红. 区域地质旅游开发中的生态补偿机制构建——以鄱阳湖生态经济区为例[J]. 江西社会科学，2012（8）：66-70.

鄱阳湖生态经济区规模化养猪废水资源化效果分析

肖远东　罗运阔　黄华军　熊江波　方汉孙
（江西农业大学国土资源与环境学院，南昌 330045）

摘　要：以鄱阳湖生态经济区某规模化养猪场为研究对象，建立养殖废水沼气池→二沉池→水库养殖→农田灌溉的资源化利用模式。结果表明：处理后废水 COD、氨氮、总磷的浓度分别为 59.13 mg/L、1.15 mg/L、0.015 mg/L，降解率分别为 24.2%，99.34%，93.85%。一定浓度的养猪废水排入水库养鱼，节约了养鱼饵料，经水库的生态系统对养殖废水中有机物进行了降解。水库水再经过农田灌溉，使养殖废水得到彻底降解，既降低猪场的排污成本，消除了对环境的污染，又增加农作物的产量。这种模式是一种既可处理养猪废水又可资源化利用的生态模式。建议加强排入水库废水的管理及水库水质的监测，避免产生富营养化现象。
关键词：鄱阳湖生态经济区　养猪废水　农田灌溉　资源化利用

前言

蓬勃发展的畜禽养殖业促进了农村经济繁荣，但是也由此产生了大量固体废弃物、废水和恶臭气体，给环境带来了越来越大的压力[1]。生猪规模化养殖废水是一种高浓度、高悬浮物状态的黏稠液体，即使采用干清粪工序，污水中依然含有 10%～20%的粪便残渣[2]。规模化养猪产生的大量废水对地表水造成较大的污染，同时也成为鄱阳湖流域面源污染的重要来源之一[3]。何江，欧阳超等报道猪场排放废水原液的BOD高达2 000～8 000 mg/L，化学耗氧量（COD_{Cr}）高达5 000～

20 000 mg/L，氨氮 1 100～2 000 mg/L，总磷 150～160 mg/L，且 SS 也超标数十倍[4, 5]。为策应江西生态示范省建设，确保鄱阳湖“一湖清水”，养猪废水除了切实做到达标排放，还可资源化利用，保护河流，保护赣江。通过选择鄱阳湖生态区某规模化养猪场养猪废水的资源化利用与农业渔业生产相结合，探讨其资源化利用效果。

一、材料与方法

1. 商品猪场废弃物处理模式

干粪集中（外买）→湿粪及猪尿、冲栏废水→沼气池→沼气（燃烧用于照明、供暖、煮饭）→沼液→一沉池→二沉池（沼渣定期清理）→废水外排→天然水沟，在原有天然水沟/生态草沟的基础上，合理开设渠道，让二沉池外排的废水能够流到水库，再流入大片稻田，达到多渠道资源化利用。多余的废水通过一条大约 2 km 的生态草沟流入其他大片稻田（水稻田 A）。以下重点对二沉池→水库→稻田废水资源化利用的效果进行研究。

2. 现场采样与分析

按照以下工艺流程（图 1），采集自来水、养猪废水沼气池（出水口）、一沉池（出水口）、二沉池（出水口）、猪场外排入水库水（B1，B2，B3，B4，B5，B6）、稻田水若干采样点（C1，C2，C3，C4）、猪场外水塘水（对照）等水样。送实验室检测 COD、氨氮、磷酸盐（总磷）等指标。水样分析按照《水和废水监测分析方法》[6]进行，并做平行样，其中 COD_{Cr} 采用重铬酸钾法测定，氨氮采用钠氏试剂分光光度法测定，磷酸盐采用钼锑抗分光光度法测定，并根据《畜禽养殖业污染物排放标准》（GB 18596—2001）进行评价。

二、结果与分析

通过对各采样点的水样采集，分别进行 COD、氨氮、总磷浓度的分析测定，以其平均值作图，结果详见表 1，图 2。

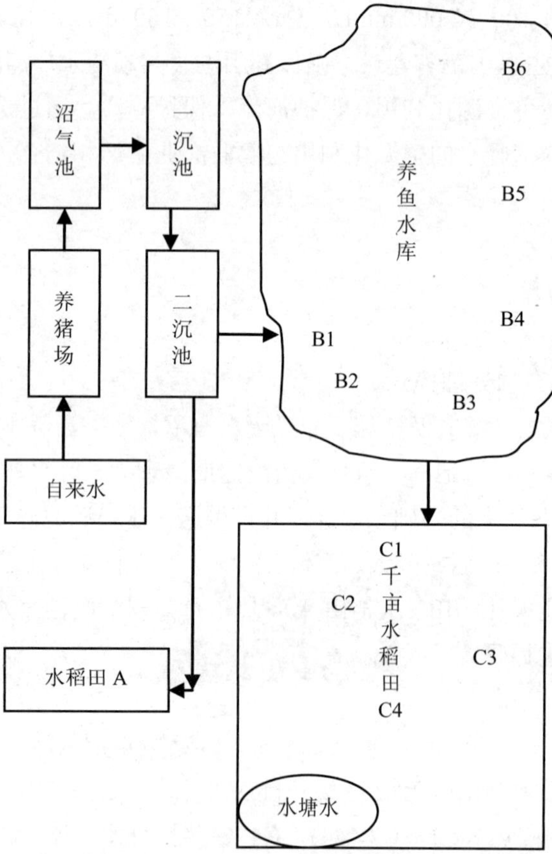

图 1　养猪废水资源化利用工艺流程

表 1　水样检测结果

采样点	COD/（mg/L）	氨氮/（mg/L）	总磷/（mg/L）
猪场自来水	44.09	0.34	0.007
沼气池出水口	1 850～2 200	950～1 200	8～18
一沉池出水口	695.63	689.70	1.50
二沉池出水口	78.02	174.11	0.244
B1	83.10	1.17	0.012
B2	96.82	1.47	0.011
B3	76.32	0.97	0.010
B4	77.17	1.38	0.011
B5	143.31	0.71	0.010
B6	67.84	0.91	0.010

采样点	COD/（mg/L）	氨氮/（mg/L）	总磷/（mg/L）
C1	103.46	1.47	0.023
C2	38.16	1.49	0.008
C3	38.16	1.28	0.008
C4	56.72	0.34	0.021
水塘水对照点	84.80	3.61	0.01

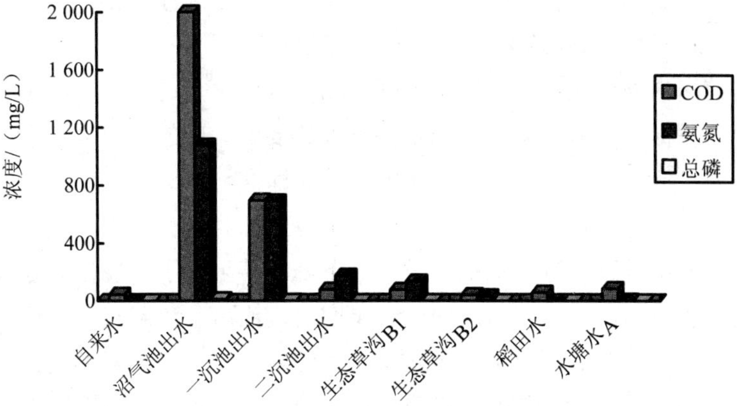

图 2　各采样点的分析浓度

1. 水库养鱼对养猪废水的处理效果

处理后的养猪废水依然含有一定浓度的有机物和氮磷营养物，进入水库养鱼，不仅使废弃的营养物质得以充分利用，解决了废水的污染问题，同时又节约了饵料，可带来较好的环境、经济效益。

江西常见的鱼类养殖品种主要为白鲢、鲤鱼、草鱼、鲫鱼搭配放养。水库中 COD 一般在 50～70 mg/L，溶解氧 6.5～8.2 mg/L，氨氮在 1.24～4.86 mg/L，在此条件下，鱼类能正常生长[7]。由表 1 可知，水库中 B1～B6 各点 COD 浓度分别为 80.10 mg/L、95.82 mg/L、76.32 mg/L、77.17 mg/L、143.31 mg/L、67.84 mg/L，氨氮分别为 1.17 mg/L、1.47 mg/L、0.97 mg/L、1.38 mg/L、0.71 mg/L、0.91 mg/L。B2 和 B5 两点 COD 浓度含量较高是因为 B2 为水库死角，水较深，不易流动；B5 点因为靠近树林，鸟屎较多引起。水库中 COD 浓度虽然高于《地表水环境质量标准》（GB 3838—2002）中Ⅲ类水质要求，但水库水不断外排，水库水是流动的，有利于氧气的补充，可调节控制水库中的水质。表 1 中总磷的浓度满足《地表水环境质量》标准中Ⅲ类水质要求，适用于渔业养殖。在水体中以游离氨和铵离子存在的氮称为氨氮，游离氨对鱼类是有毒物质. 鱼类对游离氨非常敏感，即使水体中游离氨的含量很低，也会引起鱼鳃中氧的传递。对大部分鱼类而言，水体中游离氨对鱼的致死量为 1 mg/L，根据水库中氨氮浓度、pH、DO、温度等指标推算[8]，水库中游离氨的浓度不会超过 1 mg/L。因此，水库水有利于鱼类的养殖。这种生态养殖模式为农村经济发展和农民增收起了重要作用，但是也受到卫生安全方面的严峻挑战，所以必须经常对水库水质进行例行监测。

2．农田灌溉对养殖废水的进一步处理效果

目前国内外公认的养殖污水处理后的最终归途是还田利用，达到种养产业有机结合的目标。其前提条件：一是猪场周边要有相应的土地消纳承载；二是沼渣沼液（或自然处理废液或液肥）还田利用的标准[2]。

沼液相当于腐熟的农家肥（有机肥），沼液比常规施肥有利于提高稻谷产量，但是当沼液用量过高时，水稻产量又会下降，甚至低于常规化肥处理。沼液用量控制在一定范围内，施用沼液增产效果明显，比清水对照和常规化肥处理分别提高 12.21%～15.52%和 6.78%～9.93%；沼液还可以提高稻米中蛋白质的含量，强化稻米中 Fe、Ca、Mg 等矿质营养，有助于提升稻米营养品质[9]。

处理后的养猪废水经养鱼水库后再进行水稻田灌溉。由表 1 可知，在水稻田中测得 COD 浓度分别为 103.46 mg/L、38.16 mg/L、38.16 mg/L、56.72 mg/L，满足《农田灌溉水质标准》（GB 5084—2005）中 COD 小于 150 mg/L 要求。根据几年来的实际利用研究结果，沼液作为水稻基肥和第 1 次追肥，对水稻生产具有明显的增产节支作用，每亩增加粮食 50～100 斤，节约成本 120～150 元。说明养殖废水有利于农作物的灌溉。

3．水库和农田联合对养殖废水的处理效果

养猪废水虽然经过沼气池→沉淀池等处理系统的处理达到《畜禽养殖业污染物排放标准》（GB 18596—2001）的排放标准，但依然有一定浓度的污染物排放，超过地表水和地下水的环境质量标准，对地表水、地下水存在隐患。污染物浓度有时超过《农田灌溉水质标准》。处理后的养猪废水进入水库养鱼和农田灌溉的资源化利用后，污染物将进一步得到稀释；稻田灌溉系统由大小渠道及稻田组成，水库中微生物和渠道内淤泥微生物群落、生态草沟（以香根草为主）等对处理后养猪废水中污染物进行了多级降解。马旻等研究了香根草对养殖废水有很好地吸收[10]。这样既降低了排污费，同时又减少了对环境的污染。水库和农田灌溉系统对污染物的稀释和降解效果详见表 2。

表 2　水库和农田对污染物的处理效果

采样点	COD/（mg/L）	氨氮/（mg/L）	总磷/（mg/L）
二沉池出水口	78.02	174.11	0.244
水库水（均值）	90.76	1.10	0.011
农田水（均值）	59.13	1.15	0.015
降解率/%	24.2	99.34	93.85

由表 1、表 2 及图 1 可知，COD、氨氮、总磷在水库和水稻田中得到进一步的稀释降解，各污染物的浓度与外环境（与对照点水塘水比较）差不多，甚至还低，说明剩下的有机物灌溉大面积稻田时得到彻底降解。有报道说水稻田对氨氮、磷的降解能力极强[11]，稻田灌溉系统是一个良好的生态系统或有机物生物降解系统。

三、结论与建议

选择好规模化养猪场废弃物处理模式（养猪场→沼气池→沉淀池→废水外排→水库→稻田灌溉系统），不仅可以白鲢、鲤鱼、草鱼、鲫鱼等鱼类的搭配放养，节约饵料，还可进行农田灌溉、施肥，增加农作物产量，同时能彻底地稀释和降解猪场废水中污染物，远低于畜禽养殖业污染物排放标准，满足《农田灌溉水质标准》要求，消除了对环境的污染，是较好的因地制宜的养猪废水处理模式，值得推广应用。

存在的问题及建议：养鱼水库水质很难达到《地表水环境质量标准》（GB 3838—2002）中Ⅲ类水质要求（养鱼水质要求），注意水库水及时流动，补充氧气，并经常对水库水质进行例行监测，根据检测结果适当调整废水入库量。同时强化沉淀池的管理力度，定期清理沼渣，有利于减少流出的悬浮颗粒物污染，提高沉淀池的沉淀效率及厌氧发酵效率，有利于减少有机污染物的负荷。抽出来的沼渣可以干燥后堆肥，沼渣有机肥效高，且大部分病原微生物和寄生虫卵在发酵过程中被杀死，可远距离输送，利用其作果树、蔬菜、水稻等农作物的有机肥料。

参考文献

[1] 王凤霞，张雷，裴震烁. 黄陂区畜禽养殖业污染现状与防治对策研究[J]. 环境科学与技术，2009，32（6）：545-549.

[2] 魏传德，陈卫东，曹俊，等. 生猪规模化养殖废水生物处理技术的应用与启示[J]. 上海畜牧兽医通讯，2009（3）：40-41.

[3] 刘小真，肖远东，汪月华，等.规模化养猪废弃物资源化利用模式与关键技术探讨[J]. 畜牧与饲料科学，2010，31（9）：93-94.

[4] 何江，利锋.山区农村养猪场废水处理方法探讨[J]. 畜牧与饲料科学，2009，30(3)：180-181.

[5] 欧阳超，尚晓，王欣泽，等.电化学氧化法去除养猪废水中氨氮的研究[J]. 水处理技术，2010，36（6）：111-115.

[6] 国家环境保护总局，水和废水监测分析方法委员会.水和废水监测分析方法[M]. 4 版. 北京：中国环境科学出版社，2002.

[7] 范瑜，伏玉顺. 利用餐饮废水养鱼技术的探讨[J]. 江苏环境科技，2000，13（1）：30-31.

[8] 王丽萍，张雁秋，徐正华，等. 污水处理厂出水对鱼类影响的试验研究[J]. 中国矿业大学学报，2002（3）：310-313.

[9] Ahmad Yar Ranjha，Richard C. Peralta，Antonio Maria Requena，et al. Best management of pesticide － furrow irrigation systems[J]. Irrigation Science，1992，13：9-14.

[10] 马旻，朱昌雄，梁浩亮，等. 几种植物对水产养殖废水的修复效果[J]. 环境科学与技术，2011，34（6G）：18-22.

[11] 金洁，杨京平，施洪鑫，等. 水稻田面水中氮磷素的动态特征研究[J]. 农业环境科学学报，2005，24（2），357-361.

九江沿江开放开发与环境污染关系的实证分析*

杨期勇　陶春元　尹　科
（九江学院鄱阳湖生态经济研究中心，九江 332005）

摘　要：九江作为中部崛起战略的节点城市，江西省唯一临江港口城市，其沿江 152 km 岸线将成为带动九江经济发展的核心板块。而区域内资源承载力、环境容纳力能否支持其经济发展的速度与力度，采取何种措施应对可能出现的生态环境问题，是进行区域开发的前提。本文采用多项式回归分析方法，通过对经济指标和环境污染指标之间进行拟合分析，对九江“十二五”期间的污染排放进行了预测，并据此提出了九江沿江开放开发与生态环境之间的协调策略。

关键词：九江沿江开放开发　环境污染　实证分析　协调策略

欠发达地区的工业化过程面临着双重压力，一是与发达地区的经济增长差距越来越大，二是经济增长可能带来更多环境污染物的排放，当污染物的排放超过环境承载能力时，必然制约经济的增长。因此，经济增长与环境质量的关系问题成为理论学术界与政府决策部门关注的热点问题[1]。有学者研究验证了环境污染与经济发展间呈现环境库兹涅茨曲线关系[2-4]。然而有许多学者研究表明环境质量与经济增长之间的关系并不一定符合经典的环境库兹涅茨曲线特征，如吴昌南等[5]研究发现江西省环境质量与人均 GDP 的演变轨迹呈 U 型+ 倒 U 型（N 型），刘沐生等[6]研究表明江西省的环境库兹涅茨曲线表现为多样性。也有学者[7]认为可以通过拓宽环境指标、模型改进、改变内生缺陷等方式来完善环境库兹涅

* 基金项目：2012 年江西省高校哲学社会科学重大招标项目：九江沿江开放开发对策研究；江西省社会科学“十二五”（2011 年）规划项目（11YJ20）。

茨曲线研究。

九江是江西省唯一临江港口城市，沿江 152 km 岸线是九江最重要、最核心、最宝贵的资源，也是江西省不可多得的稀缺资源。近年来，九江市在加快推进新型工业化和城镇化的同时，大力实施沿江开放开发战略，把九江沿江地区打造成鄱阳湖生态经济区建设新引擎、中部地区先进制造业基地、长江中游航运枢纽和国际化门户、全省区域合作创新示范区。如何在九江沿江开放开发的条件下，确保区域生态环境质量，尤其是长江九江段水环境质量不致恶化，成为九江沿江开放开发战略成功实施的关键。为此，本文选取 1998—2011 年九江工业环境污染数据，分析九江经济发展与环境污染的相关性，为推进九江沿江开放开发战略的实施提供环境保障政策。

一、九江沿江开放开发战略实施背景

九江沿江地区的规划范围包括浔阳区、庐山区、开发区、九江县、湖口县、彭泽县和瑞昌市三区三县一市，总面积 5 136 km^2，占九江全市面积的 27.32%。九江实施沿江开放开发的背景主要有：①随着九江被列为全国主体功能区“重点开发区域”，成为国家级鄱阳湖生态经济区战略的“重要开发板块”，成为国家《促进中部地区崛起规划》“两横两纵”经济带布局的“重要节点城市”，特别是国务院《关于加快长江等内河水运发展的意见》的出台，包括九江在内的长江流域迎来了加快发展的“黄金十年”。②随着“强工兴城”战略的全面推进，九江沿江区域基础设施进一步完善，项目扎堆落户，产业集聚成势，沿江的影响力和吸附力越来越大。为了抢抓重大机遇，顺应发展要求，九江作出了深入推进沿江开放开发的重大决策部署，作为在新的起点上加快赶超发展的重大引擎。③江西省委、省政府把沿江开放开发、昌九一体化上升为省级战略，作为鄱阳湖生态经济建设的主抓手，并与南昌核心增长极共同构筑江西区域发展的“龙头”。

二、九江沿江开放开发与环境污染关系的实证分析

1. 经济指标和环境指标之间的相关分析

（1）指标的选取

经济指标：人均国内生产总值。环境指标：工业废水年排放总量，工业废气

年排放总量，工业固体废物年排放总量，工业二氧化硫年排放总量，工业烟（粉）尘年排放总量。

（2）模式的选取

主要利用 SPSS 软件、Origin 软件对九江市的人均 GDP 和环境污染指标进行相关回归分析，以人均 GDP 为自变量 X，以工业废水年排放总量，工业废气年排放总量，工业固体废物年排放总量，工业二氧化硫年排放总量，工业烟（粉）尘年排放总量为因变量 Y。

国内外学者一般采用二次多项式和三次多项式两种形式拟合[8]，本研究采用的拟合曲线类型如下，通过回归分析得出较显著的方程：$Y = b_0 + b_1X_1 + b_2X_2 + b_3X_3$，对该方程进行拟合并进行方差分析，各参数的含义分别为：Mth，数学方程；b_0、b_1、b_2、b_3，数学方程中的待定系数；R^2，决定系数或测定系数；Adj. R-Square（即修正的 R^2），表征的是曲线的拟合效果（R^2 越接近 1 拟合效果越好）；F，F 函数（检验函数）；P，大于 F 值的概率值，如果该数值小于 0.05 就认为差异显著，小于 0.01 差异极显著，大于 0.05 的差异不显著。

表 1　九江市经济增长与工业“三废”排放数据表（1998—2011 年）

年份	人均 GDP/元	工业废水排放量/万 t	工业废气排放量/万标 m^3	工业固体废物排放量/万 t	工业二氧化硫排放量/万 t	工业烟（粉）尘排放量/万 t
2011	26 570	9 184.81	2 382.415 5	8.920 0	9.042 6	3.512 9
2010	21 686	8 784.49	1 759.527 8	0.02	6.681 7	3.793 8
2009	17 420	6 457.04	1 502.487 2	—	7.257 1	3.224 3
2008	14 785	6 692.53	1 171.251 2	—	8.309 0	2.885 7
2007	12 590	6 099.07	872.628 9	0.04	8.926 4	3.027 3
2006	10 825	6 153.77	658.753 4	0.04	9.309 9	3.136 4
2005	9 231	7 584.04	614.939 4	0.05	10.253 3	3.380 0
2004	7 728	7 769.93	784.286 9	0.05	8.144 4	3.141 5
2003	6 692	6 190.96	497.200 0	0.14	6.213 3	2.775 1
2002	5 791	6 205.18	350.400 0	4.45	4.090 0	2.140 0
2001	5 160	4 195.28	287.500 0	0.2	4.100 0	2.210 0
2000	4 771	4 614.98	287.300 0	1.2	4.370 0	3.500 0
1999	4 241	4 745.78	275.144 8	1.89	4.620 32	3.492 2
1998	3 797	4 186.76	342.982 6	1.9	4.674 3	5.729 0

注：“—”表示没有数据。

数据来源：江西省统计年鉴。

2. 九江市人均 GDP 和环境污染指标之间曲线的拟合

（1）人均 GDP 与工业废水排放量的曲线拟合

图 1 为九江市人均 GDP 与工业废水排放量的拟合曲线，表达式为：

$$Y = 603.725\,36 + 1.288\,35X - 8.540\,88\times10^{-5}X^2 + 1.870\,2\times10^{-9}X^3$$

对该方程式进行方差分析，其结果见表 2，人均 GDP 与工业废水排放量之间具有较显著的相关性，两者之间拟合曲线的效果很好，为差异极显著。

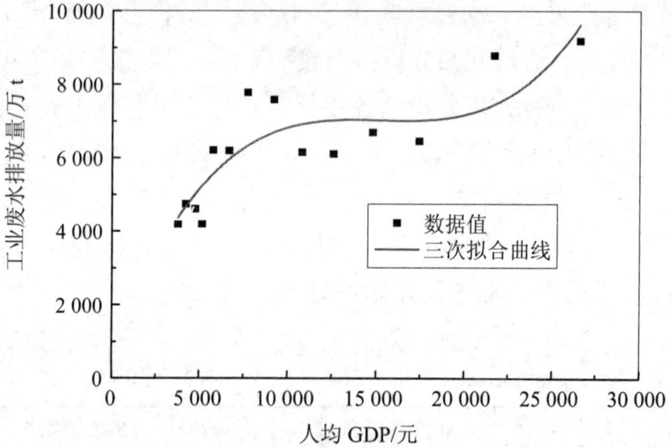

图 1 九江市工业废水排放量与人均 GDP 的三次拟合曲线

表 2 九江市人均 GDP 和工业废水排放量的拟合参数及方差分析

b_0	b_1	b_2	b_3	R^2	F 值	P 值	备注
603.725 36	1.288 35	$-8.540\,88\times10^{-5}$	$1.870\,2\times10^{-9}$	0.663 95	9.561 66	0.002 77	极显著

（2）人均 GDP 与工业废气排放量的曲线拟合

图 2 为九江市人均 GDP 与工业废气排放量的拟合曲线，表达式为：

$$Y = 62.353\,58 + 0.048\,24X + 1.915\,01\times10^{-6}X^2 - 1.746\,08\times10^{-11}X^3$$

对上述方程式进行方差分析，其结果见表 3，人均 GDP 与工业废气排放量之间具有极显著的相关性，两者之间拟合曲线的效果很好，差异极显著。

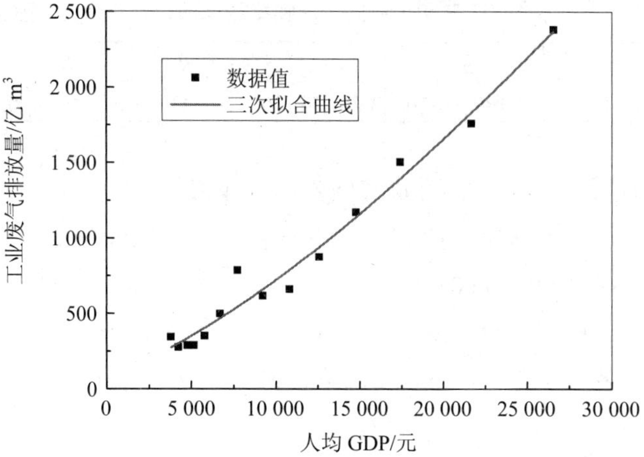

图 2　九江市工业废气排放量与人均 GDP 的三次拟合曲线

表 3　九江市人均 GDP 和工业废气排放量的拟合参数及方差分析

b_0	b_1	b_2	b_3	R^2	F 值	P 值	备注
62.353 58	0.048 24	$1.915\ 01\times10^{-6}$	$-1.746\ 08\times10^{-11}$	0.971 81	150.386 94	$1.286\ 09\times10^{-8}$	极显著

（3）人均 GDP 与工业固体废物排放量的曲线拟合

图 3 为九江市人均 GDP 与工业固体废物排放量的拟合曲线，表达式为：

$$Y = -0.034\ 83 + 8.301\ 34\times10^{-4}X - 1.189\ 07\times10^{-7}X^2 + 3.767\ 73\times10^{-12}X^3$$

对上述方程式进行方差分析，其结果见表 4，人均 GDP 与工业固体废物排放量之间具有显著的相关性，两者之间拟合曲线的效果很好，为差异极显著。

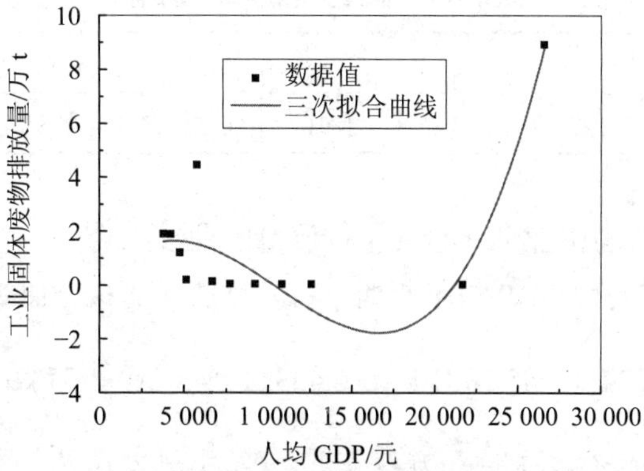

图 3　九江市工业固体废物排放量与人均 GDP 的三次拟合曲线

表 4　九江市人均 GDP 和工业固体废物排放量的拟合参数及方差分析

b_0	b_1	b_2	b_3	R^2	F 值	P 值	备注
−0.034 83	$8.301\ 34\times10^{-4}$	$-1.189\ 07\times10^{-7}$	$3.767\ 73\times10^{-12}$	0.743 47	11.626 51	0.002 75	极显著

（4）人均 GDP 与工业二氧化硫排放量的曲线拟合

图 4 为九江市人均 GDP 与工业二氧化硫排放量的拟合曲线，表达式为：

$$Y=-6.163\ 99+0.003\ 2X-2.127\ 28\times10^{-7}X^2+4.284\ 42\times10^{-12}X^3$$

对上该方程式进行方差分析，其结果见表 5，人均 GDP 与工业二氧化硫排放量之间具有较显著的相关性，两者之间拟合曲线的效果较好，为差异显著。

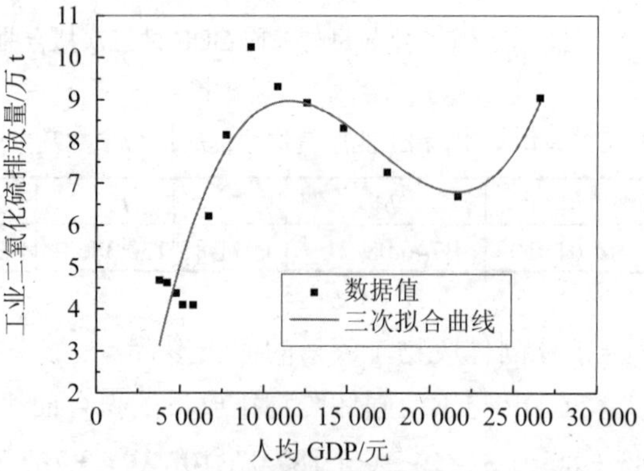

图 4　九江市工业二氧化硫排放量与人均 GDP 的三次拟合曲线

表 5　九江市人均 GDP 和工业二氧化硫排放量的拟合参数及方差分析

b_0	b_1	b_2	b_3	R^2	F 值	P 值	备注
−6.163 99	0.003 2	$-2.127\ 28\times10^{-7}$	$4.284\ 42\times10^{-12}$	0.750 48	14.033 14	$6.462\ 88\times10^{-4}$	极显著

（5）人均 GDP 与工业烟（粉）尘排放量的曲线拟合

图 5 为九江市人均 GDP 与工业烟（粉）排放量的拟合曲线，表达式为：

$$Y=6.544\ 24-8.985\ 18\times10^{-4}X+6.433\ 27\times10^{-8}X^2-1.314\ 91\times10^{-12}X^3$$

对上述方程式进行相关性和方差分析，其结果见表 6，人均 GDP 与工业烟（粉）排放量之间没有明显的相关性，两者之间拟合曲线的效果也不好，为差异不显著。

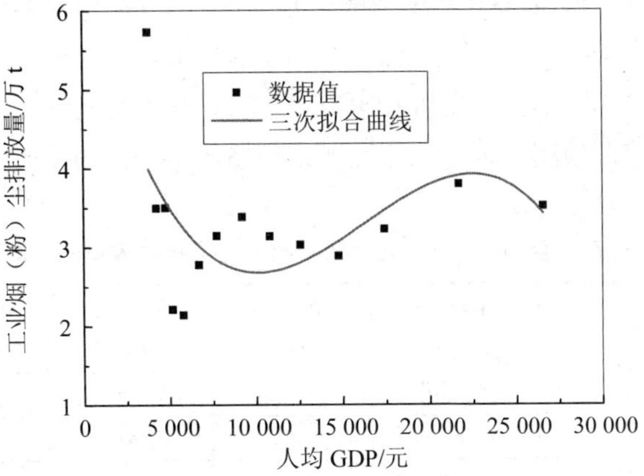

图 5　九江市工业烟（粉）尘排放量与人均 GDP 的三次拟合曲线

表 6　九江市人均 GDP 和工业工业烟（粉）尘排放量的拟合参数及方差分析

b_0	b_1	b_2	b_3	R^2	F 值	P 值	备注
6.544 24	$-8.985\ 18\times10^{-4}$	$6.433\ 27\times10^{-8}$	$-1.314\ 91\times10^{-12}$	0.052 6	1.240 6	0.346	不显著

3. 沿江开放开发的环境压力预测

通过以上分析可看出，九江市人均 GDP 与工业废水年排放总量、工业废气年排放总量、工业固体废物年排放总量、工业二氧化硫年排放总量之间具有显著的相关性，而人均 GDP 与工业烟（粉）尘年排放总量没有明显的相关性，因此，不对工业烟（粉）尘年排放总量进行预测。通过方差分析比较 P 值，各个方程的三次曲线的拟合效果更好，为了对九江市未来沿江开放开发的环境压力进行定量预测，选用三次曲线来预测。采用 Y_i（i=1，2，3，4）表示各个环境指标，X 表示人均 GDP，其中，Y_1 表示工业废水排放量，Y_2 表示工业废气排放量，Y_3 表示工业固体废物排放量，Y_4 表示工业二氧化硫排放量。由上述曲线拟合获得以下 4 个环境污染指标的预测方程：

$$Y_1 = 603.725\ 36 + 1.288\ 35X - 8.540\ 88\times10^{-5}X^2 + 1.870\ 2\times10^{-9}X^3$$

$$Y_2 = 62.353\ 58 + 0.048\ 24X + 1.915\ 01\times10^{-6}X^2 - 1.746\ 08\times10^{-11}X^3$$

$$Y_3 = -0.034\ 83 + 8.301\ 34\times10^{-4}X - 1.189\ 07\times10^{-7}X^2 + 3.767\ 73\times10^{-12}X^3$$

$$Y_4 = -6.163\ 99 + 0.003\ 2X - 2.127\ 28\times10^{-7}X^2 + 4.284\ 42\times10^{-12}X^3$$

“十二五”时期九江市经济社会发展的总体目标是：九江争得应有地位，人民过上小康生活。具体目标是：GDP 年均增长 13%以上，到 2015 年 GDP 总量达到 2 200 亿元；人均 GDP 年均增长 12.4%，到 2015 年人均 GDP 达到 43 520 元（6 400 美元，汇率按 6.8∶1 测算），GDP 总量和人均 GDP 在 2010 年的基础上均实现翻一番。通过以上的预测方程，预测出未来三年九江市环境污染指标的排放量（表 7）。

表 7 九江市“十二五”期间部分污染物排放量的预测

指 标	2011 年（统计）	2012 年（预测）	2013 年（预测）	2014 年（预测）	2015 年（预测）
人均 GDP/元	26 570	29 864	33 568	37 730	42 409
工业废水排放量/万 t	9 184.81	12 718.22	18 351.42	28 682.61	44 278.48
工业废气排放量/亿 m^3	2 382.415 5	2 745.85	3 179.08	3 670.74	4 220.56
工业固体废物排放量/万 t	8.920 0	15.06	36.36	64.38	108.69
工业二氧化硫排放量/万 t	9.042 6	13.79	23.61	41.86	65.55

根据九江市“十二五”规划，要求主要污染物排放量逐年下降，特别是二氧化硫的排放量年下降 3.28%，至 2015 年二氧化硫排放量下降到 78 309.53 t。

本定量分析未考虑未来各种可能出现的情景，是在保持现在的经济技术水平的基础上进行预测的，没有考虑采取更多的节能减排技术，因此各个污染物的排放量预测偏大。只有采取更多的清洁生产、节能减排技术，才能确保完成节能减排任务。

“十二五”期间，九江市应该在大力推动沿江开放开发的同时减少环境的污染，特别需要树立经济与环境一体化的理念，走经济和环境相互协调的道路，大力推行清洁生产，推进循环经济，以达到经济发展的同时减少环境的污染，保护环境的同时经济健康快速地发展。九江市“十二五”期间经济发展带来的环境压力非常大，与九江市“十二五”期间的二氧化硫排放指标差距很大，需要切实采取脱硫设施控制电厂、石化总厂的二氧化硫排放。

三、九江沿江开放开发与生态环境之间的协调策略

1. 树立“经济与环境融和观”，从思想上认清“九江沿江开放开发必须走新型工业化道路”

经济发展与环境保护之间的关系问题是经济发展过程中长期存在的一组矛

盾，如何处理好这对矛盾，在经济发展的同时考虑环境的资源效益和承载能力，使经济发展建立在环境的可持续利用的基础上，同时在保护环境的同时，切实推动经济的快速、健康发展，这是摆在各级政府面前的重要问题。

当人类经济活动索取资源的速度超过了资源本身及其替代品的再生速度，以及向环境排放废弃物的数量超过了环境的自净能力，则环境质量就会下降而形成环境问题。从而动摇了社会经济的基础，制约了其持久发展的能力，威胁人类的生存。因此，社会经济发展与环境的关系是密不可分、对立统一的整体，前者是矛盾的主要方面，对环境的变化起着主导作用。发展经济与保护环境目标的一致，说明实施“双赢策略”的必要性和可能性。从观念来讲，就要实现从单纯经济增长向可持续发展观念的升华，这就要求树立“经济与环境融合观”。只要正确处理二者的关系，充分利用环境与经济相互促进的一面，是可以做到经济发展与环境保护二者协调发展的。

2．转变经济发展模式，推进产业循环经济和清洁生产

九江沿江开放开发应该坚持源头预防和全过程控制，强化结构减排，细化工程减排，硬化监管减排，推行科技减排，全力推进经济发展方式的转变。适当提高沿江工业环境准入门槛，抓好工业重点行业的污染物削减不放松。一是要大幅度加大结构调整力度，推动冶金、建材、石化、有色、造纸、纺织印染、酿造、化工、制革等重点行业提升产业技术水平，优化发展方式，减少污染物新增量。二是努力提高行业污染治理技术水平，通过严格执行行业排放标准、大力推进清洁生产强制性审核，降低污染物产生强度、排放强度，从根本上促进工业企业全面、稳定达标排放。三是大力发展循环经济，推进工业园区集约化发展，以工业园区为载体，通过引进一批行业核心龙头企业和重点骨干企业，引导上下游企业集聚发展，形成一批融生态产业链设计、资源循环利用为一体的生态工业园区。

3．制定沿江开放开发区环境保护条例

为确保长江流域生态环境质量，长江沿江不少城市在实行沿江开发战略的同时加强了生态环境保护。早在 1989 年，四川省就实施了《四川省长江水源涵养保护条例》；2004 年，扬州市在实施沿江开发战略的同时，制定并实施了《扬州市沿江开发生态环境保护规划》；2005 年，江苏省制定并实施《江苏省长江水污染防治条例》；2011 年，重庆市正式实施《重庆市长江三峡水库库区及流域水污染防治条例》，将区域限批、排污权交易、环境污染责任保险等新制度、新措施上升为地方性法规；2011 年，环保部制定了《长江中下游流域水污染防治规划

（2011—2015年）》；2012年，江西省开始施行《鄱阳湖生态经济区环境保护条例》。所有这些条例规划是沿江生态环境保护的指导性文件，其目的是在沿江大开发的条件下，保护区域生态环境质量，促进区域的可持续发展，也成为沿江开放开发战略能够成功实施的关键。

九江借江西省大力推进沿江开放开发的机会，制定了《九江沿江开放开发生态环境保护条例》，将有利于保护长江九江段的生态环境质量，确保九江沿江开放开发战略的实施。条例或规划的制定表明九江市政府在环保方面的一种态度和决心，也说明九江市政府重视长江的环境保护，对国家和民众负责任的态度。

4．开展沿江产业规划环评

在沿江产业规划的基础上，认真做好沿江产业规划的环境影响评价，通过规划环评，科学测算长江九江段水环境承载能力和合理的环境容量，在环境承载能力的范围内对沿江产业的集聚实行科学发展，充分利用长江水环境的自净能力，达到经济与环境的协调发展。污染物的环境排放标准既不能过分超前也不能落后，要与当前的生产技术水平和经济发展规模相适应。

5．加强环保基础设施项目建设

推进主要污染物总量控制，在沿江产业园区建设一大批环保基础设施，减少污染物的排放量，腾出环境容量，为园区产业发展提供充足环境容量。一是加快完成工业园区污水处理厂的建设步伐，在每个工业园区必须建设综合污水处理厂，统一收集园区内工业废水。一者可以减轻企业的环保投入压力，企业的外排废水只要达到园区污水管网入口标准即可，而不需要达到国家排放标准；二者可以加强对企业排放污水量进行监管，减少企业的偷排。二是提高现有污水处理厂的负荷率和污水管网覆盖率。三是推动重点建设建制镇污水集中处理设施，对重点区域城市污水处理设施实施提标改造，并把城市污水处理厂的污泥处理处置设施建设纳入建设规划。四是把再生水利用作为减排的重要途径之一，大力提升城市污水再生水利用能力，减少新鲜水使用量，保护和节约水资源。

6．实施环境总量指标统筹规划

在全省大力推进九江沿江开放开发的关键时期，在满足全市污染物排放总量指标的基础上，适当增加九江市沿江产业园区污染物排放总量指标，特别是大气和水污染物的排放指标。逐步实施环境总量指标全市统筹，实现沿江产业园区环境总量的优先配给。同时，积极申请省级环境总量指标，为沿江开放开发解决环境总量的制约问题。

7. 加强沿江水环境生态保护

以长江和鄱阳湖为重点，以赤湖、赛湖和八里湖等湖泊为关键，强化沿江地区水生态环境保护和治理。以庐山、石钟山等风景名山为重点，加强山体生态建设和环境保护。以河流、道路及沿岸沿路绿化带为主体，构建生态廊道。在产业密集区和城镇周边地区，建设敞开式的绿色生态区域，在重化工业区外围建设生态防护带。

参考文献

[1] 许统生，梁可，刘艳. 江西经济增长与环境质量关系的实证分析——基于联立方程的计量估计[J]. 江西社会科学，2011，10：57-62.

[2] Grossman G. M. Pollution and Growth：What do Weknow？ The Economics of Sustainable Development[M]. University of Cambridge Press，1995.

[3] 吴玉萍，董锁成，宋键峰. 北京市经济增长与环境污染水平计量模型研究[J]. 地理研究，2002，21（2）：239-246.

[4] 杨凯，叶茂，徐启新，等. 上海城市废弃物增长的环境库兹涅茨特征研究[J]. 地理研究，2003，22（1）：60-66.

[5] 吴昌南，刘俊仁. 江西省经济增长与工业“三废”排放水平关系的实证研究[J]. 经济地理，2012，32（3）：146-152.

[6] 刘沐生，李晓婷，李丽娜，等. 江西省经济发展与工业环境污染关系的计量分析[J]. 安全与环境工程，2013，20（3）：1-4.

[7] 韩瑞玲，佟连军，佟伟铭，等. 经济与环境发展关系研究进展与述评[J]. 中国人口·资源与环境，2012，22（2）：119-124.

[8] 李红莉，王艳，葛虎. 山东省环境库兹涅茨曲线的检验与分析[J]. 环境科学研究，2008，21（4）：201-215.

万年县高效生态农业发展简论*

王礼献　黄国勤**
（江西农业大学生态科学研究中心，南昌 330045）

摘　要：万年县是江西省农业大县，发展高效生态农业具有良好的前景。本文研究了高效生态农业内涵及特点；指出了万年高效生态农业发展的有利条件；描述了万年高效生态农业取得的成效；提出了万年高效生态农业发展的5种主要模式：种养结合模式、种养加一体化模式、资源再生模式、设施栽培模式及休闲农业模式；最后结合万年县高效生态农业存在的问题，提出了进一步发展高效生态农业的对策与建议：建立高效组织机构，强化政策引导；推进农业品牌整合，大力发展农业龙头企业；加大宣传力度，组织科技培训，提高认识水平；健全产业标准，完善农业科技服务体系；大力开拓市场，健全市场体系。

关键词：高效生态农业　万年

一、万年县概况

万年县位于江西省东北部，隶属于上饶市，处于东经116°46′48″～117°15′10″、北纬28°30′15″～28°54′5″[1]。东与弋阳、贵溪交界，西与余干相邻，南与余江毗连，北与乐平、鄱阳接壤，是饶昌景鹰四个城市的交汇点[2]，处于鄱阳湖东南岸，是连接长三角地区、海西经济区的前沿阵地，区域优势明显。全县土地面积170多万亩，地貌类型以丘陵、岗地为主，素有“六山一水二分田”之称，其中山地

* 国家科技支撑计划项目（2012BAD14B14-01）资助。

** 通信作者：黄国勤，首席教授、二级教授，博士生导师，E-mail：hgqjxnc@sina.com。

面积占 61.42%，水域面积占 6.43%，耕地面积占 18.67%。2013 年全县户籍人口 41.81 万，其中农业人口约 30 万，常住人口占 86.96%[3]。万年作为江西一个农业大县，2013 年农业总产值达到 27.17 亿元，农民人均纯收入达 8 360 元。为进一步发展全县社会经济，万年应抓住鄱阳湖生态经济区上升为国家战略的发展机遇，充分发挥自身优势，大力发展高效生态农业。

二、高效生态农业概述

农业发展至今早已不是单纯追求产量了，而是呈现出多元化高品质、高层次的要求。我国于 20 世纪 80 年代提出生态农业的概念，“生态农业是充分运用生态学原理、经济学原理和系统工程方法，将传统农业精华与现代科技成果以及现代管理手段有效结合起来而建立的可以获得高功能、高效益的农业体系”[4，5]。它将农业与第二、第三产业结合起来，协调发展，实现了生态与经济的良性循环，社会、生态、经济三大效益的和谐统一，是当今农业发展的主要模式之一。

高效生态农业是在生态农业的基础上发展的，但它不是简单等同于生态农业或高效农业，而是一种以追求资源消耗更少、环境污染更低，以获得更大经济效益、社会效益的创新型农业发展模式，既是对现代常规粗放型农业的根本性转变，也是对生态农业和高效农业的有机统一与进一步发展[6]。高效生态农业是集约化经营与生态化生产有机耦合的现代农业[7-9]。高效生态农业的发展遵循“高效、生态、结合”三个理念，具体而言，“高效”是高效生态农业的根本目的和本质要求，包括经济效益、社会效益、生态环境效益等综合效益要高；生态是高效生态农业发展的基础要求，按生态学、经济学和系统科学的规律发展，生产出优质、健康、安全和绿色环保的农产品；结合则是充分利用先进技术，将不同产业的不同资源全面地用来发展高效生态农业，最终农业的效益会得到全方位提高[10，11]。

高效生态农业具有五个基本特点：一是以绿色健康农产品的市场需求为导向，构建从产出到食用的农产品质量安全保障体系，从而提升农产品市场竞争力，实现农产品优质安全和农业劳动者务农致富；二是走资源集约、节能减排、循环利用的可持续发展之路，突出各类资源节约使用、综合开发、循环利用和清洁生产，实现农业资源的节约、高效及循环利用；三是因地制宜地开展农业生产经营，以“规模化、产业化、标准化、品牌化、机械化、信息化、组织化”为手段，不断提高农产品附加值，完善农业产业体系，提高土地利用率和劳动生产率，进而实现农业高效率的生产；四是以经济生态化、生态经济化理念为指导，实现农业的经济、社会、生态综合效益的最大化，达到人与自然和谐发展；五是以科技创新进步为农业发展的驱动力，充分运用现代各项科学技术，建立高效合理的经营服务组织，积极提高农业劳动者科技文化素质，增加农产品科技含量，实现农业科技化发展[6, 7, 10]。

三、万年县发展高效生态农业的有利条件

1. 农业资源丰富

万年县气候属亚热带湿润性季风气候，气候温和，光照充足，雨量充沛，无霜期长，土层深厚肥沃[12, 13]，良好的土壤习性及生态环境，有利于多种植被和农作物的生长。其中万年县传统的植物种类有193种，包括粮、棉、油、蔬菜、瓜果、木材、毛竹、药材及花类、草类等；动物种类有100多种，包括猪、牛、羊、犬、鸡、鸭、鹅以及兽类、鸟类、鱼类、蛙类、蛇类等。近年来万年又积极发展“新、特”品种，引进了彩色棉、荔枝浦芋、彩色糯玉米、樱桃、西红柿、人生果、水果红薯等新品种种植，养殖了经济效益好的黑白花奶牛、七彩山鸡、白银鹅、麻羊、红荷包鲤鱼等，重点发展了贡米、珍珠、生猪、果蔬、雷竹、油茶等特色农产品[14]，“贡米、珍珠、生猪”名声在外，已经成为万年农业发展的三张“名片”。

2. 生态环境良好

万年自然生态环境良好，是万年发展高效生态农业的基础资源。一方面万年县水系发达，河网密集，河溪共有182条，流经境内的河流主要有乐安河、玉津河、万年河、珠溪河、大源河 5 条大河流，这些河流水质良好；湖泊主要有 14 个，如湖云乡的段家湖和石镇的天头湖；水塘有 1 500 多处，万年水资源非常丰富。另一方面，据《江西省万年县环境保护“十二五”规划》显示，万年县现有林地面积105万亩，森林覆盖率达64.2%，比全省平均水平高1%[15]，林木绿化率达58.9%，城区绿化覆盖率达41.5%，绿地率 43.7%，人均公共绿地 13.8 m^2，先后荣获“中国绿色名县”，全省“一大四小”造林绿化通道建设先进县、全省生态建设试点县等荣誉称号[16]。

3. 旅游特色鲜明

万年历史悠久，可以追溯到旧石器时代。万年旅游资源非常丰富，且地方特

色鲜明。代表性旅游资源有 24 处，按国家旅游资源分类标准——《旅游资源分类、调查、评价》评定，有 2 处一级旅游资源，7 处二级旅游资源，9 处三级旅游资源，6 处四级旅游资源。其中自然景观包括“中国最美的地下河”——神农宫、龙泉湖、石林等，景观奇绝瑰丽，将山、水、林、洞、石完美结合；人文景观代表包括被评为“20 世纪全国 100 项考古大发现”的仙人洞与吊桶环遗址、荷溪古村及赣东北苏维埃政府旧址等，文化底蕴深厚，集“古、色、香”于一体。近年来万年生态农业旅游发展较好，农业景观集现代观赏农业、自然生态农业为一体，前景喜人。

4. 区位条件优越

万年县交通条件极为便利，铁路、公路、港口、航空“四位一体”的交通运输体系日趋完善，对于农业的发展是一大助力。万年处于南昌、上饶、九江、景德镇四个城市交汇点上，融入周边市县 1 小时经济圈内。铁路运输方面，皖赣铁路纵贯县境南北，邻近的浙赣铁路畅通东西，与苏、沪、浙、闽、粤仅是“半日交通”；公路运输方面，沪瑞高速、景鹰高速、德昌高速、206 国道、昌万公路、锦黄公路四通八达的交通网络，拉近了万年与外界的时空距离，进一步提升了万年对外通达水平，此外乡镇公路全部硬化，自然村公路建设也正在进行，计划在 2016 年保证 100%通达率；水路运输方面，主要以乐安河水运为主，万年港码头建设工作也已经开展，建立的石镇综合码头的年吞吐量达 10 万 t 以上；航空运输方面，万年到昌北机场不到 1.5 小时车程，到景德镇机场也仅 1 小时车程。优越的区位，便捷的交通条件，使万年农产品进入大都市将更为方便、快捷。

四、万年县发展高效生态农业取得的成效

近年来，万年县高效生态农业发展态势喜人，且已取得显著成效。

1. 农业基地做大做强

近年来，万年县严格按照“围绕龙头建基地、突出特色建基地、依托市场建基地、连片开发建基地”的发展思路，重点建设贡米、珍珠、生猪、果蔬、雷竹、油茶、花卉苗木七大产业基地。2013 年数据显示，万年发展绿色有机水稻基地 2 万亩，贡米订单基地 20 万亩；珍珠养殖基地 1 万亩，产量可达 35 t；万头规模化生猪养殖基地 24 个，全县生猪年出栏 180 万头左右；瓜果蔬菜基地 11 万亩；雷竹笋用林基地 5 万亩；高产油茶基地总面积 3.05 万亩；花卉苗木总面积 2.6

万亩。其中万年生猪、大米加工、珍珠养殖被列为江西省“十百千”工程三大基地，吉星、现代和山庄三家养殖企业成为国家 3 万头储备肉活畜基地；千亩蔬菜基地——长林生态农业园蔬菜基地被农业部批准为全国蔬菜标准园创业基地；有 42 个农业优质基地列为市级以上，有 15 个专业村列为江西省“十百千”工程“一村一品”示范村[17, 18]。万年先后被命名为“中国贡米之乡”“中国优质淡水珍珠之乡”。

2. 质量认证进展顺利

万年县严格贯彻落实有关食品安全决策，把关各类食品流入市场。在有关部门的努力下，产品质量认证工作顺利进行，其中经认定的水产类无公害产品基地达到 17 个，如凤珠实业等企业的草鱼养殖基地以及海艳特种水产养殖公司的鳖养殖基地；绿色食品认证 11 个，国家级无公害农产品标志 12 个，农产品有机食品认证 1 个，国家地理标志农产品 1 个，即万年贡米，产品深受消费者喜爱[18]。

3. 农业龙头企业不断壮大

万年县农业龙头企业经过几年来的不断建设和发展，已取得初步成效。万年在依托万年贡集团、生猪集团、喜果绿化、云和实业等 4 家“国字号”农业龙头企业的基础上，积极主动探索推行“集团+协会”模式，省市级农业龙头企业不断发展，截至 2013 年年底，已经发展到 30 家，全县农业企业累计 291 家，农业规模不断发展壮大，充分带动了就业和农民增收[19]。其中年销售收入 10 亿元以上有万年生猪产业集团和万年贡米集团两家公司。

4. 品牌建设效益日显

随着万年县农业现代化的不断推进，万年品牌农业效益逐渐显现。贡米和珍珠作为万年传统优势产业，万年在进一步弘扬稻作文化的基础上，发挥出独特优势，创建了“中国贡米之乡”全国性地域品牌；打造出了“中国优质淡水珍珠之乡”的金字招牌。截至 2013 年年底，万年县在粮食、畜禽、珍珠水产、油料、农副产品加工等各农业相关领域，注册申报的各类农业企业商标品牌有 360 多个。其中稻米类的“万年贡”作为万年县贡米集团实施的“商标品牌战略”，已先后成为“江西省著名商标”“中国驰名商标”，“万年贡”牌大米先后获“江西省重点保护产品”“江西省名牌产品”“全球地理标志性产品”称号，成为“国米”和“中国十佳粮油高端品牌”[20]，品牌价值达到 10 亿元，形成了具有地域性特色品牌，引起了广泛关注。

5. 生态旅游发展快速

近年来，万年县充分发挥旅游资源优势，在打造"旅游强县"的政策指导下，明确目标方向，在近期要将万年建设成南昌市周边城市旅游休闲的后花园；从长远来讲要把万年打造成全国文化、休闲、养生旅游胜地。在万年旅游业蓬勃发展情况下，大力发展乡村游，特别是农家乐休闲游，有利于实现"一乡一景""一村一品""一家一特"的目标，这就成为了生态农业发展的新亮点。在"农旅结合"战略指导下，万年以陈营镇为核心，通过与石镇镇、梓埠镇、青云镇三大城镇组群，积极发展服务城镇居民的都市休闲型农家乐；依托神农文化旅游观光区、裴梅生态旅游度假区、青云田园风光休闲区和湖云生态山水风情区，发展旅游配套型农家乐；凭借作为世界稻作文化起源地的优势，万年紧紧围绕稻作文化，创办稻作文化旅游节，积极开发建设世界稻作文化主题公园和农业观光型农家乐，其中代表性农家乐有煌祥土菜馆、翠湖山庄、桃园山庄、龙泉湖休闲山庄等。

6. 高效生态农业模式不断推广

万年县始终坚持绿色发展，不断创新农业发展模式。在现有资源基础上，发展出了种养结合模式、种养加工一体化模式、资源再生模式、设施栽培模式及休闲农业模式 5 种主要高效生态农业模式。一方面积极推广"猪—沼—果"、"猪—沼—油茶"、"猪—沼—雷竹"等循环生态农业模式，有效地解决了畜禽养殖场粪水无害化处理问题，提高畜禽粪便资源化利用率，实现可再生能源发展和循环经济建设[16]；另一方面，不断应用农业、物理及生物新技术，降低农业污染，如测土配方施肥技术的推广，全面优化了用肥结构，如今万年县绝大部分的水稻施用测土配方肥；积极提倡使用有机肥，减少无机肥的使用，扩大种植绿肥面积，加快推广使用高效、低毒、低残留农药；大力推广秸秆还田技术，农作物秸秆回收利用达到 95%以上。

7. 农业生产标准化建设步伐加快

农业生产标准化是实施高效生态农业的必然要求，是提升农产品质量安全的重要措施。万年县在产业结构调整和产业化发展背景下，充分利用当地资源优势，积极开展农业生产标准化工作，尤其重视贡米、生猪、珍珠三大优势传统产业的标准化工作。2006 年发布江西省地方标准——《万年贡米》；2008 年在万年县政府财政支持下，共制定出 7 项标准；2013 年与袁隆平、谢华安、颜龙安院士共同筹建"万年贡集团院士工作站"，协助贡米集团制定并实施了《贡谷生产技术规范》《万年贡谷良种培育操作规范》《万年贡米综合标准化生产加工规程及其标准》[18]，这都大大地提升了万年贡米的品牌价值，促进了万年贡米的销售，增加了农民的收入。万年生猪产业，立足于地方特色，2004—2007年，万年县实施了国家“万年生猪全国农业标准化示范区项目”，期间制定出《规模化生猪养殖·产地环境要求》《规模化生猪养殖·卫生防疫要求》《规模化养殖·引种要求》等7项地方标准，形成了万年生猪标准体系；在《万年县生猪生态养殖示范基地建设管理规范》指导下，高标准建设生猪标准化示范基地，并组织技术人员进行标准化宣传，从环境要求、卫生防疫、饲养、繁殖等方面全过程实行标准化。珍珠产业作为万年农业支柱产业，制定了《珍珠的分级》《珍珠接种技术操作规程》和珍珠生产标准——《淡水珍珠养殖系列标准》。珍珠标准的制定使得万年率先在全国实现标准化生产，极大提高了珍珠质量，已成为江西省乃至全国淡水珍珠养殖主产区发展珍珠生产的重要技术参考依据。

五、万年县高效生态农业的主要模式

近年来，万年大力发展高效生态农业，不断创新农业发展模式。万年人民经过不断的实践探索，创造出了一批效益显著，发展良好的模式，大致有以下五种高效生态农业模式。

1. 种养结合模式

据李真进[12, 21]等调查，万年种养结合模式主要包括三大类：一是稻田种养结合模式；二是大型种养结合模式；三是立体种养结合模式。其中稻田种养模式主要是稻田养鸭、稻田养鱼和稻田养泥鳅等，这种模式在万年县许多乡镇得到应用，反应较好；大型种养模式主要分布在万年县的上坊乡，它主要是以“大型养猪场+大型菜园+大型鱼塘”为依托的农业模式；立体种养模式的典型代表是万年县的苏桥乡，基本结构是“林果业+药材业+畜牧业+渔业”，这种模式是在山坡上种植果树、牧草，在山间种植药材，在林间修建养猪场和养鸡场，在山塘中养殖鱼虾等，塘面养鸭鹅。种养结合模式将种植业和养殖业在空间和时间上进行优化组合，使其功能得到最大化利用，提高了农业资源效率。

2. 种养加一体化模式

通过农业产业化经营方式把具有产业关联度的种植业、养殖业和加工业紧密地结合起来，形成有序的产业链，使农产品得到循环利用，开发创造出多种功能的产品，不断提高农产品效用和附加值。这种模式可以极大地拉长农业产业链，形成贸工农一体化的产业体系，充分挖掘农业增效和吸纳劳动力的潜力，实现农业高效益和农民高收入[22]。如万年围绕贡米、珍珠、生猪、高产油茶、花卉苗木、雷竹、果蔬等特色农产品生产及加工产品开发，打造农产品种养加工基地，万年贡集团的贡米产业基地以种植、加工、收储、销售为主，种植的原生态有机稻，经过深加工等成为高端大米，2013年最好的“国米”可卖到345元/kg[23]。

3．资源再生模式

将农业生产过程中产生的所谓“废物”，如作物秸秆、畜禽粪便、生活废弃物等，通过多种途径和方法将它们再循环、再利用，从而实现了资源高效循环利用[21]。万年积极推广的“猪—沼—果”、“猪—沼—油菜”、“猪—沼—雷竹”模式，如云河实业公司在山下养猪，将产生的粪便通过沼气池处理产生的沼气供自身及周边农户使用，沼液采取喷灌的方式施用到油茶地，这一方面节约了成本，利用了能源；另一方面起到了生态排污作用[24]。此外，万年县将稻草、玉米秆、油菜秆、棉花秆等秸秆当做有机肥源积极还田。

4．设施栽培模式

通过地膜覆盖、大棚、温室等多种方法，为农作物的生长营造良好的农业生产条件，用以创造出具有更高产出率的光照、热量、气温和土壤等农业生产条件，从而实现农作物周年生产、多季收获、高产优质、安全高效的生产模式[22，25]。这不仅提升了土地利用率，也提高了土地产出率和经济效益。2013年万年县蔬菜、花卉、食用菌、西瓜、甘蔗、葡萄等各类温室大棚多达13 000多个，经济效益显著[26]，如珠田乡村民杨水香种植大棚蔬菜100亩，年均收入近200万元。

5．休闲农业模式

近年来，万年顺应社会发展的需要，积极开发农业文化功能和生态功能，为提高农业综合效益不断探索，大力发展乡村游，特别是农家乐休闲游。万年县充分利用世界稻作文化发源地这一“世界品牌”资源，大力发展三种休闲农业类型：一是文化挖掘型，它是以稻作文化为中心，建立文化、娱乐、贸易、教育等多元化的休闲农业园区；二是人际关系聚集型，它是依据当地农业生产特色和农业状况，不断积极发展更具趣味、新颖、体验、观赏的民俗活动的观光农业，如把果蔬、花卉与观光休闲结合起来的观光果园；三是山水风光型，它是依托万年资源优势，在保护生态环境的基础上，促进农民增收就业，如农家乐和集住宿、餐饮、KTV、棋牌、钓鱼、果树采摘为一体生态旅游休闲山庄[27]。

六、万年县高效生态农业进一步发展的对策与建议

万年高效生态农业发展前景较好，同时也面临着严峻的挑战，在许多方面受到制约。这主要表现在五个方面：一是农民思想观念落后，对高效生态农业深层含义认识不足，市场意识、质量意识、环保意识、品牌意识、抗风险意识不强；二是有带动能力的农业龙头企业不多、不强；三是金融部门支持发展高效生态农业的力度不够，有影响力的农业品牌不多；四是农业整体科技水平和劳动者的素质不高，农业技术推广机构不够健全，农业组织化和贸、工、农一体化程度不强；五是县、乡两级农业科技服务体系不够完善，不能充分发挥其服务高效生态农业产业的作用，能力不足，水平较低。

万年县应立足农业发展实际情况，紧紧依托生态和资源优势，抓牢鄱阳湖生态经济区建设这一重大发展机遇，全面完善农业标准化建设，大力发展农业龙头企业，努力提高农业产业化、集约化、专业化生产水平，提升科技服务高效生态农业的水平。

1. 建立高效组织机构，强化政策引导

科学有效的组织机构对于发展高效生态农业至关重要，这有利于农业产业发展形成一个拳头，获得更高的资源利用率和综合效益。一是建立高效生态农业产业领导小组，具体负责高效生态农业产业规划、政策的制订、措施的落实以及有关工作的组织、监督、协调；二是要注重产学结合，积极与高校、科研机构合作，研究高效生态农业产业发展基地建设、农业科技成果的转化应用等问题，落实好产业布局规划工作；三是要制定出优惠的政策和有效措施，全力推进高效生态农业产业加工、流通和信息网建设的发展，实现产业链条的延伸，增加产品附加值，促进产业体系完善[28]。统一的机构组织管理，完善的扶持政策和措施，强化的政策引导，优化了高效生态农业发展的政策环境，有利于实现万年高效生态农业向高层次、高水平发展。

2. 推进农业品牌整合，大力发展农业龙头企业

目前万年农产品多而杂，真正在市场上叫得响的品牌较少。这需要做好品牌整合工作，协调整合万年各类资源，注重提升农产品质量。主要是强化品牌包装与营销，将同类农产品品牌中最有知名度和影响力的某一品牌作为主推品牌，狠抓优质农产品，做到“同一区域、同一产业、同一品牌、同一商标”，并加强品牌

保护工作，如统一以“万年”冠名，这有利于扩大万年农业品牌的市场影响力和知名度。大力发展农业龙头企业，一方面进一步加大对农业龙头企业的扶持力度，在资金、土地、信贷、税收等方面积极向农业龙头企业倾斜，促进重点龙头企业不断壮大，进而带动整个产业发展；另一方面通过农业招商引资，吸引外资新建龙头企业，一是通过改善投资环境，加大招商引资力度，广泛吸引国内外的资金、技术、人才，兴办各类龙头企业；二是制定各种优惠政策，鼓励引导各类资本进入农业生产领域，发展休闲观光农业，培育加工龙头企业[28]。

3．加大宣传力度，组织科技培训，提高认识水平

近年来，万年高效生态农业建设取得一定成效，群众也对生态农业有了一定了解。为了提高高效生态农业建设工作，尤其要加大宣传力度，组织相关人员的技术培训，建立技术和培训保障体系。一是开展立体式、全方位的宣传模式，充分利用互联网、电视、报刊、广播等宣传媒体和墙报、发放资料等形式，广泛开展实施高效生态农业的宣传工作，激发群众对发展高效生态农业的热情和积极性；二是加大对农产品生产企业、农民合作社、农业大户的宣传引导和培训教育力度，如举办知识讲座、委托培训和外派学习等，改变思想观念，提高认识，充分掌握生产标准和规程，变革原有粗放管理和生产方式提升农产品质量安全水平；三是组织农业科技人员研究生态农业技术和措施，解决农业生产中遇到的技术难题。

4．健全产业标准，完善农业科技服务体系

一方面，农业产业标准化是发展高效生态农业的重要组成部分。农产品生产标准和农产品质量检验检测体系的建立，不仅表现在对农业支柱优势产业上，在立足本地情况的前提下，也应积极发展其他产业的标准化生产。另一方面，健全、完善的农业科技服务体系是万年高效生态农业发展的保障。这能够使广大群众更快、更好地掌握科技成果和技术，有效地缓解农业生产效益较低的矛盾，提高广大群众从事农业活动的积极性，加强科技服务生态农业的能力，促进农业向绿色、高效、健康的方向发展。

5．大力开拓市场，健全市场体系

市场是检验万年高效生态农业发展的试金石。积极开拓新市场，拓宽流通领域，健全市场体系，有利于高效生态农业发展。这不仅需要有快捷准确的市场信息，同时还要有高效的营销队伍和前景广阔的流通市场。今后，万年要主动“走出去”，合理利用国际、国内两大市场，当地政府部门也要继续加大对农副产品批发市场改造提升的力度，努力完善农业基础服务设施，强化产品集散功能，积极发展农产品现代流通业，创新交易方式，健全市场体系。

参考文献

[1] 《江西省地图集》编纂委员会. 江西省地图集[M]. 北京：中国地图出版社，2008.

[2] 彭适凡，周广明. 江西万年仙人洞与吊桶环遗址——旧石器时代向新石器时代过渡模式的个案研究[J]. 农业考古，2004（3）：29-39.

[3] 万年县2011年国民经济和社会发展统计公报[EB/OL]. [2012-11-13]. http://www.zgwn. gov.cn/zwgk/2012/11/13/17751.htm.

[4] 高飞，陈跃星. 论我国高效生态农业的法制保障[J]. 安徽农业科学，2008，36（20）：8810-8811.

[5] 李萍萍，章熙谷. 持续农业与中国的生态农业[J]. 生态学杂志，1993，2：16-18.

[6] 杜华章. 江苏省高效生态农业发展对策研究[J]. 上海农业学报，2010，26（4）：130-134.

[7] 顾益康，黄冲平. 浙江发展高效生态农业的战略与思路[J]. 浙江农业科学，2008，2：125-128.

[8] 戴天放. 鄱阳湖流域农业环境变迁与生态农业研究[D]. 福建师范大学，2010.

[9] 赵其国，黄季焜，段增强. 我国生态高值农业的内涵，模式及其研发建议[J]. 土壤（Soils），2012，44（5）：5-711.

[10] 黄国勤，赵其国，龚绍林，等. 高效生态农业概述[J]. 农学学报，2011，1（7）：23-33.

[11] 郭玉笔. 生态文明视角下高效生态农业模式的研究[D]. 福建农林大学，2013.

[12] 杨英. 万年县循环农业模式及农户对循环农业的认知度分析[D]. 江西农业大学，2013.

[13] 黄学平. 乐安河水环境容量与总量控制研究[D]. 南昌大学，2005.

[14] 万年县[EB/OL]. http：//www.cuncunle.com/County/2068/CityIntroduce.html.

[15] 江西省统计局，国家统计局江西调查总队. 2010年江西统计年鉴[M]. 北京：中国统计出版社，2010.

[16] 绿色崛起万年路[N]. 上饶日报，2011-12-30（3）.

[17] 倪美创.万年县发展农业产业化探索与实践[J]. 江西农业，2012（2）：7-8.

[18] 培育新型农业经营主体创新农业生产经营体系——对江西省万年县创新农业生产经营体制机制的调查与思考[EB/OL]. [2013-10-25]. http：//www.wnsnw.cn/a/diaochayanjiu/20131025/753.html.

[19] 万年现代农业重点培育七大产业[EB/OL]. [2014-01-26]. http：//jx.people.com.cn/n/2014/0126/c337939-20478575.html.

[20] 对万年县建设全国优质农产品种养加工基地的调查与思考[EB/OL]. [2013-10-23]. http：//www.wnsnw.cn/a/diaochayanjiu/20131023/745.html.

[21] 李真进，杨英. 万年县循环农业模式构建与分析[J]. 绿色科技，2013（8）：120-122.

[22] 杨建霞，李海燕. 滨州高效生态农业问题研究[J]. 中国外资，2013（2）：224.

[23] 江西万年县打造全国优质农产品种养加工基地成效显著[EB/OL]. [2014-01-01]. http：//www.xinnong.com/news/20140101/1147357.html.

[24] 万年县财政局优化产业结构加快低碳经济发展[EB/OL]. [2010-09-30]. http：//www.mof.gov.cn/xinwenlianbo/jiangxicaizhengxinxilianbo/201009/t20100930_341593.html.

[25] 闫玲，单德鑫. 中国生态农业发展现状及展望[J]. 山西农业科学，2009，36（12）：10-13.

[26] 万年百亩蔬菜大棚春意盎然[EB/OL]. [2013-03-25]. http：//sp. jxnews.com.cn/system/2013/03/25/012343041.shtml.

[27] 万年：传承稻作文化，大力发展三型休闲农业[EB/OL]. [2013-06-17]. http：//www.zgwn.gov.cn/zwgk/2013/06/17/18901.htm.

[28] 潘斌，陈进红，周铁锋. 淳安县高效生态农业发展的探讨[J]. 浙江农业科学，2013（4）：488-491.

吉安县水稻产业调研报告*

王礼献　孙　松　黄国勤**

（江西农业大学生态科学研究中心，南昌 330045）

摘　要：本文在对吉安县水稻产业现状及存在问题进行调研的基础上，提出了该县水稻产业发展的对策与措施，具有一定的现实参考价值。

关键词：水稻产业　吉安县

吉安县位于江西省中部，吉泰盆地中心、赣江流域中游，处于东经114°25′～115°10′、北纬26°41′～27°38′。地理区位优势明显，资源丰富，具有良好的经济社会发展基础，农业综合生产能力较强。属于亚热带季风湿润气候，光热水土资源组合良好，气候温和，日照丰富，四季分明，冬夏季长，春秋季短。全县面积2 117 km^2，其中耕地面积56.5万亩。现辖13镇6乡，总人口50万，其中农业人口37万。江西省水稻生产在全国占有重要的地位，吉安县是江西省水稻种植大县，是江西省水稻的重要产区之一，因此，对吉安县水稻产业进行研究具有一定的现实意义。

一、吉安县水稻产业基本情况

1. 水稻生产情况

（1）水稻种植面积。吉安县是以种植水稻为主的农业大县，历年来水稻的种

---

* 本文系吉安县水稻团队（团队号：14964600058）调研报告，得到团长陈大洲研究员（江西省农科院水稻研究所）及吉安县科技局等的大力支持和帮助。

** 通信作者：黄国勤，教授、博导，E-mail：hgqjxnc@sina.com。

植面积为 105.7 万～106 万亩，约占农作物播种面积的 67.6%。2014 年，吉安县全年稻谷播种面积呈现出微幅下降的趋势，主要是早稻和二季晚稻（简称二晚，下同）种植面积有所减少。2014 年吉安县稻谷播种面积为 105.4 万亩，比 2013 年下降了 0.285%，其中 2014 年早稻种植面积 51.33 万亩，一季晚稻（简称一晚，下同）种植面积 2.58 万亩，二晚种植面积 51.49 万亩；相比 2013 年早稻播种面积降低了 0.12 万亩，降幅为 0.23%，一晚则保持不变，二晚播种面积减少了 0.18 万亩，降幅为 0.35%（表 1）。

表 1　2013—2014 年吉安县稻谷播种面积、总产、单产变化情况

水　稻	2013 年			2014 年		
	面积/万亩	总产/万 t	单产/（kg/亩）	面积/万亩	总产/万 t	单产/（kg/亩）
早稻	51.45	20.565	399.70	51.33	20.49	399.1
一季晚稻	2.58	1.083 6	420.00	2.58	1.13	438.6
二季晚稻	51.67	21.51	416.30	51.49	21.90	425.3
全年水稻	105.70	43.16	408.31	105.4	43.52	412.9

数据来源：吉安县相关部门。

（2）水稻产量。2014 年，在播种面积发生减少的情况下，吉安县稻谷总产水平和单产水平均有所提高。水稻总产方面，2014 年稻谷总产量达 43.52 万 t，增产 0.3 万 t，比 2013 年增长 0.7%。其中早稻总产量达 20.49 万 t，减产了 0.075 万 t；一晚总产量 1.13 万 t，增产了 0.046 4 万 t；二晚总产量达 21.9 万 t，增产了 0.39 万亩，增长了 1.81%（表 1）。

水稻单产方面，2014 年水稻一晚与二晚单产水平的提高有效地弥补了稻谷种植面积减少造成的总量减产。2014 年每亩稻谷产量达 412.9 kg，平均增产 4.59 kg，比 2013 年增长了 1.12%。其中每亩早稻单产为 399.1 kg，比 2013 年减产了 0.6 kg；每亩一晚单产为 438.6 kg，比 2013 年增加了 18.6 kg，增长了 4.43%；每亩二晚单产为 425.3 kg，比 2013 年增加了 9 kg，增长了 2.16%（表 1）。

（3）水稻品种结构。吉安县水稻种植的品种主要有特优质品种、糯稻、杂交稻以及常规品种，其中特优质品种包括软占、奥梗占、黄华占等，占水稻种植面积的 38%左右；种植糯稻占稻谷播种总面积的 22%左右；杂交稻种植面积占水稻总面积的 20%左右；常规品种占水稻种植总面积 20%左右。

（4）水稻分布格局。吉安县稻谷种植分布格局与水源和地形密切相关，水源条件好、灌溉便利的固江、桐坪、梅塘、万福是全县稻谷种植规模最大的四个乡镇，播种面积均超过 7.5 万亩。在北部、中部和东南部地区以种植早稻和双季晚稻为主，北部地区以万福镇为重点，中部以桐坪、固江、梅塘为重点，东南部以横江镇为重点。西部的天河、敖城、官田等部分山区，稻谷种植规模不大，以种植中稻为主。

2. 示范情况

吉安县作为农业部粮食高产创建示范县，19 个乡镇都建设了 1 个 500 亩的粮食高产示范点，并在横江镇和官田乡创建了两个粮食高产万亩示范区。2014 年经专家测产（表 2），官田早稻万亩示范片攻关区比 2013 年增产 62.8 kg，增幅达 12.0%；示范区亩产比 2013 年增产 40 kg，增幅 7.9%；晚稻攻关区比 2013 年增产 39.85 kg，增幅 7.6%，示范区亩产比 2013 年增产 14.17 kg，增幅 2.9%。

表 2 2013—2014 年吉安县官田乡、横江镇粮食高产万亩示范区生产情况 单位：kg/亩

项 目		官田		横江	
		攻关区	示范区	攻关区	示范区
2013 年	早稻	524.10	505.70	531.90	512.90
	晚稻	523.55	491.63	546.00	528.00
2014 年	早稻	587.90	545.70	551.30	525.93
	晚稻	545.70	563.40	566.40	543.50

数据来源：吉安县相关部门。

横江早稻万亩示范片攻关区亩产比 2013 年增产 19.4 kg，增幅 3.6%；示范区亩产比 2013 年增产 13.03 kg 增幅 2.5%；晚稻攻关区亩产比 2013 年增产 20.4 kg，增幅 3.7%；示范区亩产比 2013 年增产 15.5 kg，增幅 2.9%。通过实施粮食高产创建项目，吉安县早、晚稻单产均有明显的提高，增产效果显著。

3. 推广情况

吉安县通过不断引进推广新品种、新技术，以探索一条适合水稻发展的好路子。2014 年吉安县推广超级稻总面积达 12.0 万亩，其中早稻 5.8 万亩，以淦鑫 203、荣优 1506、优 I 1501、湘丰优 402 为主；中稻 0.6 万亩，以 Y 两优 I 为主；晚稻 5.6 万亩，以五丰优 T025、五优 308、佳优 617 为主；还积极应用推广双季稻抛栽技术、“多用一斤种，增收百斤粮”技术、免（少）耕技术、测土配方施肥技术、水稻防早衰技术、水稻薄露灌溉技术、绿色植保技术及病虫害统防统治技术等一

系列集成轻型节本高效增产栽培技术。

4．农业生产基础设施情况

近年来，吉安县不断加大基础设施建设力度，投入基础设施建设专项资金4.49亿元，完成高标准农田建设面积35.74万亩；全县有效灌溉面积26.44万亩，占全县耕地面积的47.89%；农业机械化程度进一步提高，全县机耕水平达95%，机收水平达80%，机插面积15%，综合机械化水平66.6%；境内拥有银湾桥、福华山、江口、樟坑等大中小型水库，总库容2.56亿 m^3，各类塘坝2 000余座，总库容为1.3亿 m^3。

二、水稻产业龙头企业现状

近年来，吉安县重点发展优质水稻等具有本地优势和特色的主导产业，以主导产业的发展引领现代农业示范区建设，加快推进全县农业产业化进程。目前，吉安县有市级以上龙头企业30家（国家级2家，省级6家、市级22家），全县获得无公害农产品7个，绿色食品15个，有机食品1个，地理标志农产品1个，省级及以上名牌农产品品牌2个。农产品加工总产值34.9亿元。全县发展合作社255家，家庭农场155家。水稻方面的龙头企业以锅丰米业有限公司和金林生态农场发展较为突出。

1．锅丰米业有限公司基本情况

吉安锅丰米业有限公司创建于1993年，位于吉安县工业园西区。公司经过近20年的发展，目前已拥有3 800 m^2的大米生产车间，进口日产160 t生产线两条，4 800 m^2职工公寓、2 800 m^2的办公楼，4 000 m^2的储粮仓库。总投资5 000多万元，年产值上亿元。公司是一家集稻谷种植、生猪养殖、粮食收购、加工、仓储、运输、大米批发、超市配送于一体的农产品加工流通企业。公司建有省级最大、技术最先进的粮油加工基地，拥有“锅丰”大米品牌等几十个品种，生产的“锅丰”早优米、“锅丰”贡米、“锅丰”太香米、“锅丰”软黏被中国绿色食品发展中心评定为“绿色食品A级产品”，被江西放心粮食行业协会授予江西省“放心粮油”称号、“全国放心粮油进农村进社区示范工程示范加工企业”。公司采用“农户+公司”的合作社模式。

公司的“锅丰”品牌大米销售网络遍布全国各地，在广东省的广州、深圳、东莞、茂名、湛江、中山，福建省的中国粮食城，浙江义乌、杭州、江西省各地市县都设有经营部和经销商，并且已走进了广东、福建、江西等省各大型知名超市，越来越广泛的营销网络为公司的市场化经营发展奠定了坚实的基础。公司历经多年的经营发展，2006 年 2 月被授予吉安市农业产业化龙头企业，2008 年 9 月被授予江西省重点农业产业化龙头企业。“锅丰”商标系列大米 2006 年被认定为江西省放心粮油，2008 年被认定为江西省名优农产品，2010 年被江西省粮食行业协会指定为示范加工企业等多项荣誉称号。2014 年又评为吉安市王牌企业，荣获第十三届交易会金奖等多项荣誉。“锅丰”大米荣获江西省著名商标、江西省名牌农产品、中国绿色食品商标。

2. 金林生态农场基本情况

金林生态农场位于吉安县近郊，背靠两座山，近临一个大型水库。该农场拥有 500 多亩土地用来种植水稻，早稻种植的品种为糯稻和杂交稻，亩产为 350～400 kg；晚稻全部种植优质稻，晚稻品种为象牙香占，晚稻亩产比早稻产量要低，但是水稻的品质要高于早稻，晚稻单价高于早稻，经济效益好。该农场购买了大量的机械设备，机耕率 100%，播种、插秧等全部采用机械化操作，机械化程度高。该农场水稻销路广，早稻主要销售给粮站和加工厂，晚稻销往广东。农场采用绿色、科学的管理方式，冬季全部种植绿肥，早晚稻秸秆全部还田，这些增加了土壤养分，减少了化学肥料的使用；另外，该农场还在稻田里养殖鸭子，不但增加了收入而且减少了农药的使用，有利于减少农业投入成本。

三、水稻产业龙头企业的科技需求

随着企业的不断发展，在这过程中不可避免地会碰到一些技术需求问题，目前吉安县龙头企业发展的科技需求主要有以下几个方面。

1. 水稻育种与繁育技术

种源的不纯，不利于企业稻米品牌的建设。目前吉安县市场上有些品种都叫软占，其实这些品种之间是有很大区别的，在收购时容易混淆。这就要加强种源的管理，一方面在当地在已有的品种上，强化种子资源创新，拓展育种材料基础；另一方面积极研发抗病虫害更适宜当地种植的优良品种，增加水稻的品质；此外还需研发繁育或是精品、有特色、高端的水稻品种，以便企业能够抢占高端市场。

2. 水稻基质育秧技术

育秧是关系到机插秧成功与否的关键技术环节，企业希望能够研发出一种新的适合推广应用的育秧基质。育秧基质作为一种新型的育苗方法，其工作原理主要是将植物的根系固定于固体基质当中，然后将固体基质中加入有机和无机基质，来提供植物生长所需要的养分和氧气。育秧基质利用秸秆、牛粪等可再生性资源，废物利用变废为宝。

3. 水稻生产集成技术

主要是在种子筛选、水稻种植、施肥方案以及农药选择等方面予以科学的指导。种子筛选上，要严格选出适应吉安县生长的品种，并结合市场需求，及时给予指导；水稻种植方面，从水稻栽培到收获的过程中，及时提供技术咨询与指导；制订一个适合当地水稻生长的施肥方案，减少投入并提高肥料利用率；农药选择上，在农药施用量及施药时间上予以科学指导。总之要根据吉安县的水稻生产情况，研究出符合当地情况的水稻生产集成技术，使水稻生产标准化，达到高产高效的目的。

4. 稻田田间管理技术

通学易懂的技术是企业发展迫切需要的，要便于农民掌握。一方面可以改善土壤养分和减轻病虫害；另一方面减少农药和化肥的使用，减少种植投入，增加农民和企业的收入。一是冬季稻田种植绿肥；二是积极推广应用秸秆还田、稻田养鸭等技术；三是加强病虫害综合防控；四是科学指导稻田水肥管理。

5. 稻米生产加工技术与先进深加工设备

目前企业的生产技术主要是由传统老师傅负责，凭经验进行生产，不能够充分利用资源。一方面企业希望引进先进的生产加工技术和深加工设备，增加产品附加值，降低生产成本；另一方面需要加强专业人才培训，让企业工人能够及时掌握先进的技术，为企业创造更多的经济效益。

四、吉安县水稻产业存在的主要问题

通过调研分析吉安县水稻产业发展状况，比较其与江西省内及国内水稻产业之间的情况，以确定吉安县水稻产业发展的不足，为今后吉安县水稻产业绿色健康发展提供参考。

1. 水稻生产投入较少

考虑到实际情况，本报告从单位播种面积农业机械总动力、单位播种面积化肥施用量来比较吉安县水稻生产过程中资本投入方面与江西省内和国内的差异。

从表 3 可以看出，在单位播种面积农业机械总动力方面，不管是吉安县还是江西省，都与全国平均水平存在很大的差距；同时单位播种面积化肥施用量比国内平均水平要低一些，比江西省高 46.52 kg/hm^2。这说明了吉安县水稻生产投入的资本依然不够。

表 3 2013 年吉安县水稻生投入情况

地 区	单位播种面积农业机械总动力/（kW/亩）	单位播种面积化肥施用量/（kg/hm^2）
吉安县	0.78	301.50
江西省	0.94	254.98
全国平均	2.28	359.10

数据来源：2014 年中国农业统计年鉴及吉安县相关部门统计数据。

2. 水稻生产效率偏低

本报告水稻生产效率是以水稻单位面积产量和农民人均纯收入作为衡量标准的。从表 4 可以看出，2013 年吉安县水稻生产效率相较于全省和全国平均水平存在一定差距。一是吉安县水稻单位面积产量要远低于全国平均产量，差距达9.68%；二是吉安县农民人均纯收入要远远低于全省、全国水平，差距分别达到93.64%、95.79%，影响了农民种植水稻的积极性。

表 4 2013 年吉安县水稻生产效率及农业科技贡献率情况

地区	水稻单位面积产量/（kg/hm^2）	农民人均纯收入/元	农业科技贡献率/%
吉安县	6 124.65	4 534.66	57.5
江西省	6 003.69	8 781.00	51.00
全国平均	6 717.28	8 896.00	55.20

数据来源：2014 年中国农业统计年鉴及吉安县相关部门统计数据。

3. 水稻生产市场化程度不高，水稻品种较杂

本报告水稻生产市场化程度是以水稻商品化率作为衡量指标的。2009 年吉安县稻谷商品率、江西省稻谷商品率、全国平均稻谷商品率分别为 63.08%、67.95%、64.60%，吉安县稻谷商品率要略高于全省及全国平均水平，到了 2013 年与 2014 年吉安县稻谷商品率分别为 65.80%和 70.30%，虽然稻谷商品化程度有所提高，但是要将水稻进行产业化，吉安县水稻生产市场化程度还是不能满足其发展需要

的。此外，吉安县市场上水稻品种较多，水稻种子经营缺乏管理。

4. 缺乏稻米加工龙头企业，稻米品牌建设有待加强

目前，吉安县除吉安锅丰米业有限公司、江西健友米业有限公司具有一定规模外，其余都是小作坊式进行稻米生产，在市场上有影响力和吸引力的稻米品牌也不多。稻米加工企业尤其是龙头加工企业的缺少，制约了稻米的生产加工，带动辐射作用明显不强，影响了农民积极性。

5. 农业科技投入力度不够，农业科技贡献率较低，农民科技文化素质有待提高

吉安县在水稻生产中科技投入存在一定不足，科技转化能力不强，虽然2013年吉安县57.5%的农业科技贡献率相比于江西省51%和全国55.2%要高一点（表4），但与国外70%～80%相比，农业科技贡献率依然偏低。此外，吉安县农民对于新科技的接受能力较弱，在水稻种植的过程中管理过于粗放，水肥管理方面差，水稻单产还较低，再加上投入的成本上升，导致水稻种植经济效益较低。

6. 水稻生产政策有待完善

当前，吉安县主要是以《关于加快推进国家现代农业示范区建设的实施意见》《关于推进国家现代农业示范区建设进一步提升农业产业化经营水平的实施意见》《关于全面深化农村改革加快推进国家现代农业示范区建设的意见》（吉发[2014]1号）作为政策指导来发展农业，吉安县还未制定专项的政策与措施来支持水稻产业发展。

五、推进吉安县水稻产业发展的对策建议

1. 加强政府组织领导，制定落实水稻生产政策

加强政府领导，各地按照乡镇主要领导负责制的要求，切实加强水稻生产，用新理念来抓水稻生产。一是认真落实免征农业税、粮食直补、良种补贴、农机具购置补贴、粮食最低收购价等政策措施，提高农民种植水稻的积极性；二是继续增加对水稻生产的投入，财政支农资金、农业综合开发资金、农业产业化龙头企业建设资金和科技引导资金，政策资金要向水稻生产倾斜；三是农村信用社要增加对种粮农民的小额信贷，切实解决粮食生产资金短缺的问题。

2. 优化品种，推进品种布局优化，因地制宜，加强水稻生产集成工作

根据吉安县的实际情况，加强水稻品种的选育推广工作，明确主导推广品种，

促进品种布局不断优化，力求实现各镇一主一辅、各村统一品种的品种布局，以避免农户盲目引种购种带来的品种“多、乱、杂”的现象。

在水稻生产实践中，吉安县要因地制宜，结合水稻品种的特点，做好水稻生产集成工作，并配套推广水稻丰产栽培技术，加强推广通学易懂的农业技术，使优质品种通过高效生产方式发挥效益，达到增产、丰产、增收的目的。

3. 积极培育壮大龙头企业，提高竞争能力，扩大市场

根据吉安县龙头企业的实际情况，积极鼓励龙头企业引进先进适用的稻谷生产加工设备，改造升级储藏、保鲜、烘干、清选分级、包装等设施装备。培育壮大发展水稻龙头企业，一方面有利于提高农业组织化程度，加快转变农业发展方式；另一方面有利于调整农业产业结构，提高农业经济效益。这对促进现代农业建设，增加农民就业和收入具有十分重要的作用。

4. 依托科研院所，加大科技支撑力度

科学技术是第一生产力，发展水稻生产必须要以科学技术做保障。紧紧依托科研院所，加大科技对水稻产业发展的支撑力度，以市场需求为导向，积极引导水稻产业向专业化、区域化、节约化发展，促进吉安县水稻产业健康快速发展。一是将选育优质的水稻品种作为研究重点，加快科研生产示范基地建设；二是在水稻新品种选育、水稻高产栽培技术、水稻高产机理与肥水管理技术等方面开展深入研究。

5. 加强稻米品牌建设，加大宣传力度

随着人们生活水平的提高，民众在购买农产品上会更加倾向于品牌产品。目前市场上，优质和绿色品牌稻米销路良好，好看好吃有营养的产品广受欢迎，品牌是消费者分辨产品的一大依据。一个好的品牌在稻米增值中拥有巨大潜力，如绿色品牌大米的售价一般是普通米的 2～3 倍。加强稻米品牌建设，一是严格制定特色品牌大米标准，加大品牌产品的宣传力度，以质量和品牌打开销售市场；二是严格管理品牌，推广“一稻一名”、“一米一牌”的品牌战略，打造吉安县稻米的品牌效应，使吉安县大米加工业品牌化。

6. 积极引进稻米及副产品深加工技术

目前，吉安县各企业没有先进的稻米加工设备。开展稻米产后精深加工，对有效提升稻米产品的市场品位，提高吉安县稻米产品在市场的信誉度和竞争力具有重要作用。加工技术方面引进：一是糙米精选调质（去糙杂碎和调湿）技术引进；二是大米抛光技术引进；三是成品米分级色选技术引进；四是米质调理技术

引进。稻谷综合利用技术方面引进，一是碎米综合利用技术；二是细糠综合利用技术；三是粗糠的综合利用技术的引进。

7. 加大科技培训力度，提高农民科技文化素质，健全农业技术推广体系

在水稻生产发展中，要加大对广大生产劳动者的科技培训力度。通过培养一批科技示范户，达到以点带面的作用，进而更好地提高农民科技文化素养。此外，吉安县县、乡两级的农业技术推广服务体系在农业生产中发挥着至关重要的作用。政府部门要通过相关优惠、鼓励政策，加强农技推广人才队伍建设，不仅要能够“招人、用人”，还要能够“留人”。一方面对现有技术人员进行相关知识培训，并严格考核；另一方面要加强队伍管理，淘汰不适合从事农业技术推广工作的人员，提升农技推广人才队伍的素质。

六、工作计划

综上所述，制订吉安县水稻团队 3 年工作计划如下：

第一年：以团队形式服务，积极组织团员开展吉安县水稻产业调研工作，形成调研报告，发现问题并提出对策。开展科技服务工作，为吉安县水稻产业提供技术指导，如在水稻种植的过程中就水肥管理、病虫害防治等提供科学的指导，并与服务对象开展对接和咨询。

第二年：积极开展科技培训，培养本土水稻技术人才 2～3 人。针对水稻产业发展中存在的技术问题，与锅丰米业合作开展科技攻关，通过水稻高效技术攻关，如加强水稻优良品种的选育或者引进高品质的种源，研发育秧基质，积极推广通学易懂的技术，如种植绿肥、秸秆还田技术等，达到冬作（绿肥）增产 10%，早、晚稻优质稻亩增产 10%～20%，亩增效益 150～200 元，合作申报和实施国家和省市级科技计划项目。

第三年：继续开展科技培训，并为吉安县培养水稻技术人才 1～2 人。继续认真实施水稻高效技术攻关，为企业引进资金及先进加工设备并就相关技术问题及时提供帮助。认真开展申请到的科技计划项目。

参考文献

[1]　黄国勤. 江西农业[M]. 北京：新华出版社，2000.

[2]　黄国勤. 江西绿色农业[M]. 北京：中国环境科学出版社，2012.

吉水县生态文明建设探讨*

黄国勤
（江西农业大学生态科学研究中心，南昌 330045）

摘　要：本文在实地考察的基础上，总结和分析了吉水县生态文明建设的有利条件及其取得的实际成效，提出了进一步推进吉水县生态文明建设的对策和措施。该文对当前全县正在进行的生态文明建设具有一定的参考价值和指导意义。

关键词：生态文明建设　吉水县

在全国、全省大力推进生态文明，建设“美丽中国”“秀美江西”的今天，吉水县紧跟时代发展步伐，不失时机地提出推进生态文明和建设“美丽吉水”的宏伟目标。应吉水县之邀，作者于 2015 年 5 月 17—19 日对吉水县生态文明建设进行了实地考察。现根据该次考察及相关资料，对吉水县生态文明建设的相关问题作一探讨，以供吉水县有关领导和部门参考。不对之处，还请同志们多多批评指正。

一、吉水县概况

吉水县地处江西省中部，赣江中游，吉安市东北部。地跨东经 114°38′～115°36′、北纬 26°52′～27°33′。东与永丰县接壤，南与青原区相连，西与吉州区、吉安县毗邻，北与峡江县交界。吉水县因赣江与恩江合行洲渚间，形若“吉”字，

* 江西省软科学研究计划项目“江西生态文明示范省建设对策研究”（项目编号：20133BBA10005）阶段性成果之一。

吉水由此得名。吉水县下辖 18 个乡镇，249 个行政村，总人口 50 多万，国土面积 2 509 km^2。

吉水县自隋朝建县以来已有 1 300 余年，文风鼎盛，人才辈出，自古就是“文章节义之邦，人文渊源之地”。南宋诗人杨万里，民族英雄文天祥，《永乐大典》总纂解缙，嘉靖状元、地理学家罗洪先，《中华大字典》和《辞海》主编徐元诰等均是吉水县人。吉水县也是庐陵文化的发源地之一。

吉水县是一个“七山半水二分田，半分道路和庄园”的山地丘陵县，地形兼有山地、丘陵、平原三大类，以丘陵为主。东、北、南三面地势稍高，西与西北稍低，并依序由东向西倾斜形成一个半开口的盆地；东南与西北两头大，中部狭窄。最高点为县城东北部的大东山，海拔 891.3 m；最低处为县城北新码头，海拔仅 38.0 m。

吉水县属中亚热带区域，气候温和，雨量充沛，光照充足，四季分明，具有东亚季风湿润气候特征。其气候特点是：春寒、夏热、秋旱、冬冷。冷、暖气流交换于境内，造成梅雨连绵；盛夏伏热高温，多呈旱象；夏秋之际，晴热少雨；深秋则秋高气爽；冬日寒冷。据历年气温记载，年平均无霜期 290 天，最长年份达 348 天（1965 年），最短年份为 247 天（1988 年）。初霜日期平均在每年的 12 月 4 日前后，终霜日期平均在次年的 2 月 16 日前后；年日照时数为 1 711 h，年降雨量为 1 541.8 mm，年蒸发量为 1 547.2 mm，年平均地温 21.5℃。

吉水县内土壤可分为 5 个土类（水稻土、红壤土、潮土、紫色土和石灰土），11 个亚类（淹育型水稻土、潴育型水稻土、潜育型水稻土、漂洗型水稻土；红壤、红壤性土、黄红壤；壤质潮土、少质潮土；酸性紫色土、石灰性紫色土和棕色石灰土），40 个土属，136 个土种。

吉水县土壤以水稻土的面积最大，分布最广，是县内一类耕作土壤，共有面积 706 581 亩，占吉水县版图面积的 17.15%，占总耕地面积的 88.8%。红土壤分布从海拔 50 m 以上岗地低丘到海拔 891 m 大东山，面积 2 542 765.45 亩（其中旱作土壤 46 352.49 亩），占土地面积 61.72%。潮土土壤分布在吉水县五大江和水溪两岸的河谷阶地上，由河流冲积物风化发育形成，面积 73 235.34 亩，占土地面积 1.8%，占耕地面积 9.2%。紫色土壤面积 363 042.61 亩，占土地面积 8.81%。石灰土壤面积 12 322.69 亩，占土地面积 0.3%。

二、吉水县生态文明建设的有利条件

吉水县推进生态文明建设，具有许多有利条件。

1. 自然条件优越

吉水县地处江西省中部，赣江中游，吉安市东北部。气候温和，雨量充沛，光照充足，四季分明，无霜期长，生物多样性丰富，不仅适宜发展农、林、牧、副、渔各业生产，还适宜发展相关工业、旅游业和服务业，对建设生态文明有利。

2. 资源多样丰富

一是土地（土壤）资源丰富。如上所述，吉水县内土壤可分为 5 个土类、11 个亚类、40 个土属、136 个土种。根据土壤利用现状，县内土壤可分为农耕地（水田、旱地、菜地），园林地（茶园、果园），林地（阔叶林地、杉木林地、马尾松林地、竹林地、油茶林地、油桐林地、灌木林地、疏林地、苗圃），荒山（灌丛地、草地、迹地），难利用地（裸露半裸露地，包括砾石地），水面（河流、水渠、水库、水塘），其他用地（建筑用地、河堤、公路、机耕道、田埂）七类。吉水县土壤以水稻土的面积最大，分布最广，是县内一类耕作土壤，共有面积 706 581 亩，占吉水县版图面积的 17.15%，占总耕地面积的 88.8%。

二是森林资源丰富。全县有林业用地面积 16.8 万 hm^2，占国土总面积的 65.8%，活立木总蓄积量 503 万 m^3，是江西省林业重点县之一。

三是坡地资源丰富。据《江西省坡地资源调查报告》可知，吉水县坡地总面积为 18.05 万 hm^2，其中大于 25°的陡坡地面积为 3.92 万 hm^2，占全县土地面积的 14.6%；15°～25°的斜坡地面积为 6.15 万 hm^2，占全县土地面积的 22%；小于 15°的缓坡地面积为 5.61 万 hm^2，占全县土地面积的 20.9%；2°～6°的岗（台）地面积 2.37 万 hm^2，占全县土地面积的 8.9%。全县坡地资源主要分布在赣江以东（水东）地区，赣江以西由于地势比较平缓，坡度较小，坡地资源较少。

四是资源丰富。吉水县的“古色、绿色、红色”旅游资源十分丰富，可谓“美不胜收”。吉水县自然景观与人文景观交相辉映，构成了独具特色的“旅游资源大县”。

3. 生态环境良好

吉水县山地多（占国土面积的 70%），森林覆盖率较高。全县森林覆盖率为 63.4%，高于全省 63.1%的平均水平；人均公园绿地面积达到 10.05 m^2，是全国平均水平的 3 倍。加上工业相对较少，空气、水、土壤等受污染较少。因此，吉水县生态环境总体良好。

4．文化底蕴深厚

吉水县历史悠久，人才辈出。自古即有“人文渊源之地、文章节义之邦”美誉，不仅有“一门三进士、隔河两宰相、五里三状元、十里九布政”的人文盛况，更有杨万里、解缙、邹元标、罗洪先等一大批“文节俱高”的仁人志士。其文化底蕴十分深厚，是当今生态文明建设的宝贵财富，可谓“十分罕见，不可多得”。

5．交通条件改善

近年来，动车、高铁等的快速发展，极大地改善了全国、全省的交通条件。同样，在这样的大背景下，吉水县的交通条件也得到了前所未有的发展。如赣粤高速、抚吉高速、105 国道等交通线路的开通及快速发展，大大改善了吉水县的交通运输状况，这对推进全县生态文明建设的快速发展必然是有益的。

6．经济基础较好

吉水县尽管是山地、丘陵县，由于改革开放及国家政策扶持，全县经济条件逐年改善，经济总量连年增加。可以说，吉水县的经济基础和经济实力已达到相对较好的程度，这为开展全县生态文明建设奠定了一定的基础，对建设“美丽吉水”有利。

7．充满发展机遇

当前，吉水县生态文明建设，除了有国家和全省政策支持的良好机遇外，还有苏区振兴、峡江水利枢纽工程、吉泰走廊建设等“三大机遇”。可以说，未来吉水县生态文明建设充满着前所未有、千载难逢的战略机遇。把握好了这些机遇，吉水县生态文明建设必将实现历史性飞跃。

三、吉水县生态文明建设取得的主要成效

绿色生态，是吉水最大的财富、最大的优势、最大的潜力、最大的品牌，吉水在生态文明发展的道路上迈出了铿锵的步伐，取得了显著成就。新中国成立 60 多年来，特别是改革开放 30 多年来，在党和政府的正确领导下，吉水县发生了翻天覆地的变化，经济社会发展、生态文明建设等各方面均取得了巨大的成就。

近年来，吉水县在生态文明建设方面取得的突出成效主要表现在以下几方面。

1. 实行退耕还林，生态环境明显改善

20 世纪 90 年代初，按照中央“退耕还林”的要求，吉水县积极实施退耕还林工程，截至 2010 年，全县累计增加有林地面积 11.8 万亩，治理坡耕地、滩涂地、沙化耕地 4 万亩，治理水土流失的荒山荒坡 7.8 万亩。退耕还林开展较早的乡村林木已经郁闭成林，水土流失得到控制，森林蓄水量大幅度提高，确保了水库、山塘常年蓄水，许多乡村实现了“水不下山，泥不出沟”。

据调查资料显示，退耕还林实施前，赣江年平均含沙量为 0.234 2 kg/m^3，年输沙量 926 万 t，而自从实施退耕还林工程后，2009 年赣江输沙量、年平均含沙量与多年平均值相比均明显减少。研究认为，赣江输沙量减少的主要原因是赣江两岸的乡村实施退耕还林等水土保持措施发挥作用，使长期超负荷运行的自然生态系统得到休养生息，多年未见的动物重新出现，生物多样性增加。据有关专家预测，再经过几年的经营管理，已经完成的工程造林将陆续郁闭成林，森林生态效益将更加明显。

2. 开展社会主义新农村建设，推进农村生态文明发展

据《井冈山报》(2012 年 8 月 2 日) 报道，通过开展社会主义新农村建设，吉水县白沙镇农村生态文明水平有了明显提升。如今，在白沙镇新农村随处可以见到，家家窗明几净，村村桃红柳绿。吉水县目前已有 623 个新农村建设点，10 万余农民受益于新农村建设，他们不但过上了“走平坦路，喝干净水，上卫生厕，住整洁房，用洁净能源”的文明新生活，还因为乡村旅游等相关产业的兴旺而获得了实实在在的“经济实惠”。

该县聘请专家为农民建房设计了 A、B 图等五种徽派建筑式样，免费供农民自主选用；实施了以封山育林、花开百村为重点的绿化工程，以改燃改灶为重点的能源替代工程。1996—2012 年的 16 年间，该县先后投入资金 2.2 亿元，完成村内主干道硬化 2 677.45 km，改水、安装自来水 23 978 户，95%的人口用上了清洁自来水，90%的村开通了互联网，97%的村开通了广播电视，移动电话实现了全覆盖。该县还围绕乡村旅游发展“一村一品”，积极培育和发展旅游服务、农家乐等产业，使更多农民走上致富路。几年来，该县涌现出水南镇腐竹、白沙镇白鹅、螺田镇生姜大蒜、尚贤乡高粱等一批产业特色村。同时，白沙镇木口、金滩镇燕坊、文峰镇玉山等村大力发展乡村旅游，村民每年可增收近千元，还带动 1 946 户农户办起了农家乐。

3．策应全省生态文明先行示范区建设，积极推进吉水生态文明建设上台阶、上水平

据《井冈山报》（2015 年 4 月 24 日）报道，为策应全省生态文明先行示范区建设，吉水县大力推进生态文明建设上台阶、上水平，并取得实际成效。一是 2015 年 1 月，在吉水县召开的“两会”上，人大代表、政协委员们决议并通过了《关于加强吉泰走廊吉水区域生态保护的决议》，确定了保护范围、保护目标、保护内容、保护措施、审批程序、监督管理等九个方面内容。保护范围为文峰、乌江等 8 个乡镇，129 个村（居）委会以及工业园区，面积达 1 110.78 km^2。在坚持统筹规划、生态优先、科学发展的原则下，将保护范围内的城镇绿地、山林、河湖水系等纳入生态保护区范围，并按生态敏感程度划分为禁止建设区和限制建设区，实行严格保护。

二是依托大东山和赣江等独特山水脉络，让吉水融入大自然。吉水全面实施了生态红线管控，大力推进“精品公园+生态绿廊+郊野公园”建设，完善了城镇三级生态梯度格局。2015 年，吉水启动了城西湿地公园二期、城北郊野公园，以及国防科技文化主题公园建设；完善了城南公园绿化、小品、水上设施等；提升了八都公园、水南水北公园等已有的乡镇公园品位，18 个乡镇每个乡镇将至少建设一个中心公园，该县生态乡镇达到 60%。该县还进一步巩固了省级森林城市创建成果，通过拆墙透绿、治脏变绿、见缝插绿等形式，推动城市增绿。并以此为契机，开展了净空、净水、净土行动，进一步加强中小河流与水库水质治理，狠抓农村面源污染防治。

三是库区江岸生态绿化、古城墙美丽庄重，湿地公园鸟语花香，移民新村山青水秀，生态文明旅游是吉水的一张王牌。吉水积极策应吉安市“三山一江”战略和“两带一区”建设，将赣江两岸风光带由神岗山至桃花岛延伸到峡江大坝，重点打造赣江东岸城区段 12.8 km 的滨江生态景观带，提升新城活力、古城遗韵、郊野湿地、漫步休闲四大主题区的品位。同时，全面启动了城西游客集散中心建设，燕坊古村国家 4A 级景区创建，大东山佛教圣地建设，城北森林郊野公园建设；并结合金滩、醪桥、双村、水田等乡镇的花卉苗木、井冈蜜柚和现代农业示范园建设，沿江规划建设生态农业旅游休闲观光带，形成了全域联动的生态文明旅游发展新格局。

4．开展生态文明建设试点，探索生态文明建设新路

2014 年 10 月 31 日，吉水县八都镇太山村委会港边自然村入选江西省水利厅第一批“水生态文明建设试点村”。通过试点，将探索出一条适合吉水农村生态文明建设的新路子、新模式，必将取得新进展、新成效。

四、吉水县生态文明建设的重点、对策和措施

今后，为进一步推进吉水县生态文明建设向前发展，必须确定其重点领域，并采取切实对策和措施。

根据 2015 年 3 月 26 日吉水县委中心组理论学习的相关材料，可以看出，今后 3～5 年，吉水县生态文明建设将在以下几方面取得显著进展甚至实现“突破”。

1. 不断夯实现代农业发展基础，推进农业生态文明上新台阶

围绕示范区十大重点工程之一的现代农业体系建设工程，一要抓好高标准农田建设。推进高标准农田“上图入库”，以省涉农资金整合试点为契机，继续整合千亿斤粮食工程、小农水、土地整治、农业开发等项目资金，力争年内新建高标准农田 3.6 万亩。二要抓好水利工程建设。抓好小农水重点县建设，逐步完善灌溉渠系和田间工程配套，改善灌溉面积 5 万亩以上。扎实推进 29 座小（二）型病险水库除险加固，30 座山塘增容扩效改造以及 3 个乡镇抗旱应急引调提水工程项目建设。抓好农村饮水安全工程，重点推进“千吨万人”、“百吨千人”集中供水工程建设，解决 4.457 万农村居民和 0.189 万农村学校师生安全饮水问题。

2. 整治农村面源污染，优化农村生态环境

以治水、防污为重点，努力建设清洁家园、清洁水源、清洁田园。治水，就是做好两项工作：一是规范管理库区水面经营管理，严格控制库区水面经营，全面实行人放天养，严厉打击私自开发、肥水养鱼等行为，对破坏生态环境的行为，要依法处理。二是继续推进水库水质治理，按照全市的要求实行“一票否决”，要实行目标责任管理，层层落实责任制度，将责任落实到乡镇村组、到产权单位、承包人，确保 2015 年年底前所有水库水质全面达标。防污，就是积极推行畜禽清洁生产，落实畜禽养殖“三区”规划，抓好病死畜禽无害化处理，大力推广有机肥和生物农药。

3. 大力推进区域生态保护，全面提升生态环境质量

抓好《关于加强吉泰走廊吉水区域生态保护的决议》的落实，加快设定禁止建设区和限制建设区，2015 年重点抓好大东山的保护与开发，将大东山的生态资源优势和历史文化优势充分结合起来，打造精品生态工程。不断巩固森林城市创

建成果，大力植树造林，年内完成造林 3.6 万亩，封山育林 1.5 万亩，继续开展“森林十创”，在全县建设 18 个高标准风景林示范点。积极策应全市“两带一区建设”，重点打造赣江沿岸生态农村建设，做好“减量、透绿、留白、传承、坚守”五篇文章，推进农村生态复兴，形成村庄绕绿的生态景观。

4．加强工业园区环境保护，推进工业生态文明发展

工业园区的污染物质主要来源于各生产企业。吉水县应对工业园区实行污染物排放总量控制，将园区总量指标和项目总量指标作为入园项目环评审批的前置条件，鼓励园区通过结构调整、产业升级、循环经济、技术创新和技术改造等措施减少园区污染物排放总量。同时，加大对入园企业废水、废气排放情况的检查力度，对废水、废气不能稳定达标排放的，责令限期治理，督促其外排废水、废气污染物浓度达到国家规定的标准，同时支持各界人士对园区环境的监督检查。在打造省级生态工业示范园区，探索走出一条“科技含量高、经济效益好、资源消耗低、环境污染少、人力资源优势得到充分发挥”的新型工业化路子。可以说，只有制订严格的工业园区环境保护制度，并采取相关措施，才能有效保护工业园区生态环境，推进工业生态文明发展。

5．规范城市环境管理，建设城市生态文明

吉水县正在开展“四城同创”活动（即从 2013 年 4 月 21 日开始，该县计划用三年时间，实现争创省级文明城市、省级森林城市、国家园林县城、国家卫生县城的目标），这是全县生态文明建设的一个重要举措。城市的街容街貌是城市的“门面”，是百姓生活的一个缩影。全县应加大中心城区马路市场管控力度，对于流动摊贩占道经营等情况予以整治处理；加大推行“门前三包”责任制力度，确保店铺门前市容整洁、环境卫生整洁、责任区内的设施设备整洁；加大打造车畅人欢的交通环境力度，面对城区机动车违章停车高发、多发的严峻现实，一方面增设临时停车泊位，缓解停车难问题，另一方面坚持“教育劝离”与“锁车处罚”双管齐下，疏堵结合治理机动车占压人行道停车行为的发生，大大提高了道路通行效率。只有规范城市管理，并采取有效措施，吉水县城市生态文明才能早日实现。

参考文献

[1]　黄国勤. 生态文明建设的实践与探索[M]. 北京：中国环境科学出版社，2009.

[2]　黄国勤. 发展中的江西生态经济[M]. 北京：中国环境科学出版社，2009.

第三部分

生态文明研究与进展

政府生态环境损害责任终身追究制的理论溯源和发展历程

曹澄青
（江西农业大学政治学院，南昌 330045）

摘　要： 最严格的制度和最严密的法治，尤其是对主要领导干部的责任追究制度，为我国生态文明建设从源头处筑起了一道坚固的制度屏障。政府生态环境损害责任终身追究制的产生有着丰富的理论基础，如马克思主义生态理论、生态文明论、环境善治论、公共物品论和责任政府论等。它的形成也历经了萌芽、发展、完善等各阶段，至今日臻成熟。

关键词： 政府　生态环境　终身追责　理论溯源　发展历程

由于生产力的空前提高，经济的迅猛发展，生态环境损害、污染在资本主义发展以来以最快的速度得到蔓延，并呈现出明显的全球性扩展趋势。

19 世纪，伟大先哲马克思、恩格斯对人类生存环境的破坏现象已有观察与分析，在《英国工人阶级状况》中叙述了资本主义发展带来的种种环境问题，《自然辩证法》中也明确指出人类对自然界的“胜利”会遭受自然界的“报复”。但从《寂静的春天》开始，西方及全球有识之士才逐步认识到生态环境损害将对人类生存产生覆灭之影响，并开始了广泛而深远的反思。

在经济全球化背景下，我国因城市化和工业化的推进以及政府责任的缺位，环境污染不断加重，生态系统持续退化，可再生资源面临枯竭、重大环境事件频发，这些不争的、严峻的事实使政府逐渐意识到自己的生态责任，并在一次次会议和研究中形成政策和制度，最终落实在党的十八大上做出的“把生态文明建设融入经济建设、政治建设、文化建设、社会建设各方面和全过程”的政治决断上。

一、政府生态环境损害责任终身追究制的基本内涵

基于环境损害的加剧，环境治理的困难重重，2013 年 5 月 24 日习近平总书记在中共中央政治局就大力推进生态文明建设进行第六次集体学习的讲话中指出："要建立责任追究制度，主要是对领导干部的责任追究制度，对那些不顾生态环境盲目决策、造成严重后果的人，必须追究其责任，而且应该终身追究。"在 2013 年 11 月 12 日通过的《中共中央关于全面深化改革若干重大问题的决定》中，又进一步明确地提出：建立生态环境损害责任终身追究制。

生态环境损害责任终身追究制的前提是生态环境损害，在学界对生态环境损害有着诸多不同论述。有的把生态环境损害等同于"环境侵权"，指"因生产活动或其他人为原因，造成环境污染和其他公害，并给他人的财产、人身的权益造成损害或损害危险的法律事实"[1]。也有把环境损害仅仅定义为对环境本身的损害[2]。无论哪种观点，有一点是一致的，那就是生态环境损害涵盖生态系统遭受的破坏和环境资源蒙受的损失。环境损害有一个显著特点，即其后果的显性表现有时不明显，有的甚至要过了几十年或更长时间才能为人知觉，但往往这种损害产生的后果也更为严重。由此可见，针对生态环境的损害的责任追究，追责时限尤为关键。有些领导干部在任的时候违背生态规律大搞经济，只要若干年调任或升迁后，这里的生态损害就与他没有关系了。所谓政府生态环境损害责任终身追究制，就是指对那些破坏生态系统有机构成，造成环境资源蒙受损失的人，尤其是拥有生态决策权的领导干部，将对其进行责任追究，并且追责的期限是终身。这样就打破了任期制的时间限制，使为官一方的领导即使任期结束不在其位，仍可追究其赔偿、行政甚至刑事责任，这可谓最严追责制。实行最严追责制度，才能倒逼政府领导干部真正考虑到环境保护的重要意义，从而树立生态意识，坚持生态优先原则，在推动社会全面发展的过程中把生态效益与经济效益、社会效益有机结合起来，推动生态文明建设向前发展。

二、政府生态环境损害责任终身追究制的理论溯源

1. 马克思主义生态理论是生态环境损害责任终身追究制的认识论基础

马克思主义认识论是坚持历史和辩证唯物主义的实践论。在生态环境日益恶

化的今天，马克思、恩格斯阐述的对生态问题的忧虑和及其见解无疑被实践证明是非常正确的。

马克思主义的生态理论体现在其自然观和实践论中。首先，马克思、恩格斯的自然观即自然辩证法，在掌握大量重要自然科学发展的基础上，阐明了人来源于自然、人从属于自然，即使人具有认识、改造和利用自然的能力，也仍脱离不了受自然环境和自然规律制约的客观规律。其次，在实践论上，恩格斯在《自然辩证法》一书中列举了大量活生生的例子，如“美索不达米亚森林的毁灭”“阿尔卑斯山坡生态灾难”等，表明了实践中如果我们主观地、片面地、功利地一味对自然进行索取，那么自然界就会对我们进行“报复”，导致灾难性的后果。实践中我们制造了灾难，从中得到了经验教训，之后才能够正确认识规律，再次回归到实践中才能正确运用自然规律，真正为人类和自然造福。再次，马克思深入研究了“资本”逻辑对生态危机的产生有着直接和必然的联系，生产的无限性与自然资源有限性之间有着不可调和的矛盾，也指出只有在社会主义制度取代资本主义制度的实践过程中，才能彻底解决生态危机的问题。

2．生态文明论是生态环境损害责任终身追究制的本体论基础

本体论是认识事物的本质，生态环境损害责任终身追究制是用最严厉的制度推动我国社会主义生态文明建设事业的顺利发展。

马克思在《1844 年经济学哲学手稿》中说“人同自然界的完成了的本质的统一，是自然界的真正复活。”并提到“两个和解”，都是论述人与自然关系和谐的重要性，这成为生态文明论的基石。前环境保护部部长周生贤认为：“生态文明是以尊重和维护自然为前提，以人与人、人与自然、人与社会和谐共生为宗旨，以建立可持续的生产方式和消费方式为内涵，引导人们走上持续和谐的发展道路的一种人类文明形态”[3]。也有学者指出“生态文明的基本内涵是指人类遵循人、自然、社会和谐发展这一客观规律而取得的物质与精神成果的总和；是指人与自然、人与人、人与社会和谐共生、良性循环、全面发展、持续繁荣为基本宗旨的文化伦理形态”[4]。从以上理论可知，生态文明无外乎人类从自己的主观能动性出发，主动认识、把握自然界的规律，并做到人与自然界和谐相处。生态环境损害责任终身追究制是生态文明建设中不可分割的组成部分，而生态文明建设正是生态文明论的本质要求。

3．环境善治论是生态环境损害责任终身追究制的价值论来源

与一般价值论以符合人类生存和发展需要为标准不同，在生态文明视域内，价值论有其更深刻、更准确的含义，即包括人类社会在内的自然界本身存在着自身的内在价值体系，不以人的认识为转移。在生态文明建设中，生态价值观具有导向作用，这使环境善治成为可能。

环境善治就是政府部门、企业部门和公民社会部门（Civil Society Sector）根据一定的治理原则和机制进行更好的环境决策，并力求环境绩效、经济绩效和社会绩效最大化和可持续性，公平和持续地满足生态系统和人类的目标要求[5]。在以往，环境出现问题之后，我们才想办法去补救，即所谓“先污染后治理”，环境善治是环境治理过程中逐步完善、形成的具有价值导向的治理理念。要治物先治人，因为无论在生态危害还是生态保护中，人都是占主体地位的。只有让人树立起生态保护意识、建立善治机制，才能使环境保护从源头上得到“善”的价值引导。

我国正在向环境善治的要求迈进，政府是公共权力和公共资源的最大掌控者，对政府的制约和管控是环境善治实现的关键所在。生态环境损害责任终身追究制有利于促进生态型政府的建立，环境善治是生态型政府的价值体现。

4．公共物品论是生态环境损害责任终身追究制的目的论根源

公共物品论着眼于对“公共”问题的理解，从而实现对“公共”事务的适当治理。良好的生态环境是公认的“公共物品”，政府要承担“公共物品”的有效供给，满足广大人民群众的生态利益需求，这也是政府当前对生态治理和生态保护的目的之一。

“公共物品”（public goods）的概念从对政府职能和国家财政等“公共”问题的研究进入经济学领域，并得到广泛关注[6]。可见“公共物品”从一开始就在政府事务范畴当中。早在1954年，萨缪尔森在《公共支出的纯理论》（*The Pure Theory of Public Expenditure*）一文中首开先河，将物品分为“私人消费品”和“集体消费品”。第二年他又在《公共支出理论的图解》（*Diagrammatic Exposition of a Theory of Public Expenditure*）一文中用“公共消费品”代替了先前“集体消费品”，它们的特点都是具有“消费的非竞争性”和“非排他性”。马斯格雷夫在萨缪尔森的基础上提出物品三分法，即公共物品、私人物品和有益物品。其中公共物品是指具有非竞争性和非排他性的物品在市场机制下无法达到最优配置而要政府在尊重个人偏好的前提下进行提供的物品。他在将政府被视为真正社会成员全体利益的代表的前提下，提出政府强制提供的“有益物品”一定是能让个人真正满意的[6]。良好的生态环境是人类生存基本需求，生态环境也具有“消费的非竞争性”和“非排他性”典型特点。虽然理论上随着计算手段和计量标准的进步和完善，任何物品都有可能进入流通领域从而具有“竞争性”，但就当前的理论和实际来看，这并没有成为现实，而且短期也难达到。对生态环境的保护和修复利用，为人民提供优良的生态环境仍是政府的重要职责。而且随着环境问题的日趋严重，人们对良好生态环境的生存需求越来越突出，政府对优良生态环境的供给应更加重视。

5. 责任政府论是生态环境损害责任终身追究制的法理根源

责任政府需有高度的责任与权力统一意识，以社会契约论为滥觞，政府在被赋予权力的同时，也应承担相应的重要责任，这在唯物辩证法上适用于对立统一规律。生态环境损害责任终身追究制的法理根源正是沿用了责任政府所体现的“责任”与“权力”对立统一关系。

政府治理的权力源自于对责任的担当，“从实质意义上讲，一个政府只有在能够保障社会利益，促进实现社会意志所提出的目的，即真正履行其责任时才是合乎理性、道理的，才是合法的”[7]。其理论又有社会契约论作为支撑。总之，政府是权力的被赋予者，也是责任的承担者。早在1940年和1941年，芬纳（Herman Finer）和卡尔·弗瑞德里奇（Carl Frederick）讨论了如何保证政府行政责任得以体现的可能性。前者强调内在制约，即以主观承担责任为主；后者强调除了主观制约，还应有外在制约因素，如法律、行政、社会等[7]。站在前人的理论高度上，行政管理学者斯塔林（Grover Starling）有了更综合更完善的理解，他认为政府责任意味着对民众要求的回应，制定政策符合民情，决策制定及执行应保证效率和效能，最后，政府的行为还应受到法律的约束[7]。

新中国成立以来就确立了自然资源的公有产权制度，国家依据宪法行使对绝大部分自然资源的所有权；自改革开放以来，对政府的问责也越来越密集、越来越严厉。生态环境损害责任终身追究制正是在这种趋势下逐步形成的，它以最严格的制度方式约束、监督政府，把权力关进制度的笼子，以保障政府生态责任的实现。

三、政府生态环境损害责任终身追究制的发展历程

从改革开放之初到当前时段，我国对生态环境损害的责任追究经历了一个认识不断加深、力度不断加强、程序不断完善的发展历程。

1．环保意识初萌芽，责任制度夯实民主政治基础

我国环境保护意识的萌芽肇始于1972年6月中国政府出席在瑞典斯德哥尔摩召开的联合国第一次人类环境大会。次年，我国召开第一次全国环境保护会议，在国务院批转的《关于全国环境保护会议情况的报告》中就已经指出经济发展和环境保护要同时并进，协调发展[8]。

同时，作为现代民主政治重要体现的责任制度得到不断革新。1978年12月，邓小平在《解放思想，实事求是，团结一致向前看》的文章中论述保障人民民主必须加强法制时指出："应集中力量制定刑法、民法、诉讼法和其他各种必要的法律，例如……环境保护法等，做到有法可依，有法必依，执法必严，违法必究"[9]。

1980年，邓小平在《党和国家领导制度的改革》讲话中说："领导干部凡是搞特权、特殊化……人民有权依法进行检举、控告、弹劾、撤换、罢免，要求他们在经济上退赔，并使他们受到法律、纪律处分"[10]。

1980年党的十一届五中全会通过的《关于党内政治生活的若干准则》再次强调各级领导干部要接受党和群众的监督，都是人民的公仆，没有在政治上、生活上搞特殊化的权利。建立和完善对干部的考试、考核、奖惩、轮换、退休、罢免等一整套制度[11]。

即使如此，这一时期对公共权力运行的约束仍处于起步阶段，制度化水平较低，对责任的认定与追究也没有严格地执行标准。即使出现决策失误，大都不会积极有效地追究相关领导干部的责任，往往只查处直接责任人了事[12]。

2．环保意识迅速发展，问责制法制化加强政府责任观念

环保意识的迅速发展体现在《环境保护法》制订和修订上，政府生态责任得到明确和加强。1979年12月4日，《中华人民共和国环境保护法（试行）》出台。1989年12月26日，《中华人民共和国环境保护法》正式颁布，《环境保护法》进一步明确了"环境"的定义、范围，确立了环境保护的法律体系基本框架，并推动了各单行法律法规的全面创建，它标志着我国环境保护步入法制化。

进入20世纪90年代，以国际"环境与发展大会"为背景，我国建设有中国特色的社会主义生态文明建设也发展迅速。1992年，中国发布《21世纪议程》；1997年中共十五大报告中提出"可持续发展战略"，要求建设资源节约、环境友好的"两型社会"。

这一时期，为了促使政府履行相关生态责任，树立生态责任意识，我国陆续出台各种针对规范政府行为及追究政府环境责任的规定、细则。例如，1997 年 3 月，中共中央发布《中国共产党纪律处分条例（试行）》，确立责任追究的指导思想、适用范围、追究原则、责任认定标准等；1998 年 11 月出台《关于党风廉政建设责任制的规定》。

3. 环保意识渐完善，生态环境责任损害追究制进一步建立健全

生态环境、自然资源和经济社会发展的矛盾日益突出，使我国良好的生态环境需求愈加紧迫。2002 年党的十六大上提出要走“生产发展、生活富裕、生态良好”的文明发展道路。为落实党的十六大精神，2004 年 3 月，国务院印发《全面推进依法行政实施纲要》，全面推行依法行政，强调政府的权责统一。

2005 年温家宝总理在政府工作报告中提出强化行政问责制。同年 12 月 3 日颁布《国务院关于落实科学发展观　加强环境保护的决定》，其中第二十九条指出地方人民政府主要领导和有关部门主要负责人是本行政区域和本系统环境保护的第一责任人；第三十条规定对因决策失误造成重大环境事故、严重干扰正常环境执法的领导干部和公职人员，要追究责任。

2006 年 2 月监察部和原国家环保总局公布《环境保护违法违纪行为处分暂行规定》，虽然只有十六条，但对国家行政机关及其工作人员、企业中由国家行政机关任命的人员的环境保护违法违纪行为及惩处方式都有了详细阐述。

“建设生态文明”目标首次在党的十七大报告中正式提出，意味着生态文明建设步伐又向前迈出了一大步。生态环境责任损害追究制也得到进一步建立健全。2008 年 3 月公布的《国务院工作规则》，第七章为健全监督制度，其中第三十四条规定国务院及各部门要推行行政问责制度和绩效管理制度，明确问责范围，规范问责程序，严格责任追究，提高政府执行力和公信力。

2009 年 5 月 22 日中共中央办公厅、国务院办公厅印发《关于实行党政领导干部问责的暂行规定》，加强对党政领导干部的管理和监督，增强领导干部的责任意识。规定了对党政领导干部实行问责的具体情形、方式。

4. 环保意识日臻成熟，最严终身问责制筑成生态文明建设制度屏障

2012 年党的十八大报告完成了“经济建设、政治建设、文化建设、社会建设、生态文明建设”五位一体的顶层设计，并要求将“生态文明建设”放在突出地位，融入经济、政治、文化、社会建设各方面和全过程。

党的十八大以来，习近平总书记也多次在讲话中强调依法治国的重要性。2012 年 12 月 4 日，在首都各界纪念现行宪法公布施行三十周年大会上的讲话中强调党员干部要领导立法、保证执法，更要带头守法。2013 年 1 月 22 日，在十八届中央纪委二次全会上的讲话中指出“把权力关进制度的笼子里”，“由于监督缺位、监督乏力，少数一把手习惯了权力没有约束”。

只有实行最严格的制度、最严密的法治，才能为生态文明建设筑起可靠的制度屏障。2013 年 5 月 24 日及 2013 年 11 月 12 日，习近平总书记反复重申要建立主要针对领导干部的责任追究制度，对不顾生态环境盲目决策、造成严重后果的人，要终身追究其责任，建立最严格的源头保护制度、损害赔偿制度、责任追究制度。

生态环境损害责任终身追究制最大亮点和最具震撼的地方突出体现在“终身”的追责时限上，它意味着无论领导干部的职务如何调动，岗位如何变动，即使已经退休，仍然不能逃脱“责任”的追究，它最大限度地警示政府领导干部在生态文明建设树立应有的责任意识，明确自己应尽的职责。

最严问责是实现依法治国的手段，依法治国是问责制得以实行的基础。

2014 年 10 月召开的十八届四中全会第一次以“依法治国”为主题，提出法治、德治相结合的主张。在加强重点领域立法方面，强调要用严格的法律制度保护生态环境。在建设法治政府中，指出建立重大决策终身责任追究制度及责任倒查机制，对决策严重失误或者依法应该及时作出决策但久拖不决造成重大损失、恶劣影响的，严格追究行政首长、负有责任的其他领导人员及相关责任人员的法律责任。

“法令行则国治，法令弛则国乱。”保护生态环境必须依靠制度，只有实行最严格的责任追究，才能真正使生态权力用得合理、合法，才能推动生态文明建设向前发展。

四、结语

本文结束之时，正值国务院办公厅于 2014 年 11 月 27 日发布《关于加强环境监管执法的通知》。通知要求严格依法保护环境，对各类环境违法行为“零容忍”，强化监管责任追究。“实施生态环境损害责任终身追究，建立倒查机制，对发生重特大突发环境事件，任期内环境质量明显恶化，不顾生态环境盲目决策、造成严重后果，利用职权干预、阻碍环境监管执法的，要依法追究有关领导和责任人的责任”[13]。这个通知加大了责任追究的力度，并更有针对性地加强了对地方政府的环境违法责任追究。这是政府生态环境损害责任终身追究制发展的最新成果，必将在我国生态文明建设中发挥出重要作用。

参考文献

[1] 张梓太. 环境法律责任研究[M]. 北京：商务印书馆，2004.

[2] 蔡守秋. 论环境民事责任体制[M]. //韩德培. 环境资源法论丛（第一卷）. 北京：法律出版社，2001.

[3] 周生贤. 走和谐发展的生态文明之路[J]. 环境科学研究，21：1.

[4] 刘湘溶，我国生态文明发展战略研究（上）[M]. 北京：人民出版社，2013.

[5] 朱留财. 应对气候变化：环境善治与和谐治理[J]. 环境保护，2007（6A）.

[6] 臧旭恒. 从客观属性到宪政决策——论公共物品概念的发展与演变[J].山东大学学报，2002（2）.

[7] 张成福，责任政府论[J]. 中国人民大学学报，2000（2）.

[8] 何爱国，当代中国生态文明之路[M]. 北京：科学出版社，2012.

[9] 邓小平. 邓小平文选（第 2 卷）[M]. 北京：人民出版社，1994.

[10] 邓小平. 邓小平文选（第 2 卷）[M]. 北京：人民出版社，2001.

[11] 关于党内政治生活的若干准则[DB/OL]. [1980-02-29]. http：//baike.baidu.com/view/2472370.htm.

[12] 张贤明. 中国官员责任追究制度建设的回顾、反思与展望[J]. 吉林大学社会科学学报，2008（3）.

[13] 国务院办公厅关于加强环境监管执法的通知[DB/OL]. [2014-12-01]. http：//zfs.mep.gov.cn/fg/gwyw/201412/t20141201_292195.htm.

不同冬季作物对双季稻干物质积累和氮素吸收的影响*

王礼献　黄国勤**　王淑彬　周　泉
（江西农业大学生态科学研究中心，南昌 330045）

摘　要：综合评价不同冬季作物下的双季稻干物质积累和氮素吸收利用特性，为水稻高产栽培中的氮素合理运筹和水稻氮素营养特性改良提供依据。通过大田试验，对 A（CK）（冬闲-双季稻）、B（紫云英-双季稻）、C（油菜-双季稻）、D（大蒜-双季稻）、E（马铃薯-双季稻）5 种处理的双季稻干物质和氮素吸收效应进行研究。结果表明：（1）与对照组 A 处理相比，早稻成熟期 B、C、D、E 四个处理的群体干物质重分别提高了 14.38%、6.65%、1.81%、6.72%，且处理 A 和 D 与处理 B 差异显著（$p<0.05$）；晚稻成熟期 B、C、D、E 四个处理的群体干物质重分别提高了 6.56%、4.18%、2.96%、6.63%，各处理差异均不显著。(2) 水稻抽穗期至成熟期是干物质积累量最大的阶段，早稻各处理在这个生育阶段干物质积累量占成熟期干物质的范围是 39.89%~51.74%；晚稻则是 36.71%~45.83%。（3）水稻主要生育期氮素积累总量因生育期不同而有所差异，各处理间差异不明显，呈现出逐渐升高的趋势，与对照相比，早稻成熟期的氮素积累总量 C 处理最高，提高了 25.62%，B 处理最低，降低了 1.17%；晚稻成熟期的氮素积累总量处理 E 最高，B、C、D、E 四个处理分别提高了 9.63%、5.29%、1.07%、10.71%。总体来看，水稻到了成熟期，氮素积累总量达到最大。（4）水稻主要生育期氮素阶段吸收量和比例抽穗至成熟期均是 E 处理最高，达到 30.39%和 19.74%。可见，种植冬季作物有利于双季稻干物质积累和氮素的吸收利用，改善稻田氮素循

* 国家科技支撑计划项目（2012BAD14B14-01）资助。

** 通信作者：黄国勤，首席教授、二级教授，博士生导师，E-mail：hgqjxnc@sina.com。

环，有利于水稻增产。

关键词： 冬季作物　双季稻　干物质积累　氮素吸收

引言

种植不同冬季作物是我国双季稻区的一个显著特点，这对于节约肥料和提高土壤肥力等比较有利。江西是我国双季稻的主产区，在双季稻田上种植冬季作物作用明显，如在双季稻区种植紫云英、黑麦草、油菜和马铃薯等冬季作物，一方面能够有效地提高稻田土壤肥力及养分利用吸收，改善土壤结构，增加微生物多样性，促进微生物活动；另一方面还能抑制杂草生长[1-7]。

目前关于不同复种方式对水稻生长、产量及产量构成因素等方面已有较多的报道[8-13]，但对水稻干物质积累和氮素吸收缺乏研究。为了阐明不同冬季作物下双季稻的干物质积累和氮素吸收差异，本试验在当地常规施肥方式下，通过种植不同的冬季作物，研究水稻分蘖期、抽穗期和成熟期干物质生产及氮素吸收利用等特点，以期为不同冬季作物下的双季水稻合理施肥提供理论依据。

一、材料与方法

1．试验地概况

田间试验选择在地处赣东北典型双季稻区的江西省万年县农科所试验田进行，处于东经 117°07′，北纬 28°7′，属于亚热带湿润性季风气候，光照充足，雨量充沛，无霜期长，年平均气温 17.7℃，年平均降水量 1 807.3 mm。试验前土壤肥力：表层土壤（0～15 cm）pH 值 6.08，有机质 41.81 g/kg，全氮 1.97 g/kg，有效磷 16.38 mg/kg，速效钾 130.00 mg/kg，有机碳 24.25 g/kg，C/N 12.31，阳离子交换量 5.89 cmol（+）/kg。

2．供试材料与试验设计

供试材料：冬季作物紫云英品种为余江大叶籽；油菜品种为绵丰油 18；蔬菜品种为山东金乡蒜；早稻为株两优 09，晚稻为天优华占。紫云英于 2013 年 9 月 22 日播种，其余冬季作物于 11 月初移栽，于次年 4 月中旬测产。紫云英全量和油菜秸秆半量翻压还田做绿肥。化肥用量参照当地常规施肥量：种植油菜的小区于 2013 年 11 月 1 日施底肥三元素复合肥 375 kg/hm^2，菜籽秸饼 750 kg/hm^2，于次年2月25日施尿素150 kg/hm^2；种植大蒜的小区于2013年11月1日施底肥三元素复合肥750 kg/hm^2，菜籽秸饼750 kg/hm^2，于次年2月25日施尿素150 kg/hm^2；水稻施肥量分别为尿素（N 46%） 325.5 kg/hm^2，钙镁磷肥（P_2O_5 12%）416.25 kg/hm^2，氯化钾（K_2O 60%） 199.5 kg/hm^2，分基肥、蘖肥、穗肥3次撒施。磷肥全部作基肥在水稻移栽前施入，分蘖肥在移栽后5～7 d施用，穗肥在主茎幼穗长1～2 cm时施用；水稻钾、氮肥施用比例为基肥∶分蘖肥∶穗肥=5∶3∶2。早稻收获后稻草全部还田，晚稻收获后稻草半量还田。

试验设计：本试验从2012年10月份种植冬季作物开始，采用随机区组设计，共设5个处理，分别为：处理A(CK)均为冬闲；处理B均种紫云英；处理C均种油菜；处理D均种大蒜；处理E：种植马铃薯，冬季作物收获后，均是种植早、晚稻。试验小区面积为66 m^2（11 m×6 m），重复3次。

3. 测定项目与方法

（1）干物重

于水稻分蘖期、抽穗期和成熟期取样调查早稻干物重积累量，每小区5丛，3次重复，茎鞘、叶片和穗（抽穗后）分开，105℃杀青30 min，80℃下烘干至恒重。并折算成每公顷干重，测定各处理植株干物质积累与分配情况。

（2）干物重植株氮素的吸收

每时期植株干物质积累测定完成后粉碎混匀，采用H_2SO_4-H_2O_2消化，以半微量开氏定氮法测定植株各器官（茎鞘、叶片、穗）全氮含量。其他测定指标如下[14]：

氮素积累总量=单位面积植株（茎鞘、叶片、穗）氮素积累量的总和；

某器官氮素吸收量（kg/hm^2）=该时期地上部该器官干物重×该器官含氮率；

氮素总吸收量（kg/hm^2）=成熟期地上部各器官氮素吸收量之和；

氮素阶段吸收量（kg/hm^2）=后一时期氮素吸收量－前一时期氮素吸收量。

4. 数据处理

试验数据采用Microsoft Excel 2010处理数据，用SPSS17.0系统软件分析数据，用LSD法进行样本平均数的差异显著性比较（α=0.05）。

二、结果与分析

1. 不同冬季作物下水稻群体干物质积累的差异

（1）各生育时期群体干物重

由表 1 可知，与对照相比，早稻分蘖期 B、D、E 三个处理的群体干物质重分别提高了 12.73%、14.98%、17.98%，但差异不显著，处理 C 群体干物质重降低了 12.66%，而处理 E 干物质重较处理 C 有显著提高（$p<0.05$，下同），增幅达 32.91%；抽穗期处理 D 群体干物质重提高了 7.22%，B、C、E 三个处理的群体干物质重分别降低了 3.29%、4.94%、0.76%，且各处理间差异不显著；B、C、D、E 四个处理成熟期的群体干物质重分别提高了 14.38%、6.65%、1.81%、6.72%，且处理 A 和 D 与处理 B 差异显著。

与对照相比，晚稻分蘖期 D 处理的群体干物质重提高了 1.89%，B、C、E 三个处理的群体干物质重降低了 2.46%、0.95%、7.00%，各处理间差异不显著；抽穗期 B、D、E 三个处理的群体干物质重分别提高了 14.16%、5.23%、5.99%，C 处理的群体干物质重降低了 4.47%，各处理间差异不显著；成熟期 B、C、D、E 四个处理的群体干物质重分别提高了 6.56%、4.18%、2.96%、6.63%，各处理差异均不显著。

表 1 不同冬季作物下早、晚稻主要生育时期群体干物重

	处理	分蘖期 群体/（t/hm^2）	抽穗期 群体/（t/hm^2）	成熟期 群体/（t/hm^2）
早稻	A（CK）	2.67±0.24ab	7.90±0.25a	13.84±0.66b
	B	3.01±0.17ab	7.64±0.46a	15.83±0.23a
	C	2.37±0.17b	7.51±0.27a	14.76±0.20ab
	D	3.07±0.23ab	8.47±0.29a	14.09±0.45b
	E	3.15±0.27a	7.84±0.56a	14.77±0.48ab
晚稻	A（CK）	5.29±0.48a	9.18±0.56a	15.54±0.76a
	B	5.16±0.28a	10.48±0.29a	16.56±0.83a
	C	5.24±0.12a	8.77±0.37a	16.19±0.79a
	D	5.39±0.05a	9.66±0.67a	16.00±0.46a
	E	4.92±0.16a	9.73±0.64a	16.57±0.38a

注：数据为 3 个重复的平均值±标准误差；同列不同的字母分别表示差异达 5%显著水平（下同）。

（2）主要生育阶段群体干物质积累量及其比例

由表 2 可以看出，各生育阶段水稻干物质积累量存在差异，同时水稻抽穗期至成熟期是干物质主要积累时期，水稻在这个生育阶段干物质积累量最大，早稻各处理在这个生育阶段干物质积累量占成熟期干物质的范围是 39.89%～51.74%；晚稻则是 36.71%～45.83%。

与对照相比，早稻播种至分蘖期 B、D、E 三个处理干物质积累量分别提高了 12.73%、14.98%、17.98%，但差异不显著，处理 C 干物质积累量降低了 12.66%，而处理 E 干物质积累量较处理 C 有显著提高，增幅达 32.91%；分蘖期至抽穗期干物质积累量处理 D 提高了 3.25%，B、C、E 处理分别降低了 11.47%、1.72%、10.33%，各处理间差异不显著；抽穗期至成熟期 B、C、E 三个处理干物质积累量分别提高了 37.87%、22.05%、16.67%，处理 D 干物质积累量降低了 5.39%，且处理 B 与处理 A 和 D 之间差异显著；

与对照相比，晚稻播种至分蘖期 D 处理的干物质积累量提高了 1.89%，B、C、E 三个处理的干物质积累量降低了 2.46%、0.95%、7.00%，各处理间差异不显著；分蘖期至抽穗期 B、D、E 三个处理干物质积累量分别提高了 36.76%、9.77%、23.65%，但差异不显著，处理 C 干物质积累量降低了 9.25%，而处理 B 干物质积累量较处理 C 有显著提高，增幅达 50.71%；抽穗期至成熟期 C、E 两个处理的干物质积累量分别提高了 16.67%、7.55%，B、D 两个处理的干物质积累量分别降低了 4.40%、0.31%，各处理间差异不显著。

表 2　不同冬季作物下早、晚稻主要生育阶段干物质积累量和比例

	处理	播种-分蘖期		分蘖期-抽穗期		抽穗期-成熟期	
		积累/（t/hm^2）	比例 R/%	积累/（t/hm^2）	比例 R/%	积累量/（t/hm^2）	比例 R/%
早稻	A（CK）	2.67±0.24ab	19.29	5.23±0.24a	37.79	5.94±0.87b	42.92
	B	3.01±0.17ab	19.01	4.63±0.30a	29.25	8.19±0.58a	51.74
	C	2.37±0.17b	16.06	5.14±0.44a	34.82	7.25±0.12ab	49.12
	D	3.07±0.23ab	21.79	5.40±0.35a	38.32	5.62±0.60a	39.89
	E	3.15±0.27a	21.33	4.69±0.78a	31.75	6.93±0.83ab	46.92
晚稻	A（CK）	5.29±0.48a	34.04	3.89±0.38ab	25.03	6.36±0.72a	40.93
	B	5.16±0.28a	31.16	5.32±0.30a	32.13	6.08±0.70a	36.71
	C	5.24±0.12a	32.37	3.53±0.34b	21.80	7.42±0.78a	45.83
	D	5.39±0.05a	33.69	4.27±0.66ab	26.69	6.34±0.55a	39.62
	E	4.92±0.16a	29.69	4.81±0.50ab	29.03	6.84±0.30a	41.28

（3）水稻生育中、后期干物质分配

通过分析茎鞘、叶片和穗分配情况（表 3）可知，干物质茎鞘比例在抽穗期达到最大，并随着生育进程的推进有不断降低的趋势，其中早稻的茎鞘比例从49.10%～52.17%降低至成熟期的 24.46%～27.35%，晚稻的茎鞘比例从抽穗期的57.58%～58.76%下降至成熟期的25.74%～27.11%；总体上看，水稻的叶片比例在水稻生长发育前期所占比重较大，早稻各处理的叶片比例从抽穗期的 28.76%～31.98%降低至成熟期的 8.67%～9.35%；晚稻各处理的叶片比例从抽穗期的23.95%～25.09%降低至成熟期的11.97%～13.39%；另外，明显的可以看出，早、晚稻各处理的穗比例均是在成熟期达到最大，其中早稻各处理的穗比例从抽穗期的 18.79%～19.56%增加到成熟期的 63.48%～66.42%；晚稻各处理的穗比例从抽穗期的 16.31%～17.74%提高到成熟期的 59.71%～61.28%。

表 3　不同冬季作物下水稻中、后期干物质在茎鞘、叶片和穗分配情况　单位：%

	处理	茎鞘比例		叶片比例		穗比例	
		抽穗期	成熟期	抽穗期	成熟期	抽穗期	成熟期
早稻	A（CK）	52.17±1.29a	25.41±0.77ab	28.76±1.12a	8.67±0.19a	19.08±0.18a	65.92±0.63ab
	B	51.52±0.79a	24.68±0.70b	29.69±0.65a	8.91±0.28a	18.79±0.25a	66.42±0.54a
	C	50.78±2.57a	24.46±0.47b	29.67±2.53a	9.35±0.26a	19.56±0.41a	66.19±0.39ab
	D	50.90±2.35a	27.35±1.09a	30.26±2.20a	9.17±0.39a	18.84±0.47a	63.48±1.21b
	E	49.10±0.70a	25.69±0.76ab	31.98±0.88a	8.88±0.34a	18.91±0.37a	65.42±1.10ab
晚稻	A（CK）	57.58±0.59b	27.04±0.46a	25.06±0.66a	11.97±0.19b	17.36±0.37a	60.99±0.53a
	B	58.76±0.23a	27.02±0.94a	24.94±0.22a	13.17±0.20a	16.31±0.06a	59.81±0.91a
	C	57.89±0.38a	26.91±0.05a	25.11±0.21a	13.39±0.14a	17.00±0.43a	59.71±0.17a
	D	58.31±0.96a	27.11±0.12a	23.95±0.69a	12.87±0.14a	17.74±1.01a	60.01±0.21a
	E	57.77±0.78a	25.74±0.42a	25.09±0.40a	12.98±0.05a	17.14±0.53a	61.28±0.46a

具体来看，早稻抽穗期茎鞘所占比例为对照最大，E 处理最小，成熟期茎鞘所占比例为 D>E>A>B>C，且 D 与 B、C 处理达到显著性差异；而干物质在叶片的分配比例在抽穗期和成熟期分别以 E 和 C 处理最高；而干物质在穗的分配比例在抽穗期和成熟期分别以 C 和 B 处理最高，且成熟期穗所占比例中 B 与 D 处理达到显著性差异。

晚稻抽穗期茎鞘所占比例为处理 B 最大，对照最小，且对照与其它 4 个处理达到显著性差异，成熟期茎鞘所占比例为 D>A>B>C>E；而干物质抽穗期与成熟期叶片所占比例均以 C 处理最高，且成熟期叶片所占比例对照与其它 4 个处理达到显著性差异；而干物质在穗的分配比例在抽穗期和成熟期以 D 和 E 处理最高，各处理间差异不显著。

2. 不同冬季作物下水稻主要生育期植株各器官吸氮量的差异

由表 4 可以看出，水稻茎的氮素积累量在分蘖期至抽穗期升高，在成熟期降至最低；水稻叶的氮素积累量在分蘖期至抽穗期除早稻处理 E 是降低的，其余处理均有一定升高，晚稻各处理均降低，且早、晚稻至成熟期均达到最小；穗的氮素积累量从抽穗期至成熟期均升高，且早稻穗成熟期积累量 C 最大，晚稻穗成熟期积累量最大的是处理 E，与对照相比，两者分别提高了 15.57%、8.59%。

表 4　不同冬季作物早、晚稻主要生育期不同营养器官氮素积累量　　单位：kg/hm^2

	处理	分蘖期		抽穗期			成熟期		
		茎	叶	茎	叶	穗	茎	叶	穗
早稻	A（CK）	43.57±12.74a	31.91±7.74a	77.04±30.48a	43.51±20.53a	28.70±12.70a	39.08±10.24a	11.25±1.74a	117.45±50.32a
	B	56.62±18.11a	51.74±4.56a	72.30±23.21a	42.13±14.44a	29.69±12.50a	45.17±9.36a	16.08±6.17a	104.58±20.22a
	C	45.6±12.38a	38.65±9.62a	92.69±34.99a	52.32±6.91a	31.50±6.88a	54.36±5.40a	20.67±1.23a	135.74±10.46a
	D	47.63±16.09a	36.45±12.93a	64.73±6.86a	52.64±16.44a	36.72±10.49a	40.24±5.90a	14.61±1.67a	118.64±29.04a
	E	48.68±10.22a	34.8±7.64a	64.40±6.05a	39.73±4.91a	20.84±0.49a	49.07±11.20a	17.25±3.00a	113.21±24.87a

	处理	分蘖期		抽穗期			成熟期		
		茎	叶	茎	叶	穗	茎	叶	穗
晚稻	A（CK）	31.40±2.22a	74.81±5.94a	36.90±3.18a	53.90±3.35a	19.32±1.35a	18.64±0.90a	16.66±1.36a	95.08±6.58a
	B	31.17±3.00a	79.34±3.29a	38.49±0.88a	62.57±2.85a	20.20±1.57a	20.38±0.85a	20.68±1.85a	101.88±0.76a
	C	31.36±1.87a	77.34±3.63a	37.95±2.34a	59.66±1.87a	20.49±0.82a	19.79±0.88a	19.85±1.09a	97.63±2.93a
	D	30.52±1.56a	76.95±6.99a	34.35±1.35a	57.17±4.11a	16.76±0.62a	18.19±0.79a	17.45±0.31a	96.13±6.04a
	E	33.15±3.11a	80.61±6.04a	38.1±2.94a	58.72±3.89a	19.02±1.34a	20.85±2.05a	20.25±1.69a	103.25±8.18a

3. 不同冬季作物下水稻主要生育期氮素积累总量和氮素阶段吸收量的差异

（1）水稻主要生育期氮素积累总量

由表 5 可以看出，不同冬季作物下早稻主要生育期氮素积累总量因生育期不同而有所差异，各处理间差异不明显，呈现出逐渐升高的趋势，与对照相比，B、C、D、E 四个处理分蘖期的的氮素积累总量分别提高了 43.56%、11.61%、11.39%、10.60%；抽穗期表现为 C 处理最高，提高了 18.27%，E 处理最低，降低了 19.42%；成熟期的氮素积累总量 C 处理最高，提高了 25.62%，B 最低，降低了 1.17%。晚稻主要生育期氮素积累总量同样因生育期不同而有所差异，各处理间差异不明显，且呈现出逐渐升高的趋势，与对照相比，其中 B、C、D、E 四个处理分蘖期的氮素积累总量分别提高了 4.05%、2.34%、1.19%、7.11%；抽穗期表现为 B 处理最高，提高了 10.13%，D 处理最低，降低了 1.69%；成熟期的氮素积累总量 E 处理最高，B、C、D、E 四个处理分别提高了 9.63%、5.29%、1.07%、10.71%。总体来看，水稻到了成熟期，氮素积累总量达到最大。

表 5 水稻主要生育期氮素积累总量 单位：kg/hm^2

	处理	分蘖期	抽穗期	成熟期
早稻	A（CK）	75.48±20.43a	149.24±63.67a	167.77±62.27a
	B	108.36±16.07a	144.12±49.79a	165.83±35.11a
	C	84.25±21.99a	176.51±47.98a	210.76±16.63a
	D	84.08±28.90a	154.09±31.19a	173.49±34.87a
	E	83.48±17.61a	124.97±11.2a	179.52±38.74a

	处理	分蘖期	抽穗期	成熟期
晚稻	A（CK）	106.21±8.17a	110.11±6.97a	130.38±8.44a
	B	110.51±6.07a	121.26±5.28a	142.94±3.47a
	C	108.70±5.47a	118.10±4.66a	137.28±4.63a
	D	107.47±8.52a	108.28±5.81a	131.78±6.75a
	E	113.76±9.14a	115.84±8.02a	144.34±11.02a

（2）水稻主要生育期氮素阶段吸收量和比例

如表 6 所示，氮素阶段吸收量早稻分蘖前阶段除 C 外是在分蘖至抽穗阶段达到最大，早稻其余处理与晚稻各处理均是在分蘖前达到最大；抽穗至成熟期除早稻处理 E 外，早稻其余处理及晚稻各处理均最小。早、晚稻分蘖前氮素阶段吸收量分别是处理 B 和 D 最高，达到 74.30%和 81.55%，分蘖至抽穗期氮素阶段吸收量分别是处理 A 和 B 最高，达到 43.96%和 7.52%，抽穗至成熟期则均是处理 E 最高，达到 30.39%和 19.74%。

表 6　水稻主要生育期阶段氮素吸收量和比例

	处理	分蘖前阶段吸收量和比例		分蘖-抽穗阶段吸收量和比例		抽穗-成熟阶段吸收量和比例	
		（kg/hm²）	（%）	（kg/hm²）	（%）	（kg/hm²）	（%）
早稻	A（CK）	75.48±20.43a	44.99	73.76±76.66a	43.96	18.53±7.43a	11.05
	B	108.36±16.07a	74.30	15.76±46.2a	10.81	21.71±27.99a	14.89
	C	84.25±21.99a	39.98	92.26±42.77a	43.77	34.25±32.42a	16.25
	D	84.08±28.90a	48.47	70.01±30.2a	40.35	19.39±6.52a	11.18
	E	83.48±17.61a	46.50	41.49±6.69a	23.11	54.55±30.69a	30.39
晚稻	A（CK）	106.21±8.17a	81.46	3.90±7.51a	2.99	20.27±2.95a	15.55
	B	110.51±6.07a	77.32	10.74±11.27a	7.52	21.68±6.00a	15.17
	C	108.70±5.47a	79.18	9.40±3.54a	6.85	19.18±3.32a	13.97
	D	107.47±8.52a	81.55	0.81±12.39a	0.62	23.50±12.51a	17.83
	E	113.76±9.14a	78.81	2.08±13.26a	1.44	28.50±12.29a	19.74

三、讨论

众多研究表明，目前关于水稻干物质积累大多针对不同施氮水平[15-19]、不同栽培方式[20-22]等条件，而对不同冬季作物下干物质积累量的影响研究较少。据周春火[23]研究结果表明，在五个不同施氮水平下，相同施氮量的干物质积累量呈ZDD（紫云英-双季稻）＞YDD（油菜-双季稻）＞XDD（冬闲-双季稻）的规律，且早、晚稻齐穗期至成熟期干物质积累量占总干物质量比例平均值ZDD处理分别为29.23%、17.39%，YDD处理分别为27.53%、15.48%，XDD处理分别为27.46%、13.42%。凌启鸿等[24]研究表明各生育阶段水稻干物质积累量存在差异，且水稻抽穗期至成熟期阶段干物质积累量最大，本实验研究结果与之一致；各处理抽穗前水稻积累的干物质主要分配在茎鞘，随着生育进程的推进，水稻干物质积累逐渐转移到穗，至成熟期达到最大，这与江立庚等[25]研究较一致。

肥料对于水稻生长非常重要，氮素作为植物生长的三个必需营养元素之一，对水稻产量的提高具有重要意义。大多关于氮素吸收利用特性的研究侧重在不同水稻品种[26, 27]、不同氮肥施用量[18, 19]等条件下，而对不同复种方式下[23, 28]的水稻氮素吸收特性鲜有报道。据周春火[28]等研究表明，不同复种方式下早稻氮素吸收总量呈ZDD＞YDD＞XDD的趋势，晚稻呈ZDD＞YDD＞XDD的趋势，ZDD早稻最高氮素积累量分别比YDD、XDD高8.1%、14.4%，晚稻高9.0%、12.2%。本研究与其基本保持一致。

四、结论

种植不同冬季作物有利于保证水稻生长过程有较高的干物质重，从而具有较高的增产潜力，有利于增加水稻产量，其中早稻群体干物质重最高的是B处理，晚稻则是E处理群体干物质重最高。另外，种植不同冬季作物对水稻氮素积累也有影响，早稻氮素积累量最高的是C处理，晚稻则是E处理。

参考文献

[1] Shepherd M A，Webb J. Effects of over inter cover on nitrate loss and drainage from a sandy soil consequences for water management[J]. Soil Use Manage，1999，15：109-116.

[2] Wrland L J，Jackson L E，Chaney W E，et al. Winter cover crops in vegetable cropping system，impacts on nitrate leaching，soil water，crop yield，pess and management costs[J]. Agric. Ecosyst. Environ，1996，59：1-17.

[3] Schutter M E，Sandeno JM，Dick R P. Seasonal，soil type，and alter native management influences on microbial communities of vegetable cropping systems [J]. Biology and Fertility of Soils，2001，34（6）：397-410.

[4] Kabir Z，Koide R T. Effect of autumn and winter mycorrhizal cover crops on soil properties，nutrient uptake and yield of sweet corn in Pennsylvania，US [J]. Plant and Soil，2002，238（2）：205- 215.

[5] 刘晓冰，宋春雨，Stephen J.Herbert，邢宝山. 覆盖作物的生态效应[J]. 应用生态学报，2002，03：365-368.

[6] 王丽宏，曾昭海，杨光立等. 前茬冬季覆盖作物对稻田土壤的生物特征影响[J]. 水土保持学报，2007，1：164-167.

[7] 谭景艾，李保同，潘晓华，石庆华. 冬种绿肥对早稻病虫草发生及产量的影响[J]. 中国农学通报，2015，4：179-184.

[8] 黄冲平，丁鼎良. 水旱轮作对作物产量和土壤理化性状的影响[J]. 浙江农业学报，1995，6：25-27.

[9] 黄国勤，熊云明，钱海燕，等. 稻田轮作系统的生态学分析[J]. 土壤学报，2006，1：69-78.

[10] 熊云明，黄国勤，王淑彬，等. 稻田轮作对土壤理化性状和作物产量的影响[J]. 中国农业科技导报，2004，4：42-45.

[11] 刘春增，李本银，吕玉虎，等. 紫云英还田对土壤肥力、水稻产量及其经济效益的影响[J]. 河南农业科学，2011，5：96-99.

[12] 高菊生，曹卫东，李冬初，等. 长期双季稻绿肥轮作对水稻产量及稻田土壤有机质的影响[J]. 生态学报，2011，16：4542-4548.

[13] 刘英，王允青，张祥明，等. 种植紫云英对土壤肥力和水稻产量的影响[J]. 安徽农学通报，2007，1：98-99，189.

[14] 鲍士旦. 土壤农化分析[M]，3 版. 北京：中国农业出版社，2000：44-49.

[15] 周兵. 氮肥运筹方式对早稻干物质积累和产量的影响[J]. 河北农业科学，2007，3：14，20.

[16] 杨益花，张亚洁，苏祖芳. 施氮量对杂交水稻产量构成因素和干物质积累的影响[J]. 天津农学院学报，2005，1：5-8，30.

[17] 王允青，郭熙盛，戴明伏. 氮肥运筹方式对杂交水稻干物质积累和产量的影响[J]. 中国土壤与肥料，2008，2：31-34.

[18] 黄卫群，郝兴顺，冯志峰，等. 不同氮肥水平下水稻干物质生产量及氮素利用率研究[J]. 陕西农业科学，2010，4：7-9.

[19] 杨世佳. 氮肥用量对粳稻干物质积累及氮素利用效率的影响[J]. 湖南农业科学，2013，21：34-37，40.

[20] 唐海明，逢焕成，肖小平，等. 双季稻区不同栽培方式对早稻生育期、干物质积累及产量的影响[J]. 作物学报，2014，4：711-718.

[21] 霍中洋，李杰，张洪程，等. 不同种植方式下水稻氮素吸收利用的特性[J]. 作物学报，2012，10：1908-1919.

[22] 邓飞，王丽，刘利，等. 不同生态条件下栽培方式对水稻干物质生产和产量的影响[J]. 作物学报，2012，10：1930-1942.

[23] 周春火，潘晓华，吴建富，等. 不同复种方式对早稻产量和氮素吸收利用的影响[J]. 江西农业大学学报，2013，1：13-17，32.

[24] 凌启鸿. 作物群体质量[M]. 上海：上海科学技术出版社，2000.

[25] 江立庚，甘秀芹，韦善清，等. 水稻物质生产与氮、磷、钾、硅素积累特点及其相互关系[J]. 应用生态学报，2004（2）：226-230.

[26] 徐正伟. 施氮对不同水稻品种产量和氮素吸收利用的影响[D]. 华中农业大学，2013.

[27] 江立庚. 水稻品种氮素吸收利用效率的生理生态特征及调控研究[D]. 南京农业大学，2003.

[28] 周春火. 不同复种方式对水稻生长发育和土壤肥力影响研究[D]. 江西农业大学，2012.

不同冬种模式下的双季稻根际效应及其产量研究*

周　泉[1]　王淑彬[1]　黄国勤[1**]　杨文亭[1]　刘好桔[2]

（1. 江西农业大学生态科学研究中心/作物生理生态与遗传育种教育部重点实验室，
南昌 330045；2. 江西农业大学生物科学与工程学院，南昌 330045）

摘　要：为研究不同冬种模式下的双季稻根际效应及其产量。通过大田试验，对 A（CK）（冬闲-双季稻）、B（紫云英-双季稻）、C（油菜-双季稻）、D（大蒜-双季稻）、E（马铃薯-双季稻）5 种处理的双季稻土壤养分、微生物数量和产量进行了研究。结果表明：不同冬种作物改变了早稻根际、非根际的 H^+浓度，同时促进了对早稻根际有机质的吸收利用效率；不同冬种作物可影响土壤养分的迁移状况，处理 D 的晚稻根际碱解氮含量显著高于非根际（$P<0.05$），且根际效应（R/S）显著高于处理 A（CK），促进了水稻根系氮的累积，处理 C 的晚稻根际有效磷和 R/S 显著高于处理 A（CK），有效改变了水稻根际磷环境，处理 D 和 E 则改善了土壤速效钾的根际微环境；不同处理的水稻根际微生物数量均高于非根际，对土壤细菌的影响主要体现在早稻期间，处理 D 的根际土壤中的真菌数量大幅增加，处理 C 和 D 的晚稻放线菌根际效应明显，处理 C 的晚稻根际放线菌数量显著高于非根际，处理 D 的晚稻根际放线菌数量极显著高于非根际（$P<0.01$），且 R/S 均显著高于处理 A（CK），处理 B 和 D 的根际固氮菌数量显著高于非根际，提高了土壤固氮菌数量；不同冬种模式可显著提高双季稻产量，处理 D 和 E 对早晚稻增产效果最明显，其次是处理 B 和 C。可见，冬种作物使双季稻根际和非根际土壤养分含量以及微生物数量产生变化，为双季稻生长创造了良好的微环境，改善了水稻对土壤养分的吸收利用状况，促进了水稻增产。

关键词：冬季作物　双季稻　根际效应　微环境　产量

---

* 基金项目：国家科技支撑计划课题“鄱阳湖生态经济区绿色高效循环农业技术集成与示范”研究任务 1（2012BAD14B14-01）。

** 通信作者：黄国勤，二级教授、博士生导师，Tel：0791-83828143，E-mail：hgqjxnc@sina.com。

冬季土地闲置一直是农业发展面临的关键问题，而我国南方双季稻田土地冬闲问题尤其突出，主要表现为冬闲面积大、种植结构单一和增产潜力有限。发展冬季农业能有效利用土地资源、恢复地力、增加农业收入和提升生态服务价值[1-4]，对农田可持续发展有重要意义，在实现农业增收的实践中也有重大的理论价值。作物根际微环境是农田可持续利用的重要依据，作物根际与非根际之间的养分状况存在差异，同时根际存在着许多对植物有益的细菌群落，在农业生态系统中，根际养分状况和生物学性状的调节与改善将有助于减少化肥和农药投入、促进植物生长、减轻环境污染，实现农业可持续发展[5]。

目前，我国作物根际效应的研究主要集中在间套作方面，间套作可以促进作物根系生长，提高根际微生物数量、活性和多样性指数，增强根际酶活性，促进根系养分吸收利用；但也有研究发现间套作后根际土壤脲酶和酸性磷酸酶活性降低，根际土壤有机质、有效磷、有效钾含量低于非根际的情况[6-9]。另外不同供肥下的根际效应研究也较多，不同 P 源能显著影响小麦根际、非根际微生物数量、磷酸酶活性及根际效应，施用有机物料可增强根际土壤转化酶、碱性磷酸酶和脲酶活性，使用腐殖酸和生根粉可提高玉米碱性磷酸酶活性[10-13]。但对农田轮作方面的研究较少，杨中艺、辛国荣、黎国喜等从 1997—2008 年分别从五个方面系统研究了“黑麦草-水稻”草田轮作系统的根际效应，发现冬种黑麦草根茬腐解物中存在刺激水稻生长的活性物质，对稻田土壤理化和生物学性状有改善作用[14-18]。总体来看，针对“冬种-双季稻”系统的根际效应研究尚在起步阶段，而这一问题对正确评价双季稻田的可持续利用及其增产效应具有重要意义。基于此，本试验针对不同冬种模式下双季稻田的作物根际效应和产量进行了研究，以探讨“冬种-双季稻”模式下的水稻根际、非根际土壤生态特点，阐明不同冬种模式对双季稻根际微环境和产量的影响，为双季稻田的持续利用和增产提供理论和实践依据。

一、材料与方法

1. 试验地概况

本试验选择地处赣东北典型双季稻区的江西省万年县农科所试验田进行，该试验田位于东经 117°08′，北纬 28°72′。试验田多年来一直沿袭“冬闲-双季稻”模式，地势较高，灌排水方便，土壤肥力较均匀，光热资源充足，年均气温约 17.4℃，年均日照时数 1 803.5 h，年均无霜期 259 d，多年均降水量 1 808.0 mm。2012 年晚稻收获时，土壤 pH 值 5.82，碱解氮 228.67 mg/kg，有效磷 40.99 mg/kg，速效钾 25.72 mg/kg。

2. 试验设计

共设计 5 种处理（冬种）模式，处理 A（CK）：冬闲-双季稻；处理 B：紫云英-双季稻；处理 C：油菜-双季稻；处理 D：大蒜-双季稻；处理 E：马铃薯-双季稻。每个试验小区面积 66 m^2（11 m×6 m），采用随机区组排列，3 次重复，共 15 个试验小区，小区周围设置 1.0～1.5 m 的保护带，于 2012 年 10 月 9 日冬季作物播种至 2013 年 10 月 28 日晚稻收获结束。

2012—2013 年冬季作物：①紫云英，品种“余江大叶”，2012 年 10 月 9 日播种，采用撒播方式，播种量为 45 kg/hm^2，2012 年 11 月 10 日施用钙镁磷肥 375 kg/hm^2，2013 年 3 月 25 日收获还田；②油菜，品种“蓉油 5 号”，2012 年 10 月 8 日苗床育苗，2012 年 11 月 3 日施用 45%三元素复合肥作基肥 300 kg/hm^2，2012 年 11 月 14 日小区开沟坂田移栽，株行距 36.6 cm×16.6 cm，分别于 2012 年 12 月 5 日和 12 月 25 日各中耕一次，后期于 2013 年 2 月 25 日施用尿素 150 kg/hm^2，2013 年 4 月 25 日收获（不还田）；③大蒜，品种“二水早”，2012 年 11 月 18 日小区锄地、耙碎、整平、作畦，2012 年 11 月 18 日施用有机肥菜籽枯饼 900 kg/hm^2，45%三元素复合肥 750 kg/hm^2，2012 年 11 月 19 日播种，播种量 2 475 kg/hm^2，株行距 18 cm×6 cm，2013 年 2 月 25 日施用尿素 225 kg/hm^2，2013 年 3 月 20 日收获（不还田）；④马铃薯，品种“中薯 5 号”，2012 年 11 月 18 日小区开沟坂田移栽，2012 年 11 月 18 日施用有机肥菜籽枯饼 900 kg/hm^2，45%三元素复合肥 750 kg/hm^2，2012 年 11 月 20 日下种，下种量 1 950 kg/hm^2，株行距 40 cm×28 cm，2013 年 4 月 25 日收获（不还田）。

2013 年早稻：品种“天优 463”；3 月 25 日播种；5 月 1 日移栽，株行距 19.8 cm×19.8 cm；4 月 30 日施基肥（50%配方肥 270 kg/hm^2）；5 月 7 日施追肥（50%配方肥 270 kg/hm^2）；5 月 28 日施穗肥（50%配方肥 60 kg/hm^2）；7 月 20 日收获，秸秆半量还田。

2013 年晚稻：品种“天优华占”；6 月 16 日播种；7 月 24 日移栽，株行距 19.8 cm×23.0 cm；7 月 22 日施基肥（50%配方肥 375 kg/hm^2）；7 月 30 日施追肥（50%配方肥 300 kg/hm^2）；8 月 20 日施穗肥（50%配方肥 75 kg/hm^2）；10 月 28 日收获。

3. 测定指标与方法

（1）土壤样品采集

于早稻收获时（2013 年 7 月 20 日）、晚稻收获时（2013 年 10 月 28 日）采用五点法取根际土壤和非根际土壤，将植株根系用铁铲从土壤中挖出（保证根系完整），慢慢抖掉与根系结合比较松散的土壤作为非根际土壤，然后用经火焰灭菌的镊子刮取附着在作物根系上的薄层（小于 10 mm）土壤作为根际土壤，并将取得的土样弄碎混匀，按 4 分法取样，用无菌塑料袋包好，带回实验室后，一部分自然晾干用于土壤养分的测定；另一部分迅速过筛，除去杂物后，分别取 15～20 g 根际与非根际土壤保存在 4℃冰箱内，用于土壤微生物的测定。

（2）指标测定方法

水稻测产：于成熟期收割各小区水稻，脱粒晒干去空秕粒后，称重作为实际产量。土壤 pH 值用 pH 计测定；土壤有机质用重铬酸钾法-浓硫酸外加热法测定；土壤碱解氮用碱解蒸馏法测定；土壤有效磷用 $NaHCO_3$-钼锑抗比色法测定；土壤有效钾用火焰光度法测定。采用梯度稀释法制备土壤悬液，稀释涂抹平板计数法进行分离，测定细菌、真菌、放线菌、固氮菌数量，培养基分别用牛肉膏蛋白胨琼脂培养基、马丁氏-孟加拉红培养基、改良高氏 1 号培养基和瓦克斯曼氏 77 号培养基[19]。

4. 统计分析

用根际土壤含量与非根际土壤含量的比值，即根土比（R/S）与 1 的大小关系反映土壤的根际效应[20]。若 $R/S>1$，则表现出正效应，反之，表现出负效应。

用 Microsoft Excel 2003 和 SPSS 软件进行数据整理、分析，用 SPSS 软件进行显著性分析，多重比较采用 Duncan's 新复极差法，其中根际与非根际土壤之间使用配对样本 *T*-检验进行差异分析。

二、结果与分析

1. 不同冬种模式下的土壤 pH 值

由表 1 可知，对土壤 pH 值，早稻收获时，除 A（CK）处理的根际效应表现出负效应之外，其他处理均表现出正效应，且处理 B 与 A（CK）之间差异显著，说明处理 B 可有效提高早稻收获时土壤 pH 值的根际效应；晚稻收获时，各处理的根际效应均表现出负效应，处理 E 的根际土壤 pH 值与 A（CK）差异显著，且

A（CK）的根际效应最低，说明不同冬种模式在晚稻收获时对土壤 pH 根际效应有一定改善作用。可见，不同冬种模式下，早稻的根际土壤 pH 值均大于非根际，改变了作物根际的 H^+浓度，从而有可能对土壤养分吸收及其微生物格局产生影响。

表 1 不同时期的土壤 pH 值和有机质

时期	处理	pH 值			有机质/（g/kg）		
		R	*S*	*R/S*	*R*	*S*	*R/S*
2013-7-20	A（CK）	5.94a	6.00a	0.989 5b	26.39ab	23.45a	1.125 4a
	B	6.04a	5.96a	1.014 5a	25.54ab	31.09a	0.821 5a
	C	5.99a	5.99a	1.001 1ab	19.06b	21.33a	0.893 7a
	D	5.96a	5.96a	1.000 0ab	20.24b	21.97a	0.921 1a
	E	5.96a	5.89a	1.012 5ab	34.16a	32.20a	1.060 9a
2013-10-28	A（CK）	5.98b	6.51a	0.918 5a	23.70a	22.29a	1.063 3a
	B	6.16ab	6.48a	0.950 6a	24.17a	23.19a	1.042 2a
	C	6.06ab	6.45a	0.940 5a	25.12a	22.80a	1.101 8a
	D	6.04ab	6.39a	0.944 2a	25.23a	23.09a	1.092 7a
	E	6.22a	6.46a	0.963 4a	24.55a	23.84a	1.023 0a

注：*R* 和 *S* 分别表示根际和非根际；小写字母表示不同处理在 5%水平上差异是否显著，下同。

2．不同冬种模式下的土壤有机质

由表 1 可知，对土壤有机质，早稻收获时，处理 E 和 A（CK）的根际效应表现出正效应，处理 B、C 和 D 均表现为负效应，其中处理 E 的根际土壤有机质与 A（CK）差异显著，各处理根际效应均低于 A（CK），说明不同处理促进了对根际有机质的吸收利用效率；晚稻收获时，各处理的根际效应均表现出正效应，差异较小。总的来看，各时期根际、非根际土壤有机质含量变化不大，但从根际效应来看，尤其在早稻时期促进了对根际土壤有机质的吸收利用。

3．不同冬种模式下的土壤速效养分

由表 2 可知，对土壤碱解氮，早稻收获时，处理 E 和 A（CK）的根际效应表现为负效应，处理 B、C 和 D 均表现为正效应，处理 B 的根际土壤碱解氮与 A（CK）差异显著，但各处理间 *R/S* 值差异较小；晚稻收获时，处理 D 的根际土壤碱解氮显著高于非根际，除 A（CK）的根际效应表现为负效应外，其他各处理均表现为

正效应，其中处理D与A（CK）之间差异显著，根际效应也最高，*R/S*值为1.158 6。说明不同冬种模式中，处理D对碱解氮的根际效应最好，而且与A（CK）差异显著。

表2　不同时期的土壤速效养分　单位：mg/kg

时期	处理	碱解氮			有效磷			速效钾		
		R	*S*	*R/S*	*R*	*S*	*R/S*	*R*	*S*	*R/S*
2013-7-20	A（CK）	157.04b	162.05a	0.969 1a	37.54c	35.87a	1.046 6a	68.67ab	63.33a	1.084 2a
	B	188.95a	175.81a	1.074 7a	57.04ab	47.50a	1.200 9a	66.00b	82.33a	0.801 6a
	C	175.19ab	168.30a	1.040 9a	39.28c	31.20a	1.258 9a	53.33b	60.00a	0.888 9a
	D	179.57ab	174.56a	1.028 7a	41.72bc	34.69a	1.202 8a	61.00b	65.33a	0.933 7a
	E	170.81ab	177.06a	0.964 7a	59.76a	53.98a	1.107 1a	105.33a	86.33a	1.220 1a
2013-10-28	A（CK）	203.21a	203.21a	1.000 0b	4.74c	8.56b	0.553 6b	49.91a	27.67ab	1.803 6a
	B	209.86a	211.53a	0.992 1b	7.12bc	7.62b	0.934 6ab	40.33a	29.25ab	1.379 0a
	C	218.73a	209.31a	1.045 0ab	12.27ab	11.22ab	1.093 8a	46.22a	28.41ab	1.627 2a
	D	218.73a	188.79a*	1.158 6a	14.65a	18.97a	0.772 3ab	46.22a	26.14b*	1.767 9a
	E	219.84a	213.74a	1.028 5ab	13.21ab	19.25a	0.686 4ab	53.59a	36.72a	1.459 6a

注：* 表示根际与非根际在5%水平上差异显著，下同。

对土壤有效磷，早稻收获时，处理B和E的根际土壤有效磷与A（CK）差异显著，不同冬种的根际效应均表现为正效应，且根际效应均相对较高，*R/S*值分别达到1.200 9、1.258 9、1.202 8和1.107 1，说明不同冬种模式对土壤有效磷的根际微环境均有促进作用，且冬种紫云英和马铃薯均比冬闲较高；晚稻收获时，处理C、D和E的根际土壤有效磷与A（CK）差异显著，处理D、E的非根际土壤有效磷与A（CK）差异显著，各处理间的根际效应仅处理C表现为正效应，且与A（CK）差异显著，说明处理C、D和E对土壤有效磷的根际微环境均有促进作用，且冬种油菜效果最好。

对土壤速效钾，早稻收获时，处理E的根际土壤速效钾与A（CK）差异显著，仅处理E和A（CK）的根际效应表现为正效应，且处理E的*R/S*值达到了1.220 1，说明不同冬种模式对土壤速效钾的根际微环境的作用不同，其中处理E相对较好；晚稻收获时，处理E的非根际土壤速效钾与A（CK）差异显著，处理D的根际与非根际土壤速效钾差异显著，各处理间的根际效应均表现为正效应，说明处理D、E对土壤速效钾的根际微环境的改善作用明显。

4. 不同冬种模式下的土壤微生物数量

由表 3 可知，对土壤细菌，早稻收获时，各处理间的根际效应均表现出正效应，且处理 C、D 和 E 的 *R/S* 值均表现较高，分别为 1.108 3、1.158 5 和 1.135 1，而 A（CK）最低，虽然不同冬种对早稻细菌数量影响不大，甚至比 A（CK）要低，但其根际效应却高于 A（CK），说明不同冬种模式对早稻根际土壤细菌微环境有一定的改善作用；晚稻收获时，各处理间的根际效应均表现出正效应，各冬种的 *R/S* 值与 A（CK）相比均较低，分别为 1.240 5、1.291 1、1.268 7 和 1.125 0，而 A（CK）为 1.644 7，对根际细菌微环境的作用与早稻期间表现相反。

表 3 不同时期的土壤微生物数量

时间	处理	细菌/（10^7CFU·g^{-1}）			真菌/（10^5CFU·g^{-1}）			放线菌/（10^6CFU·g^{-1}）			固氮菌/（10^7CFU·g^{-1}）		
		R	*S*	*R/S*	*R*	*S*	*R/S*	*R*	*S*	*R/S*	*R*	*S*	*R/S*
2013-7-20	A（CK）	2.00a	1.88a	1.063 8a	1.20a	1.18a	1.016 9a	1.16b	1.12a	1.035 7a	1.41a	1.30a	1.084 6a
	B	1.91a	1.74a	1.097 7a	1.16a	1.00a	1.160 0a	1.25a	1.11a	1.126 1a	1.44a	1.27a	1.133 9a
	C	1.74a	1.57a	1.108 3a	1.33a	1.32a	1.007 6a	1.28a	1.25a	1.024 0a	1.28a	1.26a	1.015 9a
	D	2.12a	1.83a	1.158 5a	1.48a	1.31a	1.129 8a	1.28a	1.22a	1.049 2a	1.40a	1.24a	1.129 0a
	E	2.10a	1.85a	1.135 1a	1.19a	0.95a	1.252 6a	1.22ab	1.19a	1.025 2a	1.28a	1.22a	1.049 2a
2013-10-28	A（CK）	1.25a	0.76a	1.644 7a	0.80ab	0.59a	1.355 9ab	4.65a	3.53ab	1.317 3c	0.43a	0.35a	1.228 6a
	B	0.98a	0.79a	1.240 5a	0.62b	0.61a	1.016 4ab	4.92a	2.33bc	2.111 6ab	0.32a	0.18b*	1.777 8a
	C	1.02a	0.79a	1.291 1a	0.74ab	0.70a	1.057 1ab	5.42a	2.05c*	2.643 9a	0.40a	0.20b	2.000 0a
	D	0.85a	0.67a	1.268 7a	1.37a	0.42a	3.261 9a	4.55a	1.95c**	2.333 3ab	0.49a	0.23ab*	2.130 4a
	E	1.08a	0.96a	1.125 0a	0.73ab	0.62a	1.177 4b	5.70a	3.92a	1.454 1bc	0.36a	0.28ab	1.285 7a

注：**表示根际与非根际在 1%水平上差异显著。

对土壤真菌，早稻收获时，各处理间的根际效应均表现出正效应，其中以处理 B、D 和 E 相对较高，*R/S* 值分别达到 1.160 0、1.129 8 和 1.252 6，较 A（CK）有所提高；晚稻收获时，处理 D 的根际土壤真菌数量显著高于 A（CK），各处理间的根际效应均表现出正效应，且处理 D 的 *R/S* 值高达 3.261 9。可见，总体上不同冬种对水稻真菌数量根际效应的影响较小，仅处理 D 对土壤真菌数量的根际效应影响较大。

对土壤放线菌，早稻收获时，处理 B、C 和 D 的根际土壤放线菌数量均显著高于 A（CK），各处理间的根际效应均表现出正效应，其中以处理 B 的根际效应相对较高，*R/S* 值达到 1.126 1，说明处理 B 对土壤放线菌数量的根际效应影响较大；晚稻收获时，各处理间的根际效应均表现出正效应，处理 B、C 和 D 与 A（CK）之间均差异显著，其中处理 C 的根际效应最高，*R*/*S* 值达到 2.643 9，且其根际土壤放线菌数量显著高于非根际，另外处理 D 的根际效应也较高，其根际土壤放线菌数量极显著高于非根际（$P<0.01$），说明不同冬种模式对土壤放线菌数量的根际效应影响较大，且与 A（CK）差异显著，其中以冬种油菜和大蒜最明显。

对土壤固氮菌，早稻收获时，各处理间的根际效应均表现出正效应，其中处理 B 和 D 的 *R*/*S* 值均较高，分别为 1.133 9 和 1.129 0；晚稻收获时，各处理间的根际效应均表现出正效应，其中处理 B、C 和 D 的 *R*/*S* 值均较高，分别为 1.777 8、2.000 0 和 2.130 4，且处理 B 和 D 的根际土壤固氮菌含量显著高于非根际。可见，冬种紫云英和大蒜对土壤固氮菌数量影响较大。

5. 不同冬种模式下的双季稻产量

由表 4 可以看出，不同冬种模式对双季稻产量有较大影响。从早稻来看，各冬种模式下的早稻实际产量均高于 A（CK），分别比 A（CK）高 4.71%、0.97%、10.67%和 14.89%，且除处理 C 外，其他处理均显著高于 A（CK）；从晚稻来看，各冬种模式下的晚稻实际产量均高于冬闲，分别比 A（CK）高 5.44%、3.70%、8.56%和 5.96%，且各处理的晚稻产量与 A（CK）相比均差异显著。可见，不同冬种模式对双季稻的产量影响较大，均表现出一定显著差异，各处理均可有效提高双季稻产量。

表 4 2013 年双季稻实际产量

处理	早稻		晚稻	
	kg/小区	kg/hm^2	kg/小区	kg/hm^2
A（CK）	41.23de	6 184.50de	57.57e	8 635.50e
B	43.17c	6 475.50c	60.73c	9 109.50bc
C	41.63d	6 244.50d	59.70d	8 955.00d
D	45.63b	6 844.50b	62.50a	9 375.00a
E	47.37a	7 105.50a	61.00b	9 150.00b

三、讨论

1. 不同冬种模式对双季稻土壤 pH 和有机质根际效应的影响

不同冬种模式下，对早晚稻的根际土壤 pH 值的影响主要表现在早稻期间，晚稻收获后影响逐渐消失，其中早稻的根际土壤 pH 值均大于非根际，说明不同冬种模式改变了水稻根际、非根际的 H^+浓度。由于 pH 是影响土壤 P 有效性的主要因素[21]，也会间接影响根际微生物的类型[22]，因此土壤酸碱环境的改变必将对土壤有效磷的吸收和微生物产生影响，而本试验所发现的土壤有效磷和微生物的变化情况也进一步验证了此结论。对土壤有机质，由于不同冬种作物根系残留物以及释放的化学物质，促进了对早稻根际有机质的吸收利用效率，而在晚稻期间影响甚微。

2. 不同冬种模式对双季稻土壤速效养分根际效应的影响

根际微域内的有效养分为“实际有效”养分，能直接为根系吸收，决定着作物实际吸收的养分量，而土体中的有效养分只是“潜在有效”的养分，还需要通过迁移等供应过程才能为根吸收[21]。不同冬种模式下的根际效应均比冬闲有一定影响，且多呈促进作用，说明不同冬种作物可以在不同程度上影响土壤养分的迁移状况，对改善作物养分吸收和土壤质地有一定作用，避免了因“冬闲-双季稻”周年（多年）连作可能引起的土壤退化[23-26]。

对冬种大蒜而言，它对土壤碱解氮的根际效应最好，主要是由于大蒜根系含氮分泌物和脱落物聚集，促进了水稻根系周围氮的相对累积。各冬种模式对土壤有效磷的根际微环境均有促进作用，其中以冬种油菜效果最好，一方面是由于土壤酸碱环境的改变对土壤有效磷的吸收产生了影响，另一方面油菜作物根系分泌有机酸会导致根际酸化，进而增加 P 矿粉的溶解度，从而改变水稻的根际磷环境。同时，试验发现冬种大蒜和马铃薯对土壤速效钾的根际微环境改善作用明显，一般来讲，植物根系的吸收作用常使根际土壤中的钾呈亏缺状态[27]，而 K^+又是一种水溶性离子，且被根系影响的范围较大，速效钾亏缺和累积的梯度变化又与土壤类型、钾供应状况以及作物种类等密切相关。由此可见，冬种大蒜和马铃薯可能促进了水稻根际 K^+的迁移和扩散作用，引起了水稻根对土壤溶液中钾的强烈吸收，进而促进了水稻根际土壤 N 养分含量增加，使水稻增产。

3．不同冬种模式对双季稻土壤微生物数量根际效应的影响

根际微生物是受植物影响最大的土壤微生物群体，与根外土壤比，根系分泌物影响了根际微生物的种群数量[28-34]，而正是根系分泌物的作用使根系周围微环境产生了根际效应[35-38]，可溶性根系分泌物为微生物提供了丰富的有效性碳源，使根际微生物数量和群体与非根际土壤有很大差异，同时研究表明根际微生物数量和群体在不同植物间亦有很大差异[39]，因此不同冬季作物可为稻田提供不同的根际分泌物和微环境，进而影响早晚稻的根际微环境。另外，由于不同冬种作物的土壤管理状况不同，且不同作物的根系类型对根际土壤的酸碱度也有一定影响[40]，刺激了微生物的生命活动强度，这也从一定程度上影响了早晚稻的细菌、真菌和放线菌的分布。根际微生物数量明显高于非根际土壤，也说明不同作物为根际微生物提供了更多有益于微生物生长繁殖的能源，促进了根际微生物的新陈代谢。

从本试验来看，不同冬种模式对早稻根际土壤细菌微环境有一定的改善作用，而晚稻与早稻期间表现相反，因此“冬种-双季稻”模式对水稻根际土壤细菌影响的稳定性有待进一步观察。另外，冬种大蒜对土壤真菌数量的根际效应影响较大，同时使水稻增产，原因可能是种植大蒜影响了水稻根系的微生物分布格局，使根际土壤中的真菌数量大幅增加，大大改善了水稻的磷营养状况，促进其固氮作用，增强抗逆性，改善了植物的水分供应[41]。本研究还发现，不同冬种模式对土壤放线菌数量的根际效应影响较大，以冬种油菜和大蒜对晚稻根际土壤最为明显。各冬种模式下的晚稻非根际土壤放线菌数量与冬闲相比差异较大，说明晚稻期间的根际、非根际放线菌数量的明显差异主要是由非根际土壤放线菌数量的减少造成的，可见不同冬种作物抑制了非根际土壤的放线菌生长和繁殖。另外，冬种紫云英和大蒜对土壤固氮菌数量影响较大。对紫云英来说，丛枝菌根的形成改善了土壤的微生态环境，进而提高了根际土壤肥力[42]。另外，由于在C/N比值较小的情况下固氮作用很难发生[43]，而且水稻根分泌物还对土壤中固氮菌的分布有明显影响[22]，因此冬种紫云英和大蒜有效改善了土壤有效碳化合物和化合氮，进而影响水稻的根分泌物状况，使C/N比增大，为固氮菌提供了良好的碳源和氮源，提高了土壤固氮菌数量。

本试验中不同冬种模式与冬闲相比，土壤微生物数量并非均有所提高。原因可能有两点：一方面从根际效应的角度来看，虽然非根际土壤放线菌和固氮菌数量下降，但其根际效应却与冬闲相比大幅提高；另一方面单纯从微生物数量的角度来判断不同冬种作物对土壤微生物的影响是有局限性的，不同冬种作物对微生

物格局、类群、活性等指标的综合影响同样不可忽视，也有待在今后的研究中逐步探明。

4. 不同冬种模式对双季稻产量的影响

冬种马铃薯和大蒜对早晚稻增产效果最明显，其次是冬种紫云英和油菜。本试验通过对双季稻根际、非根际的土壤 pH 值、有机质、速效养分以及微生物数量的研究发现，冬季作物对其根际效应都有不同程度的影响，反映了作物根系与根际土壤理化性状和生物学性状的互相作用，影响了后作水稻的根际微环境和根系生长发育，进而改善对土壤养分的吸收利用状况，促进水稻增产。

四、结论

不同冬季作物的种植改变了水稻根际、非根际的 H^+浓度，促进了对根际有机质的吸收利用效率，使根际和非根际土壤养分含量，以及微生物数量产生变化，它们之间的相互作用改善了水稻对土壤养分的吸收利用，促进了水稻增产，其中冬种马铃薯和大蒜对双季稻增产效果最明显，其次是冬种紫云英和油菜。同时，不同冬季作物的影响不同，冬种紫云英可提高土壤固氮菌数量，冬种油菜可有效改变水稻的根际磷环境和放线菌根际效应，冬种马铃薯可改善土壤速效钾的根际微环境，冬种大蒜促进了水稻根系氮的相对累积，改善了水稻的磷营养状况和速效钾的根际微环境，提高了土壤中的真菌、固氮菌数量和放线菌根际效应。

参考文献

[1] 邓鹏飞，叶清，冯敏玉，等. 江西省粮食生产能力因素影响分析及对策研究[J]. 农业经济与管理，2010（3）：82-89.

[2] 吴冬梅，曾玮，何会超，等. 浙南地区冬季农业开发的探索[J]. 科技通报，2012（1）：107-112.

[3] 王淑彬，王开磊，黄国勤. 江南丘陵区不同种植模式稻田生态系统服务价值研究——以余江县为例[J]. 江西农业大学学报，2011，33（4）：636-642.

[4] 王开磊，黄国勤. 江南丘陵区冬季农业的农田生态服务功能价值的定量评估——以江西省余江县冬季绿肥紫云英为例[J]. 耕作与栽培，2009（1）：8-9.

[5] 陆雅海，张福锁. 根际微生物研究进展[J]. 土壤，2006，38（2）：113-121.

[6] 张恩和，黄高宝，黄鹏. 不同供磷水平下粮豆间套种植对根系分布和根际效应的影响[J]. 草

业学报. 1999，8（3）：35-38.

[7] 柴强，黄鹏，黄高宝. 间作对根际土壤微生物和酶活性的影响研究[J]. 草业学报，2005，14（5）：105-110.

[8] 徐强，程智慧，孟焕文，等. 玉米线辣椒套作对线辣椒根际、非根际土壤微生物、酶活性和土壤养分的影响[J]. 干旱地区农业研究，2007，25（3）：94-99.

[9] 王瑛，孟亚利，陈兵林，等. 麦棉套作棉花根际非根际土壤微生物和土壤养分[J]. 生态学报，2006，26（10）：3485-3490.

[10] 刘世亮，介晓磊，李有田，等. 不同磷源对作物根际效应影响的研究[J]. 土壤，2003，35（4）：325-329.

[11] 吴龙华，张素君. 有机物料对黄河三角洲滨海盐土根际效应的影响 1. 养分和酶生物学效应[J]. 应用生态学报，1995，6（2）：160-165.

[12] 吴龙华，张素君，张岫岚. 有机物料对黄河三角洲滨海盐土的根际效应 2. 盐分效应[J]. 应用生态学报，1995，6（4）：392-396.

[13] 李志洪，李翠兰，王淑华，等. 有机、无机复合肥及调节剂对玉米根系生长和根际效应的影响[J]. 吉林农业大学学报，2004，26（2）：165-169.

[14] 杨中艺，辛国荣，岳朝阳，等. “黑麦草-水稻”草田轮作系统的根际效应 1. 接种稻田土壤微生物对黑麦草生长和氮素营养的影响[J]. 中山大学学报（自然科学版），1997，36（2）：1-5.

[15] 辛国荣，岳朝阳，李雪梅，等. “黑麦草-水稻”草田轮作系统的根际效应 2. 冬种黑麦草对土壤物理化学性状的影响[J]. 中山大学学报（自然科学版），1998，37（5）：78-82.

[16] 辛国荣，岳朝阳，李雪梅，等. “黑麦草-水稻”草田轮作系统的根际效应 3. 黑麦草根系对土壤生物性状的影响[J]. 中山大学学报（自然科学版），1998，37（6）：94-96.

[17] 辛国荣，李雪梅，杨中艺. “黑麦草-水稻”草田轮作系统根际效应研究 4. 黑麦草根际土壤性状及其对水稻幼苗生长的影响[J]. 中山大学学报（自然科学版），2004，43（1）：62-66.

[18] 黎国喜，李厚金，杨中艺，等. “黑麦草-水稻”草田轮作系统的根际效应 5. 意大利黑麦草（*Lolium multiflorum*）根茬腐解物中存在促水稻生长活性物质的证据[J]. 中山大学学报（自然科学版），2008，47（4）：88-93.

[19] 中国科学院南京土壤研究所微生物室. 土壤微生物研究法[M]. 北京：科学出版社，1 985. 40-59，263-269.

[20] 林大仪. 土壤学[M]. 北京：中国林业出版社，2002.

[21] 郭朝晖，张杨珠，黄子蔚. 根际微域营养研究进展（一）[J]. 土壤通报，1999，30（1）：463.

[22] 王茹华，张启发，周宝利. 浅析植物根分泌物与根际微生物的相互作用关系[J]. 土壤通报，2007，38（1）：167-172.

[23] 孙秀山，封海胜，万书波，等. 连作花生田主要微生物类群与土壤酶活性变化及其交互作用[J]. 作物学报，2001，27（5）：617-621.

[24] 李春格，李晓鸣，王敬国. 大豆连作对土体和根际微生物群落功能的影响[J]. 生态学报，2006，26（4）：1144-1150.

[25] 陈慧，郝慧荣，熊君，等. 地黄连作对根际微生物区系及土壤酶活性的影响[J]. 应用生态学报，2007，18（12）：2755-2759.

[26] 陈宗泽，殷勤燕，王旭明，等. 大豆连作土壤微生物区系动态研究初报[J]. 中国农业科学，1997，30（4）：96.

[27] 张福锁，等. 环境胁迫与植物根际营养[M]. 北京：中国农业出版社，1997.

[28] 梁文举，张晓珂，姜勇，等. 根分泌的化感物质及其对土壤生物产生的影响[J]. 地球科学进展，2005，20（3）：330-337.

[29] Darrah P R，Jungk A. Phosphatase activity in the rhizosphere and its relation to the depletion of soil organic phosphorus[J]. Biol Fertil Soil，1991，3：199-204.

[30] Sood S G. Chemotactic response of plant-growth-promoting bacteria towards roots of vesicular-arbuscular mycorrhizal tomato plants [J]. Fems Microbiology Ecology，2003，45：219-227.

[31] Gu Y H，Mazzola M. Modification of fluorescent pseudomonad community and control of apple replant disease induced in a wheat cultivar-specific manner [J]，Applied Soil Ecology，2003，24（1）：57-72.

[32] Marschner P，Crowley D E，Higashi R M. Root exudation and physiological status of a root-colonizing fluorescent pseudomonad in mycorrhizal pepper（*Capsicum annuum* L. ）[J]. Plant Soil，1997，189：11-20.

[33] Liljeroth E，Baath E，Mathlasson M. Root exudation and rhizosphere bacterial abundance of barely in relation to nitrogen fertilization and root growth [J]. Plant Soil，1990，127：81-89.

[34] Brusetti L，Francia P，Bertolini C. Bacterial communities associated with the rhizosphere of transgenic Bt 176 maize（Zea mays） and its non transgenic counterpart[J]. Plant Soil，2004，266（1-2）：11-21.

[35] Prikry L Z. Root exudates of plant [J]. Plant Soil，1980，57：69-83.

[36] Graham R D. Genotypic differences in tolerance to manganese difficiency[A]//Graham R D，

Hannam R J，Uren N C. Managese in soil and plant[C]. The Netherlands：Kluwer Academic Publishers，1988：75-85.

[37] Zheng X Y，Sinclair J B. Chemotactic response of Bacillus megaterium strain B153-2-2 to soybean root and seed exudates. Physiological and Molecular Plant Pathology，1996，48（1）：21-35.

[38] Strom L，Owen A G，Godbold D L，et al. Organic acid behavior in a calcareous soil：sorption reaction and biodegradation rates [J]. Soil Biol Biochem，2001，33：2125-2133.

[39] Hartmann A，Schmid M，Wenzel W，Hinsinger Ph. Rhizosphere 2004—Perspectives and Challenges—A Tribute to Lorenz Hiltner. Munich，Germany：GSF-National Research Center for Environment and Health，2005.

[40] 钟文辉，蔡祖聪. 土壤管理措施及环境因素对土壤微生物多样性影响研究进展[J]. 生物多样性，2004，12（4）：456-465.

[41] Caroll Mandelbaum，Yves Piche. The role of root exudates in arbuscular mycorrhiza initiation[J]. Mycorrhizal biology，2000，153-172.

[42] 宰学明，郝振萍，赵辉，等. 丛枝菌根化滨梅苗的根际微生态环境[J]. 林业科学，2014，50（1）：41-48.

[43] Gaskins M H，Albrecht S L，Hubbell D H. Rhizosphere bacteria and their use to increase plant productivity[J] . Crop Sci.，1985，12：99-116.

机插育秧基质的研究进展*

魏赛金[1,2] 黄国强[1] 潘晓华[2]

（1. 江西农业大学生物科学与工程学院，南昌 330045；2. 江西农业大学双季稻现代化生产协同创新中心/作物生理生态与遗传育种教育部重点实验室/江西省作物生理生态与遗传育种重点实验室，南昌 330045）

摘　要：本文简要介绍了不同类型育苗基质的研究进展。综合分析了稻秸秆发酵物作为机插育秧基质对今后育苗基质研究的现实意义。

关键词：水稻　育苗基质

目前，随着水稻全程机械化程度逐年加大，机械化育秧、机械化插秧面积随之逐年增加，在不断引进水稻育秧流水线的同时，伴随着育秧用土量逐年增大。大量采挖山体植被土、塘泥、农田表层泥用于水稻育秧流水线，不仅破坏了生态环境，而且造成泥土资源十分紧张。如何处理好机械化育秧用土与生态环保理念的这一相对矛盾，无疑是一个挑战性的问题。因此，水稻机械化育秧用基质代替营养土来解决机械化生产与生态环保的矛盾显得尤为迫切。

植物学家最早用来栽培作物的基质为沙砾，现在逐步发展到蛭石、石砾、陶粒、珍珠岩、岩棉、硅胶、酚醛泡沫、炉渣碱交换物（如斑脱土、沸石、合成树脂材料等）无机基质和海绵（尿醛）、泥炭、锯末、树皮、稻壳等有机基质以及一些混合基质。在此期间研究了各类基质的优缺点，基质的作用及其应用技术等。

---

* 基金项目：江西省科技支撑项目（20144BBF60003）资助。

一、矿物质用于基质育秧

现如今，国内新型开发的育苗基质主要有矿物质资源和生物质资源。矿物质资源包括珍珠岩、蛭石、膨化砂等。利用矿物质珍珠岩育苗，发现基质有较强的保水性、渗水性，秧苗的根长、根数、须根明显增加，发根力增强。该种基质的利用有效提高了水稻的干重、单位苗高、茎宽等秧苗素质[1]。采用岩棉这种矿物质资源作为基质进行育苗，发现秧苗的整体充实度较高，根数多，育成的秧苗发根力强，秧苗插秧之后返青快，分蘖早发，禾苗生长旺盛，增产趋势明显[2]。但是矿物质资源作为基质育秧存在两个问题：一是矿物质资源育苗时，盘根性差，造成取秧、卷苗时易断裂，上插秧机过程中易散架，因此插秧机无法在插秧时使用；二是就目前的研究来看矿物质育苗必须结合专用的育秧基质肥进行育秧。

二、生物质用于基质育秧

学者 Penningsfeld 研究了几种栽培基质的主要理化性状[3]。De Bood 和 Verdonck 报道了椰子纤维、软木屑、树皮、垃圾、污泥不同配比栽培基质的应用效果[4]。Nicole De Rouin 等评价了几种混合基质的孔隙度、pH、可利用水量、产量，并从顶部叶片的养分含量的角度分析了基质的养分平衡性，同时，总结出了各类有效基质的栽培措施[5]。Prasad M 和 Maher MJ 也在 1993 年研究总结了用于基质的泥炭理化特性和栽培举措[6]。生物质资源主要经过特定微生物发酵、膨化等技术或经过焚烧、堆沤腐熟处理后，进行科学配伍，添加适量的水稻秧苗生长时期所需 N、P、K 等养分配制成基质。稻壳是应用育秧最多的生物质资源，但也存在多种不利因素，首先稻壳含纤维素高、密度低、低渗水性，如果直接应用育苗，浇水时基质易浮于水面，因此要长时间用水浸泡、过滤；其次稻壳孔隙度少，不易吸水、保水性低，造成成苗率低，不利大面积推广使用。将稻壳粉碎，提高了稻壳的保水性，但由于密度低、纤维素含量高，仍然存在渗水性差和基质漂浮等弊病[7]。如果稻壳炭化后将其粉碎，可以大幅度地提高稻壳的渗水性、保水性，并且通透性好，水稻苗根可以在其中伸展，秧苗根系发达。但谷壳炭化后的酸碱度在 7～9，偏碱，而育秧环境为酸性，所以必须调酸[8]。如果采用秸秆、菇渣等生物质资源经高温堆沤发酵、催腐作用后制成育苗基质进行育秧，结果发现该基质能显著促进提高秧苗素质，积累干物质，育出的秧苗健壮、整齐均匀，根系盘结性好，秧盘不易断裂，栽插时漏棵缺棵率低[9]。

三、腐杆菌剂催腐水稻秸秆的研究

作物稻秆等农副产品是一种重要的生物质资源，但由于其含有大量的纤维素、半纤维素和木质素等成分导致降解率低下。近年来人们在水稻秸秆生物降解研究工作中分离得到了一些具有水稻秸秆降解能力的菌株，主要包括侧耳菌（*Pleurotus* spp.）、木霉菌（*Trichoderma* spp.）、青霉菌（*Penicillium* spp.）、曲霉菌（*Aspergillus* spp.）和一些细菌复合系等。并利用限制性培养技术，通过长期驯化，构建出降解木质纤维素能力较强的腐杆菌剂。将腐杆菌剂添加到稻秆中，不仅可以加速稻秆的腐解，还可以促进作物对养分的吸收。主要的原因是有机物中的木质素、半纤维素、纤维素以及其他复杂结构的有机物通过腐杆菌多方面的分解作用，分解成容易被作物吸收和利用的简单分子有机肥料，另外稻秆中丰富的磷、钾等无机营养元素也可以被作物吸收利用。同时，大量的有益微生物伴随着腐解进程而产生、繁殖，除有利于农作物的生长和生产外，还能增强植物的抗逆性。从而改善作物品质，更好地实现农业的可持续发展。

四、稻秸秆发酵物作为机插育秧基质的意义

目前，机插育秧主要以秧田糊泥和营养土为主。在集中育秧和工厂化育秧条件下，利用秧田糊泥虽然简便，但长期在同一秧田取用糊泥，必然导致表土层破坏；用营养土虽然有利于培育壮秧，但营养土育秧环节工作强度大，耕层土壤破坏严重，药害草害严重，制约了水稻机插秧的快速普及。因此，寻找糊泥和营养土的替代品就成为机插秧育秧的一种必然选择。

稻秸秆资源丰富，仅江西一年就有 1.8 万 t，且为可再生资源。实践证明，秸秆发酵物作为机插秧育秧基质被证明是一种有效的秸秆利用方法。但是水稻秸秆已经风干，纤维含量高、可溶性碳水化合物低、附生微生物减少。因此，通过添加腐杆菌剂，筛选合理的发酵配方，实现稻草秆的快速腐解，可为利用废弃纤维资源快速生产育秧基质提供理论基础，为农业废弃物的无害化、资源化提供理论依据和实例。

由于基质育秧操作简便，水稻秸秆育秧基质有利于在农民推广普及。实现机插水稻育秧技术，有利于实现产业化，推进水稻种植机械化、产业化发展。由于水稻育秧基质是利用秸秆经发酵处理而成，转化大量秸秆作为育秧基质大面积的推广应用，秸秆综合利用率得以提高，还可以减少焚烧秸秆造成的环境污染，充分利用可再生资源，加快农业循环经济持续发展。水稻秸秆育秧基质育秧，苗期没有青枯病、立枯病等病害的发生，秧苗素质好，秧苗矮壮，抗逆性较强，秧苗根系发达，白根增加，盘根力增强，发根力强，早期发苗快，有利于实现机插水稻高产稳产。

参考文献

[1] 刘华招. 水稻机插中苗育秧基质的研究[J]. 现代化农业，2009，3：1-3.

[2] 李金锋，于泉林，郑桂萍，等. 寒地水稻岩棉代用基质育苗技术效果的研究[J]. 黑龙江八一农垦大学学报，1995，8（1）：21-25.

[3] Penningsfeld F. Substrates for protected cropping[J]. Acta hort，1978，82：1322.

[4] De Boodt M，Verdonck O. The Physical properties of the substrates in hort[J]. Acta Hort，1983，26：37-44.

[5] Nicole De Rouin，Jean Caron，Leon E. Parent. Influence of some artifieial substrate on Productivity and DRIS diagnosis of greenhouse tomatoes[J]. Acta hort，1988，221：45-52.

[6] Prasad M，M aher MJ. Physical and chemical properties of fractionated peat[J]. Acta hort，1993，342：257-264.

[7] 韩丽伟，孙严艳. 水稻新基质－粉碎稻壳旱育苗技术[J]. 垦殖与稻作，2006（2）：29-30.

[8] 王晶英，吴旭红，赵萍. 水稻代用基质育苗简介[J]. 黑龙江农业科学，1996（6）：31-33.

[9] 顾明柯，孙晨. 张家港市应用机插水稻专用育秧基质存在问题及对策[J]. 上海农业科技，2012（1）：46.

水稻病害的微生物防治研究进展*

彭卫福[1]　李昆太[2**]

（1. 江西农业大学作物生理生态与遗传育种省部共建教育部重点实验室/江西省作物生理生态与遗传育种重点实验室，南昌 330045；2. 江西农业大学生物科学与工程学院，南昌 330045）

摘　要：水稻病害一直是农业生产的一个大问题。尽管利用化学农药进行病害防治有其优势，但也带来了诸如环境污染、农药残留、耐药性等问题。而生物防治尤其是利用微生物防治水稻病害具有其独特的优势，成为水稻病害防治的新趋势，备受各国研究者的关注。本文对微生物生防特点及其防治效果、生防微生物种类、微生物生防机理以及存在的主要问题和对策等方面进行了综合性阐述和展望。

关键词：水稻病害　生物防治　微生物　生防机理

一、引言

水稻作为世界最重要的粮食作物之一，种植广泛，尤以我国居多。但是，水稻种植过程中会滋生各种病害，如水稻纹枯病、稻瘟病和白叶枯病等，对水稻产量和品质影响巨大，造成巨大的经济损失。因此，水稻病害的防治成为农业科学中的一个重要课题。

目前，水稻病害的防治主要有农业防治、化学防治和生物防治等方法。其中，

* 基金项目：江西省青年科学家培养计划（20142BCB23025）。

** 通信作者：李昆太，博士，副教授。E-mail：atai78@sina.com。

农业防治主要是通过选用抗病品种、田间管理、控制水肥等方法来达到防病目的，但其作用十分有限。而化学防治主要是利用化学农药消除病害，由于其具有成本低、见效快、杀菌谱广、使用简便等优点，一直是病害防治的首选方法。但是，长期大量使用化学药物会造成农药残留，危害人畜健康，污染环境，并且杀害病原菌的同时也杀伤了其他有益生物，破坏了生态平衡。同时，化学防治法还会造成抗耐药性，使得农药施用量和次数不断增加，从而造成化学农药使用的恶性循环。因此，寻求安全、环保、持久的新型水稻病害防治方法具有重要的现实意义。

近年来，利用生物防治法控制水稻病害受到各国研究人员的关注，已成为水稻病害防治的研究热点。其中，利用微生物防治水稻病害的研究发展迅速，已成为防治土传病害的研究热点[1]。

二、微生物生防特点及其对水稻病害的防治效果

利用微生物或其代谢产物防治水稻病害，不仅避免了化学农药带来的一系列问题，而且安全、环保，无残留，不易使病原菌产生耐药性，同时还能提高品质、增强抗性、改善土壤环境等多重作用，这都是化学农药无法匹敌的。因此，微生物生防显示出越来越广阔的应用前景。

近年来，国内外许多学者对生防微生物在水稻病害的防治效果进行了大量研究。例如，Ranjan 等[2]分离的 RRb2、RRb3 和 RRb4 三株水稻根际菌对水稻白叶枯病菌有拮抗作用，浸种处理也能很好地保护种子免受病原体侵袭，从而提高发芽率和幼苗活力。王奎萍等[3]筛选得到 7 株生防细菌对水稻纹枯病有较好的防治效果，且均有明显的促生作用，其中菌株 7Ze23 对水稻纹枯病的防效最高，与对照杀菌剂相比的相对防效为 92%。王兰英等[4]研究发现，糖蜜草固氮螺菌（*Azospirillum melinis*）SRJ2-4 对水稻纹枯病菌抑制效果最好，防效差异达极显著水平，并能提高产量。

三、生防微生物的种类

用于生物防治的微生物种类繁多，主要有细菌、真菌、放线菌等。

1. 生防细菌

细菌具有分布广、种类繁、数量多、繁殖快、易培养、作用方式多样等特点，

是最具有生防潜力和应用价值的微生物。目前应用较多的生防细菌主要有芽孢杆菌（*Bacillus subtilis*）、假单胞杆菌（*Pseudomonas* spp.）等。

（1）芽孢杆菌

芽孢杆菌以能产生抗逆性较强的内生芽孢而被大量研究。目前，研究较多的生防芽孢杆菌有：枯草芽孢杆菌（*B. subtilis*）、多黏芽孢杆菌（*B. polymyxa*）、蜡状芽孢杆菌（*B. cereus*）等。

Jack 等[5]筛选的 3 个多黏类芽孢杆菌对稻瘟病菌均具有很好的径向生长抑制百分率（＞80%）。赵贞丽等[6]发现，芽孢杆菌 SG06 对水稻恶苗病菌和纹枯病菌等 6 种病原菌都有较强的抑菌作用。李铁军等[7]发现枯草芽孢杆菌 LDB1 在实验室条件下对水稻纹枯病菌等 8 种病原真菌都有较好的抑制作用。

（2）假单胞杆菌

假单胞杆菌分布广泛，是植物根际细菌中最大的种群，其中以荧光假单胞菌为主。假单胞杆菌能有效地定殖在植物根际，控制水稻病害、促进水稻生长，是植物病害生防研究中的一个重要类群。Parthasarathy 等[8]筛选出的假单胞菌（*P. fluorscens*）Pf1 对水稻白叶枯病病菌的抑制效果很好（67.22%）。张亚等[9]发现假单胞菌 SU8 对稻瘟病菌的抑制效果最好，抑菌带宽度达 45.3 mm。

2. 生防放线菌

生防放线菌主要是链霉菌及其变种，它们可以产生多种抗生素，这些抗生素能抑制或杀死多种植物病原菌。因此，放线菌被广泛用于植物病害的生物防治。

越南的 HOP 等[10]首次发现毒三素链霉菌（*Streptomyces toxytricini*）VN08-A-12 不仅能降低水稻白叶枯病病斑长度（38.3%），还能显著减少患病水稻产量损失（43.2%），增加健康水稻的产量。放线菌 NF0919 发酵液粗提物对水稻纹枯病菌的室内抑制效果远高于井冈霉素，其作用是使菌丝致畸并失去侵染能力[11]。

3. 生防真菌

真菌能产生大量的孢子，适应能力强，且能产生广谱性抗菌物质，因而成为生防研究的一个方向。生防真菌主要有木霉菌（*Trichoderma*）、黏帚霉（*G. liocladium* spp.）、毛壳菌（*Chaetomium*）等。其中，生防木霉菌研究得比较多。

Singh 等[12]研究表明，哈茨木霉对尖孢镰刀菌菌丝的抑制率达到 61%～71%。王淑芳等[13]表明 2 亿活孢子/g 黏帚霉孢子粉剂 1 050 g/hm^2 处理抗病保产效果最为显著，超过 5%井冈霉素水剂 3 L/hm^2 的防治效果。

四、微生物生防的作用机理

生防菌的作用机理多种多样，不同的生防菌有不同的作用机制。目前已经证实的机理主要有竞争、抗生作用、寄生、溶菌作用、诱导抗性和促生作用等。

1．竞争作用

竞争作用是拮抗菌防治病害的重要机制之一，拮抗微生物与病原菌的竞争包括空间位点和营养物质的竞争。

营养竞争是指生防菌与病原菌争夺水分、氧气、碳源、氮源等。生防菌通过营养竞争使病原菌因得不到充足的营养而大大降低致病性。Lilao 等[14]发现酵母菌能有效地定殖并与致病真菌竞争空间和营养。空间竞争是生防菌通过优先占领一定的生存空间尤其是病原菌侵入位点，使病原菌与植株间形成隔离带，使病原菌难以侵入[15]。刘邮洲等[16]研究表明，枯草芽孢杆菌 B-916 能有效防治水稻纹枯病，在水稻叶片上定殖能力较强，使 B-916 成为优势种群，并占据空间位点、营养物质等，从而达到生防作用。

2．抗生作用

拮抗菌的抗生作用是指拮抗微生物通过分泌拮抗物质来抑制或杀死病原菌，它是拮抗菌防治水稻病害的重要机制之一。

抗生素是生防细菌重要的防病机制之一，一种抗生素可对多种病原菌产生抑制作用。魏兰芳等[17]研究表明抗生素溶杆菌 13-1 菌株产生 4 种吩嗪类物质对水稻白叶枯病原菌均具有抑菌活性。李倩[18]分离到一株气味沙雷氏菌（*Serratia odorifera*）L5，该菌株可产生抗生素硝吡咯菌素（Pyrrolnitrin）和嗜铁素等抗菌物质。

3．重寄生和溶菌作用

寄生也叫重寄生，是指病原菌被生防菌寄生的现象。拮抗菌通过吸附于病原真菌菌丝上，并产生溶菌物质使菌丝发生断裂、解体或产生溶菌物质溶解病原菌细胞壁，其中，发挥作用的酶类包括几丁质酶、β-1,3-葡聚糖酶、蛋白酶、纤维素酶等。

林吉恒[19]发现枯草芽孢杆菌 LJH25 对稻瘟病菌表现很强的拮抗活性，并对水稻有促生作用，扫描电镜发现 LJH25 对稻瘟病菌丝有溶解、断裂、扭曲、溢缩等致畸效应。于艳敏等[20]发现生防菌 R13 可以使水稻纹枯病菌丝体发生扭曲、变形、原生质外溢，抑制菌丝萌发，延迟菌核形成。

4．诱导抗性作用

生防微生物在长期进化过程中，形成了一种天然防御系统，即在受到有害生物侵袭时能够启动一系列精细、复杂的防御反应，减轻或消除危害的发生，即诱导抗性。诱导抗性是拮抗菌防病的重要机理。

Nandakumara 等[21]发现用荧光假单胞杆菌处理的水稻品种 IR50 对纹枯病菌具有诱导系统抗性作用，并证明过氧化物酶和几丁质酶活性的增加与系统获得抗性相关。张荣胜等[22]发现 Lx-11 菌株分泌多种脂肽类抗生素，还能诱导植株防卫反应相关基因（PR-1a，PR-1b，NPR1）和苯丙氨酸解氨酶（PAL）基因的表达。

5．促生作用

植物根际促生菌（plant growth-promoting rhizobacteria，PGPR）和内生菌除了上述机制外，还能通过生物固氮，产生或刺激植物产生各种植物生长激素来促进植物的生长，增强其抗病能力。联合固氮菌不但能固氮以减少氮肥施用量，还能分泌根际代谢物，抑制稻瘟病菌的生长，降低稻瘟病的危害程度，从而减少化学农药的使用[23]。王伟舵[24]筛选的芽孢杆菌不仅对水稻白叶枯病菌和细菌性条斑病菌有一定的抑菌效果，而且有明显的促生增产作用。

6．复合作用

此外，拮抗菌一般是多种生防机制并存。郎剑锋等[25]发现哈茨木霉及其菌丝提取物对水稻恶苗病和水稻纹枯病均有抑制作用，其生防机制为营养竞争、抗生作用和重寄生。陈思宇等[26]筛选出 11 株对 5 种水稻病原菌均有抑制作用，它们均能产生蛋白酶、赤霉素和嗜铁素，并促进水稻生长。

五、微生物生防存在的主要问题及改进策略

1．微生物生防存在的主要问题

尽管微生物生防对水稻病害具有一定的效果，但也存在一些问题。其一是生防菌的定殖问题，生防菌受到农田土壤性质和农药等的影响而难以在植物上定殖；其二是生物防治效果不稳定，在室内、田间或年度间有明显的差异；其三是生防菌产生的抗菌物质会受土壤环境等因素的影响发生降解，从而不能发挥很好的生防促生作用；其四是生物防治防病作用单一，综合防病效果差；其五是生防菌寿命短，菌种易退化。

2．提高微生物生防效果的措施

针对目前微生物生防存在的各种问题，可以采用以下措施来提高生防效果。

（1）菌药混配

生物农药是利用生防菌或其代谢产物进行病害防治的一类制剂，它较化学杀菌剂具有选择性强、对环境友好、不易产生抗药性等优点[27，28]。但是，生物农药比化学农药见效慢，效果不稳定。生物与化学相结合防治植物病虫害的策略，既能有效控制病虫害，又能减少农药使用量，降低农药残留，达到优势互补，增强防效的目的。因此，生防菌与化学农药复配防病具有广阔的推广应用前景。

李敏等[29]研究了多菌灵与哈茨木霉 TS1 复配对水稻苗期立枯病的防治效果，结果表现出增效作用；沈素文等[30]发现拮抗细菌 B-916、X-10 与链霉素混配后，均比单用化学农药防治细菌性条斑病效果更好，能够部分替代农药使用；罗茗月[31]研究表明，生防菌 A168 活性物质与 75%三环唑可湿性粉剂复配对水稻纹枯病菌的防效明显高于单剂防效。

（2）菌种复配

混菌复配有利于生防菌在植株上稳定定殖，达到多种拮抗菌功能互补、多种病害兼防、拮抗和促生协同的防治效果。

Ali 等[32]研究发现同时接种木霉菌和芽孢杆菌 UKN1 对稻瘟病菌的生防效果与单一接种的效果差异显著（$p \leqslant 0.05$）；Gyung 等[33]发现两株拮抗水稻纹枯病的荧光假单胞杆菌 mc75 和 pc78，两者互作能抑制病原菌铁的产生和生物膜的形成，从而增强生防作用；张国庆[34]研究发现，枯草芽孢杆菌、巨大芽孢杆菌、黏质沙雷氏菌和哈茨木霉菌组成的复合生防菌剂可促进秧苗根系生长，提高根系酶活力，说明复合生防菌剂具有增效作用。

（3）遗传改良

为了使生防菌杀虫抗病能力大幅稳定提升，必须对生防菌株进行遗传改良。遗传改良主要是增强抗菌活性、扩大抑菌谱、增强定殖能力和增强诱导抗性等。目前，生防菌遗传改良的手段主要有传统的诱变育种、原生质体技术和分子生物学方法等。

李德全[35]利用离子束对生防菌 Bs-916 进行诱变处理，获得的突变株对水稻纹枯病防效为 84%～87.4%，均高于 Bs-916 的防效（72.4%）；高效突变株分泌的表面活性素含量比 Bs-916 有较大幅度的增加，它能抑制水稻纹枯菌丝生长，引起原生质泄漏，还能提高水稻过氧化物酶（POD）、超氧化物歧化酶（SOD）和多酚氧化酶（PPO）活性。陈海荣等[36]将具有杀虫效果的苏云金芽孢杆菌和抗病效果的枯草芽孢杆菌进行原生质体融合，其融合子具备杀虫和抗病的双重功效。乔俊卿[37]将 $HpaG_{Xooc}$ 编码基因 *hpal* 与可产生多种脂肽类和聚酮类化合物的促生拮抗解淀粉芽孢杆菌 FZB42 相结合，成功构建了双拷贝 Harpin 外泌工程菌株 FZBHarpin，它具有比其出发菌株 FZB42 更好的生防和促生效果。Jayaraman 等[38]通过穿梭质粒 pDSK519 将水稻几丁质酶基因导入到 *Azospirillum brasilense* 中，得到了同时具有抑菌作用和固氮能力的工程菌株。

六、展望

化学农药的滥用不仅污染环境，破坏生态平衡，而且农药的高残留也严重危害着人类健康。尽管当前化学农药仍占主导地位，但生防拮抗菌具有使用安全，环境友好，不产生抗药性等优点，是未来生态农业可持续发展的重要方向。

生物防治是在农业生产中能够代替或者至少能作为减少化学农药使用的一种补充手段[39]。近年来，随着分子生物学的发展，应用生物技术改造微生物，提高生防效果，扩大生防范围，具有巨大的经济价值和社会效益，符合人类绿色环保和可持续发展的伟大目标。

参考文献

[1] 高崇，高玉亮，孙立娟，等. 生物防治在烟草主要病虫害上的应用[J]. 延边农业科技，2012，1：21-28.

[2] Ranjan R K，Rai B，Chaudhari P K，et al. Isolation and screening of rice rhizobacteria against bacterial leaf blight of rice[J]. ORYZA-An International Journal on Rice，2013，50（3）：308-310.

[3] 王奎萍，陈云，等. 水稻纹枯病的生物防治[J]. 江苏农业科学，2013，41（5）：110-112.

[4] 王兰英，谢颖，廖凤仙，等. 水稻纹枯病生防内生菌糖蜜草固氮螺菌的分离与鉴定[J]. 植物病理学报，2012，42（4）：425-430.

[5] Jack A，Ramachandran K. Mikroorganisma Antagonis Sebagai Kawalan Biologi Penyakit Utama Padi[J]. Journal Teknology，2014，70（6）.

[6] 赵贞丽，贾斌，沈国娟，等. 水稻恶苗病生防用拮抗细菌分离鉴定及抑菌活性研究[J]. 延边大学农学学报，2014，36（1）：22-27.

[7] 李铁军，丁邦琴，陈玉霜. 生防菌株 LDB1 对不同植物病原真菌抑菌谱的比较[J]. 江西农业学报，2014，26（6）：42-45.

[8] Parthasarathy R，Indira J，Manikandan A. To Study The Antagonistic Organisms and New Chemicals Aganist the Bacterial Bight Phathogen（*Xanthomonasoryzaepv. oryzae*） of Rice[J]. International Journal of Research in Biotechnology and Biochemistry，2014，4（1）：6-11.

[9] 张亚，苏品，刘双清，等. 拮抗假单胞菌 SU8 对几种植物病原真菌的抑制作用[J]. 农药，2013，52（12）：917-920.

[10] Hop D V，Phuong Hoa P T，Quang N D，et al. Biological Control of *Xanthomonas Oryzae pv. Oryzae* Causing Rice Bacterial Blight Disease by *Streptomyces toxytricini* VN08-A-12，Isolated from Soil and Leaf-litter Samples in Vietnam[J]. Biocontrol Science，2014，19（3）：103-111.

[11] 杨敬辉，文平兰，陈宏州，等. 放线菌 NF0919 的鉴定及生防活性[J]. 西北农业学报，2013，4：201-206.

[12] Singh P K，Kumar V. Mass production and shelf life of *Trichoderma harzianum*（*TH*）-A bio-control fungus[J]. BIOINFOLET-A Quarterly Journal of Life Sciences，2014，11（2c）：655-657.

[13] 王淑芳，马桂珍，暴增海，等. 生防菌粉红粘帚霉制剂防治水稻纹枯病田间药效试验[J]. 安徽农业科学，2013，41（34）：13242-13255.

[14] Lilao J，Mateo J J，Maicas S. Biotechnological activities from yeasts isolated from olive oil mills[J]. European Food Research and Technology，2014：1-9.

[15] 王万能，全学军，周跃钢，等. 关于植物病害生物防治[J]. 重庆工学院学报，2004，18（2）：50-52，65.

[16] 刘邮洲，陈志谊，刘永锋，等. 拮抗细菌 B-916 对水稻病原菌的抑制效果及其定殖动态研究[J]. 江苏农业科学，2005，6：48-49，72.

[17] 魏兰芳，周丽洪，姬广海，等. *Lysobacter antibioticus* 13-1 菌株抗菌物质鉴定及对水稻白叶枯病的防治效果[J]. 微生物学通报，2014，41（2）：274-280.

[18] 李倩. 拮抗细菌 L5 的鉴定及其生防相关因子初步分析[D]. 扬州大学，2012.

[19] 林吉恒. 食品级安全微生物枯草芽孢杆菌 LJH25 的生物防治作用及机理初探[D]. 浙江大学，2011.

[20] 于艳敏，赵北平，高洪儒，等. 生防菌 R13 对水稻纹枯病病原菌的抑制作用[J]. 黑龙江农业科学，2010，1：3-4，7.

[21] Nandakumara R，Babua S，Viswanathanb R，et al. Induction of systemic resistance in rice against

sheath blight disease by *Pseudomonas fluorescens*[J]. Soil Biology & Biochemistry. 2001，33：603-612.

[22] 张荣胜，王晓宇，罗楚平，等. 解淀粉芽孢杆菌 Lx-11 产脂肽类物质鉴定及表面活性素对水稻细菌性条斑病的防治作用[J]. 中国农业科学，2013，46（10）：2014-2021.

[23] Hernández-Rodríguez A，Rives-Rodríguez N，Acebo-Guerrero Y，et al. Potentialities of associated diazotrophic bacteria in plant growth promotion and biocontrol of *Pyricularia oryzae*（Sacc.） in rice（*Oryza sativa* L.）[J]. Revista de Protección Vegetal，2014，29（1）：1-10.

[24] 王伟舵. 防治水稻细菌性病害生防芽孢杆菌菌株筛选及芽孢杆菌处理后水稻蛋白质组学研究[D]. 南京农业大学，2012.

[25] 郎剑锋，孔凡彬，石明旺，等. 哈茨木霉对 7 种植物病原菌的生防机制研究[J]. 河南科技学院学报（自然科学版），2013，5：32-35.

[26] 陈思宇，陈志谊，张荣胜. 水稻纹枯病菌拮抗细菌的筛选及鉴定[J]. 植物保护学报，2013，40（3）：211-218.

[27] Zhao Z，Wang Q，Wang K，et al. Study of the antifungal activity of *Bacillus vallismortis* ZZ185 in vitro and identification of its antifungal components[J]. Bioresource technology，2010，101（1）：292-297.

[28] Henkes G J，Jousset A，Bonkowski M，et al. *Pseudomonas fluorescens* CHA0 maintains carbon delivery to Fusarium graminearum-infected roots and prevents reduction in biomass of barley shoots through systemic interactions[J]. Journal of Experimental Botany，2011，62（12）：4337-4344.

[29] 李敏，杨谦，王疏，等. 哈茨木霉与多菌灵复合使用对水稻苗期立枯病的防治[J]. 浙江大学学报（农业与生命科学版），2009，35（1）：65-70.

[30] 沈素文，刘永峰，周苏津，等. 4 株拮抗细菌与链霉素、叶枯唑协同控制水稻细菌性条斑病研究[J]. 江苏农业科学，2010（4）：98-100.

[31] 罗茗月. 生防菌 A168 活性物质及复配物对水稻纹枯病菌抑制效果和田间防效[D]. 湖南农业大学，2010.

[32] Ali H，Nadarajah K. Evaluating the efficacy of *Trichoderma* spp and *Bacillus substilis* as biocontrol agents against *Magnaporthe grisea* in rice[J]. Australian Journal of Crop Science，2014，8（9）：1324-1335.

[33] Gyung J C，Jin C K，et al. Biological control activity of two isolates of *pseudomonas fluorescens* against rice sheath blight[J]. The Plant Pathology Journal，2006，22（3）：289-294.

[34] 张国庆. 生防菌对水稻幼苗生长和根际土壤酶影响的研究[D]. 黑龙江八一农垦大学，2012.
[35] 李德全. 离子注入生防菌 Bs-916 高效突变菌株选育及其拮抗作用分子机理研究[D]. 南京农业大学，2007.
[36] 陈海荣，刘前刚，高书锋，等. 原生质体融合构建水稻病害生防多功能工程菌株[J]. 湖南农业科学，2010，1：13-15.
[37] 乔俊卿. *Bacillus amyloliquefaciens* B3 生防促生相关基因和内生质粒 pBSG3 的研究及高效生防工程菌的构建[D]. 南京农业大学，2010.
[38] Jayaraman Jayaraj，Subbaratnam Muthukrishnan，George H，et al. Transfer of a plant chitinase gene into a nitrogen-fixing *Azospirillum* and study of its expression[J]. Canadian J Microbiol，2004，50（7）：509-513.
[39] Compant S，Duffy B，Nowak J，et al. Use of plant growth-promoting bacteria for biocontrol of plant disease：principles，mechanisms of action and future prospects [J]. Applied and Environmental Microbiology，2005，71（9）：4951-4959.

江西省玉米生产现状及发展对策*

杨文亭[1,2] 王晓维[1,2] 罗杰[1,2] 黄国勤[1,2]**

（1. 江西农业大学生态科学研究中心/作物生理生态与遗传育种省部共建教育部重点实验室，南昌 330045；2. 江西农业大学农学院，南昌 330045）

摘　要：玉米是我国三大粮食作物之一，是畜牧养殖主要的饲料源。江西是我国生猪养殖大省，但玉米种植面积小，制约了畜牧业的进一步发展。本文通过对江西近年来玉米种植生产基础条件、种植面积、单产水平、生产潜力以及消费需求进行分析，提出了江西玉米种植发展对策，以期促进江西玉米产业发展，为建设现代畜牧业强省提供坚实的基础。

关键词：玉米　产量　种植面积　江西

玉米（*Zea mays*）是全球种植范围最广、产量最大的谷类作物，是重要的粮食、饲料、经济及生物质能源作物。人均占有玉米量是衡量一个国家畜牧业发展和人民生活水平的重要标准[1]。据联合国粮农组织统计，2010—2011 年度，全球玉米产量 8.4 亿 t，占全球谷物总产量的 35%，占世界粮食贸易总量的近 1/3[2]。中国是世界第二大玉米种植国和消费国，2012 年全国种植面积为 3.50×10^7 hm^2，居粮食作物之首（图 1），产量为 2.05 亿 t，超过稻谷产量（图 2）。中国作为全球最主要的玉米生产国、消费国和出口国，伴随全球玉米需求浪潮的巨大扩展，中国国内的玉米消费也出现大幅上涨。一方面饲料消费增长，另一方面国内深加工消费增长，使得国内的供求关系发生明显的变化，从全球最主要的玉米出口国转变为“潜在的全球最大的玉米进口国”，中国的玉米进口成为全球关注焦点。

* 基金项目：国家自然科学基金项目（31360108）和高等学校博士学科点专项科研基金项目（20133603120005）联合资助。

** 通信作者：黄国勤，教授（二级），博士生导师，E-mail：hgqjxnc@sina.com。

2008 年中国彻底由世界主要玉米出口国转变成为玉米进口国，2012 年玉米进口达 520.6 万 t[3]。

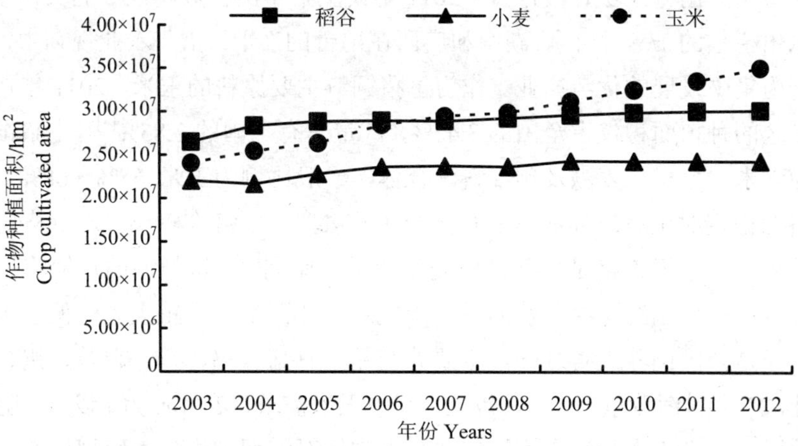

（数据来源：中国统计年鉴 2013[4]）

图 1　2003—2012 年中国三大粮食作物种植面积

Fig. 1　China three grain cultivated area in 2003-2012

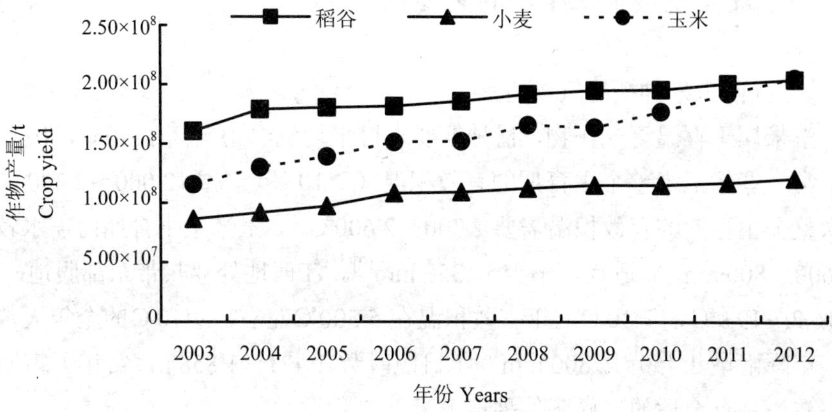

（数据来源：中国统计年鉴 2013）

图 2　2003—2012 年中国三大粮食作物产量

Fig. 2　China three grain yield in 2003-2012

玉米全国总产量的 70%用来生产饲料[5]。随着人民生活水平不断提高，对肉类的需求越来越大，畜禽养殖规模也逐年增大，特别是江西、湖南、广西、福建、广东和海南等南方红壤丘陵地区，2011 年仅生猪年出栏数超过 2 亿头，接近全国生猪总出栏数的 1/3，江西、湖南和广西在出台的“十二五”农业规划中，生猪养殖被列为集中发展的优势产业。作为生猪饲料主要原料的玉米，2011 年在南方红壤丘陵区的种植面积仅占全国的 3.45%，产量只有全国的 2.85%[4]。生猪饲养饲料主要为玉米、豆粕、麦麸及预混料混合体，一般比例为玉米 65%～68%，因而玉米价格的稳定对生猪饲养成本的稳定至关重要[6]。生猪价格与玉米价格之间呈现正相关关系，玉米价格是生猪价格变化的重大原因[7]。饲料源的短缺将增加生猪生产成本，严重制约畜牧养殖的进一步发展。江西虽是产粮大省，但玉米缺口较大，江西是全国饲养大省之一，主要养殖品种有猪、鸡、鸭、鹌鹑、鸽、鱼等。据统计，年饲料消费量 700 万 t 以上，其中玉米需求量在 400 万 t 以上，随着畜牧业的发展，玉米需求量还在不断增加。本文针对江西省生猪养殖规模大与玉米种植面积小这一突出矛盾，通过对江西玉米种植生产基础条件、生产现状进行分析，提出了本地玉米发展对策，以期促进江西玉米产业发展，为建设现代畜牧业强省提供坚实的基础。

一、江西发展玉米生产的必要性

1. 江西玉米种植的气候适宜

玉米属于喜温喜光作物，播种期要求日平均气温稳定高于 10℃，10～12℃发芽正常，春播玉米整个生育期的有效积温（≥10℃）需要 2 000～2 300℃，夏播玉米整个生育期的有效积温需要 2 300～2 600℃[8]。玉米全生育期内需水较多，一般 600～800 mm 较适宜，不少于 350 mm[9]。江西地处亚热带东部腹地，年均气温 16.2～19.9℃，≥10℃的年有效积温在 5 500℃左右，≥10℃的全年天数有 270 天，年降雨量 1 450～1 800 mm，年日照时数 1 471～1 858 h，常年无霜期为 285 天左右，具有合适的气候条件种植玉米。

2. 江西玉米需求量大

近年来江西省畜牧业发展迅速，生猪产业规模巨大，2011 年出栏生猪达 2 884.8 万头，占全国总出栏数的 4.36%，年饲料消费量 700 万 t 左右，其中玉米消费量达 400 万 t 以上。但江西作为一个农业大省，玉米种植面积较少，2011 年

种植面积仅有 2.57×10^4 hm^2，占全国玉米种植面积的 0.08%；产量为 10.50 万 t，占全国产量的 0.05%（图 1），饲料源玉米缺口巨大，基本上需要从北方玉米主产省区输入。大量的收购北方或国外的玉米需要花费大量资金，还增加交通运输压力，提高了畜牧业的生产成本，很大程度上制约了江西畜牧业的可持续发展。江西省“十二五”农业发展规划中计划新增 200 万 t 畜禽产品，饲料饲草的开发就是其中主要内容之一。玉米作为饲料之王，生物量大，有计划地发展江西本地玉米产业，是解决畜牧业、饲料产业发展难题的重要途径之一。

二、近十年江西玉米生产发展概况

1. 玉米种植面积

从图 3 来看，江西作为南方丘陵玉米区的重要组成之一，玉米种植面积整体偏小，但随着玉米育种和栽培技术的发展，近两年来面积有较大的增加，2011 年和 2012 年分别比 2003 年增加了 46.86%和 60.29%。相对于全国玉米种植面积来说，江西玉米种植面积特别小，只占全国面积的千分之几。

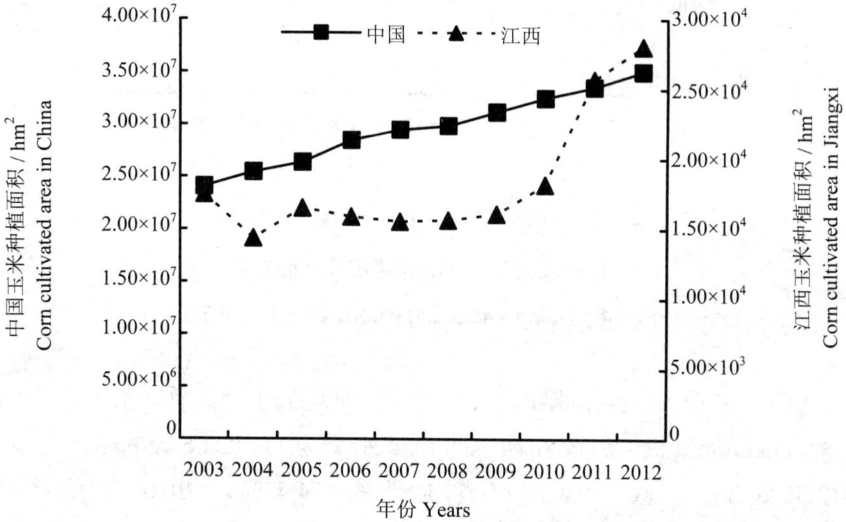

（数据来源：中国统计年鉴 2013 和江西统计年鉴 2004—2013[10]）

图 3　2003—2012 年中国和江西玉米种植面积

Fig. 3　China and Jiangxi corn cultivated area in 2003-2012

2. 玉米产量

从图 4 来看，江西玉米总产量在 2004 年降低后，近年来一直呈上升的趋势，2004 年的江西玉米产量为 4.80 万 t，全国玉米产量为 13 028.71 万 t，江西仅占全国的 0.037%。2011 年江西玉米产量达到 10.50 万 t，相比 2003 年增加了 118.75%。2011 年中国玉米 19 278.11 万 t，江西占全国的 0.054%，相比 2003 年全国玉米产量，2011 年增加了 47.97%。综合来看，近年来全国和江西玉米产量均稳步上升，但江西由于前期玉米总产量小，所以玉米产量增幅较大。

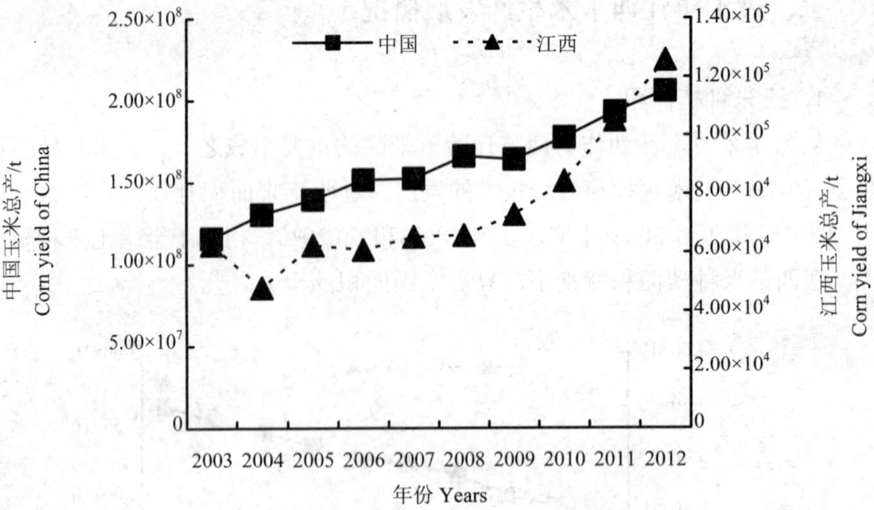

（数据来源：中国统计年鉴 2013 和江西统计年鉴 2004—2013）

图 4 2003—2012 年中国和江西玉米产量

Fig. 4 China and Jiangxi corn yield in 2003-2012

从图 5 来看，江西玉米单产水平近十年来均低于全国单产水平，单产还未突破 5 000 kg/hm^2。2003 年江西玉米单产水平为 3 582.86 kg/hm^2，全国水平为 4 812.59 kg/hm^2，仅有全国平均水平的 74.45%。2010 年单产水平是 4 642.46 kg/hm^2，2011 年单产水平是 4 085.60 kg/hm^2，同时期全国玉米单产为 5 453.68 kg/hm^2 和 5 747.51 kg/hm^2，江西玉米单产只有全国水平的 85.13%和 71.08%。随着科技水平的不断提高，良种良法种植，2003—2011 年，全国玉米单产水平提高了 19.43%，但江西玉米单产水平有波动，相比 2003 年，2010 年和 2011

年江西玉米单产水平分别提高了 29.57%和 14.02%。

从单产的角度来看：2010 年中国粮食单产比 1978 年增加了 96.83%，比 1990 年增加了 26.47%。表面上来看，数字喜人。按照官方解释，组织制度、市场化，通过农业基础设施建设，人工及物质投入、技术手段改善均是使中国粮食增产的原因。但更重要的直接原因，则是化肥和农药的使用量的增加。2010 年中国化肥使用量为 5 561 万 t（纯折），比 1978 年增加了 529.07%；农药使用量为 171.2 万 t，比 1978 年增加了 229.23%。这正是导致中国粮食安全“强制平衡”的主要原因。

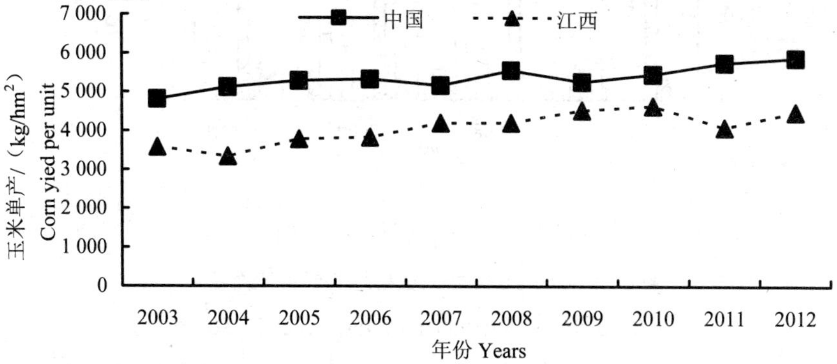

（数据来源：中国统计年鉴 2013 和江西统计年鉴 2004—2013）

图 5 2003—2012 年中国和江西玉米单产

Fig. 5 China and Jiangxi corn yield per unit in 2003-2012

3. 玉米地理分布

随着江西生猪养殖规模的不断扩大，再加上玉米价格的上涨，江西省近年来玉米种植面积呈现逐年增加的趋势（图 6）。从各地区种植面积来看，江西省主要的玉米种植地区为九江、宜春和赣州，种植最少的是新余和鹰潭。九江市玉米种植面积占据绝对优势，2009 年和 2010 年玉米种植面积占全省面积的 58.22%和 57.62%，2010 年玉米种植面积超过 1 万 hm^2，占九江市作物种植面积的 1.98%。接下来是宜春，近 4 年来种植面积逐年增加，2010 年玉米种植面积占全省种植面积的 19.97%。赣州市玉米种植面积也在不断增加，但增幅低于全省平均速度，2009 年和 2010 年玉米种植面积占全省面积的 15.60%和 14.84%。

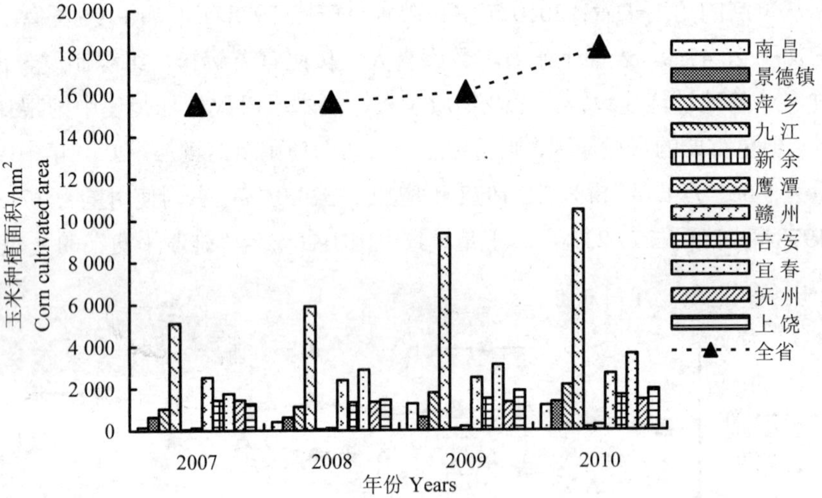

（数据来源：江西统计年鉴 2008—2011）

图 6　2007—2010 年江西各地玉米种植面积

Fig. 6　Jiangxi corn cultivated area in 2007-2010

随着玉米育种和栽培技术的不断发展，玉米单产逐年升高，江西玉米单产虽然也有一定的提高，但单产水平明显低于全国水平，另一方面说明江西玉米增产潜力大（图 7）。江西省玉米平均单产还未突破 5 000 kg/hm^2，近年来江西省玉米平均单产仅占全国平均单产的 85%左右，但差距呈现缩小的趋势。总体来看，江西各地区的玉米单产水平也存在明显的差异，由于气候条件的差异，相同地区年际间也有一定的差异。南昌、抚州和新余市的玉米平均单产水平较高，2009 年和 2010 年单产水平均高于全省平均水平，其中南昌地区 2008—2010 年连续 3 年单产水平稳定在 5 000 kg/hm^2，比全省平均水平分别增加了 22.53%、23.70%和 23.51%。2009 年和 2010 年的单产水平还超过了全国平均水平。玉米平均单产水平较低的地区为景德镇、吉安和九江，4 年平均单产只有全省单产水平的 73.57%、75.94%和 81.68%。

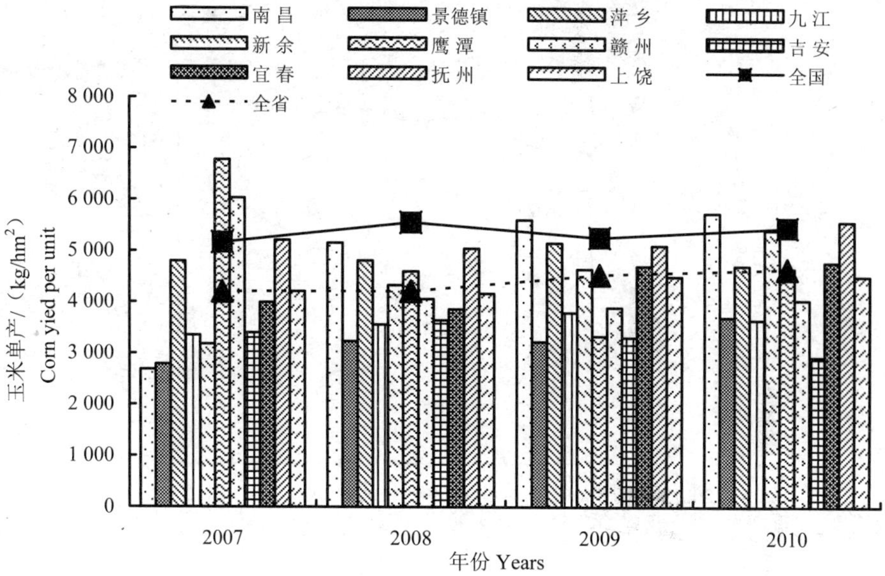

（数据来源：中国统计年鉴 2012 和江西统计年鉴 2008—2011）

图 7　2007—2010 年中国和江西各地玉米单产

Fig. 7　China and Jiangxi corn yield per unit in 2007-2010

4．玉米产量与生猪饲养量

江西是我国畜牧业大省之一，生猪养殖规模逐渐扩大，2011 年生猪出栏数达到 2 884.8 万头。2012 年江西省生猪出栏数超过 3000 万头，年出栏 500 头以上的生猪规模养殖比重达到 62%。江西省生猪出栏数占全国比例从 2005 年起逐年上升，2011 年达到 4.36%。相对来说，玉米种植面积和产量所占全国比例很小且存在波动，2003 年玉米种植面积仅占全国的 0.073%，玉米产量仅占全国的 0.054%。江西省种植面积和玉米产量 2011 年分别占全国的 0.077%、0.054%。相比之下，生猪养殖所占比例是玉米产量所占比例的 80 倍，对于玉米的需求存在严重的缺口。玉米生产对江西畜牧业发展还有很大的潜力可挖。

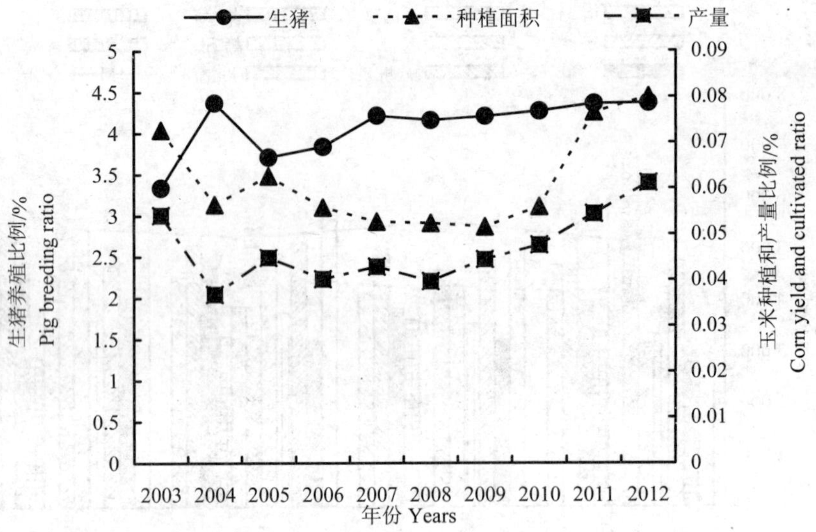

（数据来源：中国统计年鉴 2013）

图 8　2003—2012 年江西生猪、玉米种植面积和产量占全国比例趋势图

Fig. 8　Ratio trend graph of Jiangxi hog，corn cultivated area and yield in 2003-2012

三、进一步发展江西玉米生产的对策与建议

江西有适宜的气候环境，悠久的玉米种植历史 [11]，广泛的分布面积，具有良好的玉米种植基础条件。近年来江西玉米虽然有所发展，但种植面积总体仍然偏小，单产水平近十年均低于全国平均水平，适宜江西本土的玉米品种缺乏，严重影响了玉米种植效益，不利于玉米产业快速发展。江西作为全国生猪养殖大省，玉米需求量大，玉米产量和需求矛盾十分突出。针对以上问题，本文主要从政府政策、玉米品种和栽培措施三方面提出了对策与建议。

1. 政府引导与政策支持

政府引导和政策支持对江西生猪产业高速发展起到巨大推动作用。努力提高玉米单产和玉米种植面积是缓解玉米饲料源的刚性需求量大与本地玉米产量小的突出矛盾的主要途径。加强玉米产业宣传，增强江西玉米产业的显示度，争取政策支持，呼吁政府农业部门在制定政策和发展规划时，充分考虑玉米和生猪产业的依存关系，将玉米作为支撑生猪产业的重要支柱，加大相关基础设施和政策性投入，提高玉米良种和种植补贴，提高农民种植积极性。同时还应加强地方科技立项，增加省市一级对玉米科研投入，加强玉米学科科研创新团队建设，开展江西区域特色的玉米育种和栽培研究，促进玉米科技创新和成果转化，推动江西玉米产业可持续发展。

2. 加强江西玉米品种选育

江西玉米单产近十年来一直低于全国平均水平，仅仅在85%左右。单产是限制江西玉米产业发展的重要因素，培育高产品种是当前江西玉米产业发展的首要目标。江西省农业科学院研究表明红壤旱地种植玉米在施氮300 kg/hm^2时能达到玉米籽产量7 500 kg/hm^2 [12]，江西省红壤研究所对旱地玉米进行了多年高产试验研究，1998年成功地在有一定浇灌条件的红壤旱地上获得全年平均产玉米籽7 815 kg/hm^2[11]。据2012年的统计数据表明，全省玉米平均产量为4 484.85 kg/hm^2，全国玉米平均产量达到5 869.69 kg/hm^2，江西红壤旱地玉米单产具有进一步开发的潜力。如果能达到全国平均水平，现有的玉米产量就增加30.88%；如果按照年产玉米7 000 kg/hm^2，现有的玉米种植将增产56.08%，相当于扩大了一半的玉米种植面积。通过收集、引进遗传资源，研究高产遗传机理，通过杂交选育、辐射诱变、分子标记辅助选择等技术实现高产基因的转移与聚合，高效筛选适合江西种植的玉米高产新品种。

3. 提高玉米栽培技术水平

"良种和良法"都是保证玉米高产的关键前提，研究和发展玉米节本高效栽培技术，深入研究和集成配套玉米高产高效栽培技术，制定相应的技术规程和技术标准，及时将科技成果转化为现实的生产力，促进江西玉米产业的快速发展。据江西省2013年统计局数据表明，江西现有豆类种植面积1.52×10^5 hm^2，花生种植面积1.57×10^5 hm^2，薯类种植面积1.32×10^5 hm^2，而玉米种植只有2.57×10^4 hm^2，若玉米间作豆类、花生、薯类作物能够得到示范与推广，在50%实行间作的情况下，江西玉米种植规模在目前的基础上将增加750%。因此加大对玉米套种豆类、花生和薯类等栽培措施研究，建立玉米间套作种植制度下的玉米种植、土壤培肥、资源高效利用肥水管理、抗逆防灾稳产、病虫害绿色防治与综合防控技术体系，能够进一步显著扩大江西省玉米种植面积，提高玉米产量，为江西畜牧业发展提供更多的玉米饲料源，进一步为粮食安全提供保障。

参考文献

[1] 佟屏亚．玉米高产是一个永恒的课题[J]．作物杂志，2004（1）：10-12.

[2] 韩长斌．要加快制定我国玉米产业发展战略规划[N]．人民日报，2012-05-30.

[3] 马文峰．2012 年中国玉米行情回顾及 2013 年行情分析 [N/OL]. 2013，http：//futures. xinhua08.com/a/20130218/1123565.shtml.

[4] 国家统计局．中国统计年鉴 2013 [N/OL]. 2014，http：//www.stats.gov.cn/ tjsj/ndsj/2013/ indexch.htm.

[5] 佟屏亚．玉米跃升为中国“谷物之王”——新世纪中国玉米发展报告[J]．农村 农业 农民，2012（7）：6-9.

[6] 陈朗如，余耀明．近期江西生猪和饲料价格走势分析[R]．南昌：江西省发展和改革委员会，2010.

[7] 徐小华，吴仁水，黄位荣，等．生猪价格与玉米价格动态调整关系研究[J]．中国农业大学学报，2011，16（1）：148-152.

[8] 李少昆，刘永红，李晓．南方地区甜、糯玉米田间种植手册[M]．北京：中国农业出版社，2011.

[9] 袁晋琰，徐进华，杨秋莲，等．新余市春玉米种植的气候条件分析[J]．农民致富之友，2013，（6）：224.

[10] 江西省统计局，江西统计年鉴 2004—2013 [N/OL]．2014，http：//www. jxstj.gov.cn /Column.shtml？p5=423.

[11] 付高平，张小牛，肖国滨．江西玉米生产现状与发展对策[J]．江西农业大学学报，2000，22（3）：451-454.

[12] 解美珍，谢为民，魏林根，等．红壤旱地春玉米高产栽培技术研究[J]．江西农业学报，1998，10（1）：17-24.

湿地松人工林土壤活性有机碳的土壤化学影响因素

谭桂霞[1,2]　刘苑秋[2*]　李莲莲[2]　刘　武[2]
昝玉亭[2]　李晓东[2]　霍炳南[2]　何木姣[2]
（1. 江西农业大学理学院，南昌 330045；2. 江西农业大学林学院，南昌 330045）

摘　要：通过对江西泰和退化红壤区 4 种类型人工林（湿地松纯林、马尾松纯林、湿地松×枫香混交林以及枫香纯林）土壤各活性有机碳的含量及土壤化学性质的测定，分析了人工林土壤化学性质对土壤活性有机碳的影响。结果表明：土壤 DOC、WSOC、ROC、MBC 和总有机碳（TOC）之间存在显著正相关，这几种活性有机碳组分与 TOC 的相关系数分别达到了 0.725、0.934、0.640 和 0.727，均达到了极显著正相关水平（$P<0.01$）。土壤的 pH 值、全氮、碱解氮、全磷、全钾、速效钾无显著变化；而总有机碳、有效磷含量均为湿地松×枫香混交林显著高于其他林分，且呈现表聚性。土壤活性有机碳组分均与土壤的饱和持水量、毛管持水量、全氮、碱解氮、有效磷、全钾、速效钾显著正相关。

关键词：退化红壤　人工林　土壤活性有机碳

土壤的理化及生物学性质在成土过程[1]、植物营养元素的生物化学循环过程[2]、微生物的生长代谢过程[3]、土壤有机质分解和累计过程[4]，以及土壤中污染物的迁移、转化等过程[5]中均起着重要作用，从而会影响土壤活性有机碳。同样，土壤活性有机碳库作为土壤的重要组成部分，同时也显著影响着土壤化学物质的溶解、吸附、解吸、吸收、迁移乃至生物毒性等行为[6]。虽然活性有机碳库仅占土壤有机碳的一小部分，但却是土壤有机碳中对各种物理或化学等干扰因素反应最敏感的部分，能够在土壤全碳变化之前反映土壤微小的变化[7]。近年来，国外关于在土壤基本理化性质对有机碳和活性有机碳库的影响方面已有相关报道。我国学者也非常关注土壤有机碳与土壤理化性质的研究，并在这一方面取得了许多引人注目的成果。

湿地松（*Pinus elliottii*）原产于美国东南部，20 世纪 30 年代中国开始引种，目前已成为我国南方丘陵区主要造林树种之一[8]。第八次森林资源清查数据表明江西省湿地松的造林面积达 51.2 万 hm^2，其不仅具有显著的经济效益，且生态效益也日益明显，但不合理的林分结构及经营措施导致以湿地松为主的人工林出现物种多样性低下、土壤退化等生态问题[9]，因此，在不同人工干扰模式下进行试验研究，来揭示其对提升土壤质量，促进林木更新演替的影响已成为当务之急。近几年，江西、安徽、广东、湖南、湖北等湿地松栽培区正在开展湿地松间伐、补阔结构调整等森林经营措施以提高森林质量[10]，关于林分结构调整对于固碳总量[11-13]等方面的研究较多，而对土壤活性有机碳的影响等鲜有报道。基于此，本文主要研究湿地松人工纯林经间伐补阔改造后的土壤活性有机碳的变化，来揭示人工林结构对土壤碳库的影响机制，为森林的经营管理与森林固碳能力的研究提供基础数据，并为人工林结构优化提供理论依据。

一、研究地区与研究方法

试验基地位于江西省中部的泰和县境内（26°44′N，115°04′E）。气候属亚热带季风湿润性气候，4—6 月降水较集中，占全年降水量的 49%，年降水量 1 726 mm，年均温 18.6℃，≥10℃活动积温 5 921℃。研究区内海拔最高为 131.3 m，最低为 74.7 m，土壤为第四纪红黏土发育的红壤，为典型的红壤低丘岗地。1991 年以绿化荒山、重建森林、恢复退化的生态系统为目标，选择了马尾松（*P. massoniana*）、湿地松（*Pinus elliottii*）、枫香（*Liquidambar formosana*）、木荷（*Schima superba*）等针阔叶树种重建森林。试验区总面积达 133.3 hm^2。

选取 1991 年营造的 21 a 湿地松纯林、21 a 湿地松×枫香混交林，以及分别于 2003 年（补阔 9 a）、2006 年（补阔 6 a）和 2009 年（补阔 3 a）对湿地松纯林进行间伐补阔林分为研究对象。其中，21 a 湿地松×枫香混交林的混交方式为行间混交，各补阔林分的补植方式均为间伐后行间补植枫香。样地基本概况参见表 1。

2012 年 7 月，在 5 种林分类型中选择具有相近坡向、坡位和坡度的代表性的林分各设置 3 个 20 m ×20 m 样地。在每块样地中按 S 形选取 5～7 个点，分为 0～10 cm、10～20 cm 和 20～40 cm 3 种土层取样，将相同土层土样充分混匀作为 1

个样品。同时采用环刀法，每土层取 3 个 100 cm^3 土样用于土壤容重的测定。

自然风干后进行土壤总有机碳（TOC）、易氧化有机碳（ROC）及土壤 N、P、K 含量、pH 值的测定。

表 1 4 种林分类型样地基本概况

Tab.1 General site conditions of the four plantations

人工林类型 Plantation types	平均胸径 Mean DBH/cm	平均树高 Mean tree height/m	郁闭度 Crown closure/%	林下植被盖度 Cover degree/%
Ⅰ	14.7±0.44	9.5±0.30	42±2.65	48±2.64
Ⅱ	11.6±0.41	7.8±0.29	85±3.09	46±2.92
Ⅲ	12.3±0.47	8.3±0.21	75±1.53	58±3.06
Ⅳ	12.8±0.61	8.5±0.26	90±3.67	59±3.52

注：Ⅰ，湿地松纯林；Ⅱ，马尾松纯林；Ⅲ，湿地松×枫香混交林；Ⅳ，枫香纯林，下同。Note: Ⅰ，pure forest of *Pinus elliottii*; Ⅱ，pure forest of *Pinus massoniana*; Ⅲ，mixed *P. elliottii-L. formosana* forest; Ⅳ，pure forest of *Liquidambar formosana*，the same blow.

二、结果与分析

1. 林分结构调整后土壤化学性质的变异格局

（1）土壤氮素

土壤中的氮素绝大多数是以有机态存在的，有机态氮素在耕作等一系列条件下，经过土壤微生物的矿化作用，转化为无机态氮供作物吸收利用。土壤中有机态氮与无机态氮的总和称土壤全氮。土壤中的全氮含量代表着土壤氮素的总储量和供氮潜力。土壤全氮是衡量土壤氮素供应状况的重要指标。森林土壤全氮量的消长与土壤有机质含量变化一样，主要取决于各个地区有机质的积累和分解作用的相对强度。碱解氮也称土壤水解性氮，包括无机态氮（铵态氮、硝态氮）及易水解的有机态氮（氨基酸、酰铵和易水解蛋白质），是确定近期能被植物吸收利用的有效性氮的指标。碱解氮的季节破动性小，所以说是衡量土壤氮养分供应状况的很好的指标。

湿地松纯林、经间伐补阔的林分以及湿地松×枫香混交林的土壤全氮含量为 0.5～1.4 g/kg，湿地松×枫香混交林的 0～10 cm 层土壤为最高，达到了 1.4 g/kg，但经差异显著性分析，发现与其他林分之间的差异并不显著；同一林分类型土壤全氮含量在垂直分布上呈递减趋势，其中，湿地松×枫香混交林的递减趋势最为明显，该林下土壤 0～10 cm 土壤分别比 10～20 cm 和 20～40 cm 土层的全氮含量高出 78.5%和 156.4%。

土壤碱解氮含量的变化幅度为 57.3～138.1 g/kg（图 1）。由图 1 和图 2 可知，不同林分类型土壤碱解氮含量占全氮含量的 8.7%～12.2%。5 种林分土壤的 0～10 cm 表层土壤碱解氮含量均显著高于 10～20 cm 和 20～40 cm 土层，其中除了补阔 9a 林分外，其他 4 种林分的中层和下层土壤的碱解氮含量并无显著性差异。而不同林分在同一土层上的差异也并不显著。与土壤全氮的变化趋势基本一致。近几十年来，由于人口增长、化石燃料燃烧、含氮化肥使用、畜牧业大规模发展等，大气氮沉降量成比例增加[14]。随着经济的全球化发展，氮沉降问题也呈现出全球化趋势，我国已成为继欧洲、北美之后的第三大氮沉降区[15]。因而，由于氮沉降掩盖了经林分结构调整引起的土壤全氮的变异，表现出湿地松纯林、经间伐补阔结构调整林分以及针阔混交林的全氮含量并无显著差异。

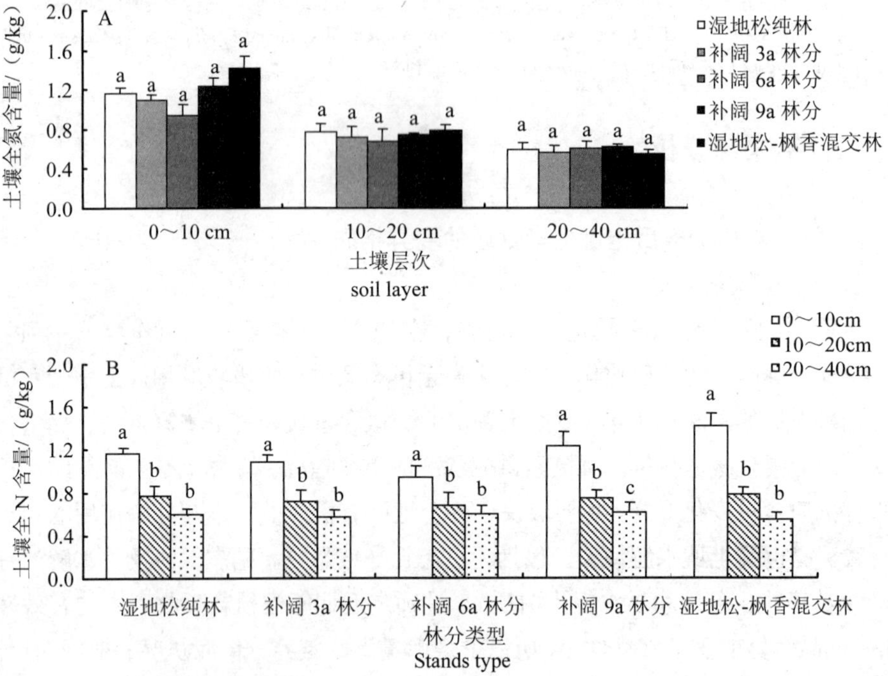

A：不同小写字母表示同一土层不同林分间差异显著（$P<0.05$）。Different small letters indicated significant difference among different stands in the same soil layer at 0.05 level.

B：不同小写字母表示不同土层间差异显著（$P<0.05$）。Different small letters indicated indicated significant difference among different soil layers at 0.05 level.

图 1 不同林分不同土层土壤全 N 含量

Fig.1 Total N content in different soil layers in different stands

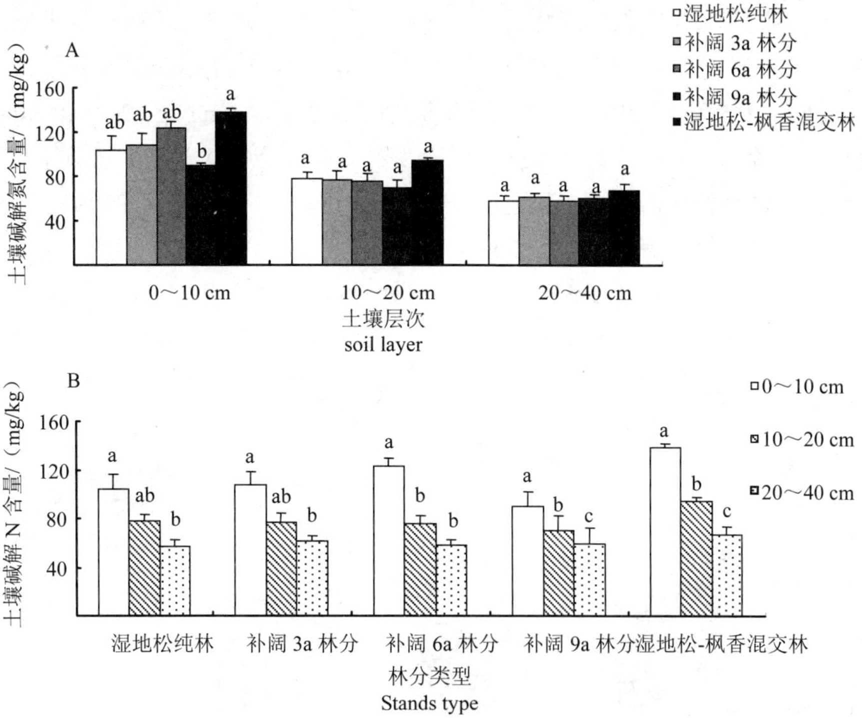

A：不同小写字母表示同一土层不同林分间差异显著（P <0.05）。Different small letters indicated significant difference among different stands in the same soil layer at 0.05 level.

B：不同小写字母表示不同土层间差异显著（P <0.05）。Different small letters indicated indicated significant difference among different soil layers at 0.05 level.

图 2　不同林分不同土层土壤碱解氮含量

Fig.2　Alkalystic nitrogen content in different soil layers in different stands

（2）土壤磷素

磷是植物生长发育的必需营养物质之一，参与多种关键的植物代谢活动，是评价土壤质量的重要指标之一[16]。由图 3 可知，5 种林分土壤全磷含量在 0～10 cm 土层的变幅为 0.17～0.25 g/kg，10～20 cm 土层的变幅为 0.15～0.23 g/kg，20～40 cm 土层的变幅为 0.13～0.22 g/kg，可知无论是在不同土层之间，还是在不同林分间其差异均不显著。

土壤有效磷是土壤中可被植物吸收的磷组分，包括全部水溶性磷、部分吸附态磷及有机态磷，有的土壤中还包括某些沉淀态磷。常用土壤有效磷作为衡量土壤磷素养分供应水平高低的指标。对 5 种林分土壤有效磷含量的研究结果见图 4。据 Chapman 的分级标准[17]，该地区 0～10 cm 土层土壤有效磷含量在 3.13～4.71 mg/kg，10～20 cm 土层土壤有效磷含量在 1.82～3.42 mg/kg，20～40 cm 土层土壤有效磷含量在 1.66～2.29 mg/kg，其土壤有效磷供应等级为从表层到下层都属于低级。在同种林分的不同土层之间，均表现出随土层逐渐降低的趋势，且表层的土壤有效磷含量显著高于 10～20 cm 和 20～40 cm 土层，但中层和下层之间差异并不显著。在同一土层的不同林分中，湿地松×枫香混交林的土壤有效磷含量均显著高于其他林分，如在 0～10 cm 土层，湿地松×枫香混交林的含量比湿地松纯林显著提高了 50.5%，补阔 6a 和 9a 林分也比湿地松纯林有所提高了 4.5%和 13.4%，但经分析可知，它们之间的差异并不显著。

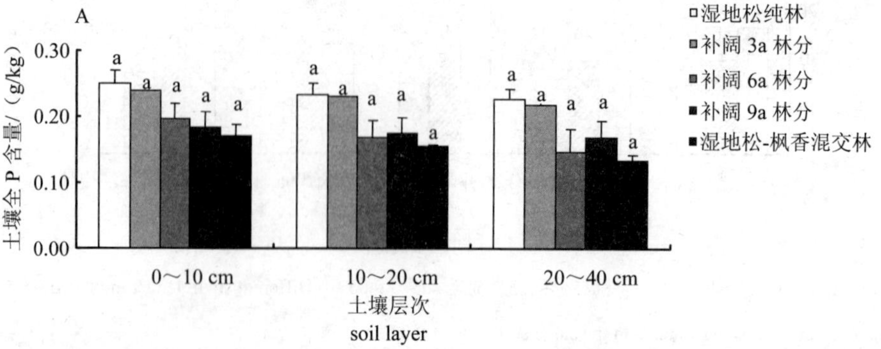

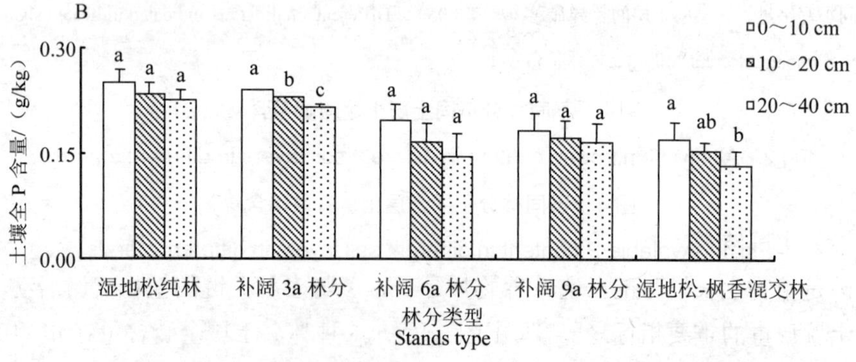

A：不同小写字母表示同一土层不同林分间差异显著（$P<0.05$）。Different small letters indicated significant difference among different stands in the same soil layer at 0.05 level.

B：不同小写字母表示不同土层间差异显著（$P<0.05$）。Different small letters indicated indicated significant difference among different soil layers at 0.05 level.

图 3　不同林分不同土层土壤全磷含量

Fig.3　Total P content in different soil layers in different stands

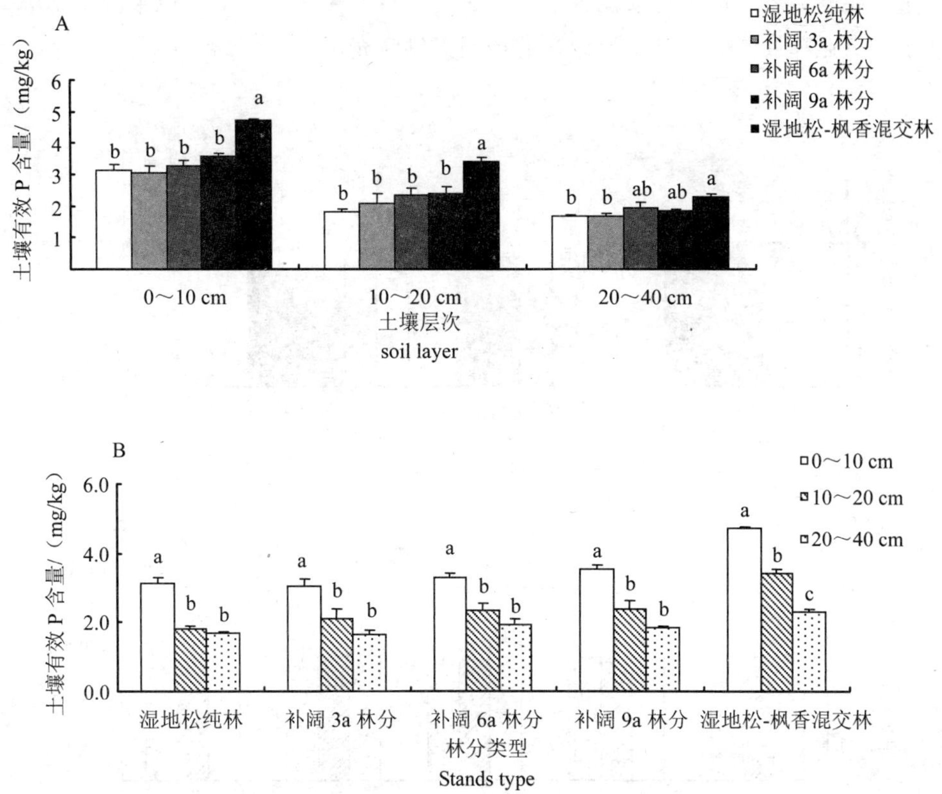

A：不同小写字母表示同一土层不同林分间差异显著（$P<0.05$）。Different small letters indicated significant difference among different stands in the same soil layer at 0.05 level.

B：不同小写字母表示不同土层间差异显著（$P<0.05$）。Different small letters indicated indicated significant difference among different soil layers at 0.05 level.

图 4　不同林分不同土层土壤有效磷含量

Fig.4　Avalable P content in different soil layers in different stands

（3）土壤钾素

土壤中钾的形态大致分为三类：无效态钾、缓效态钾、速效钾。其中，土壤速效钾包括土壤溶液中的钾和吸附在土壤胶体表面的代换性钾，两者都易为植物生长所吸收利用，因此土壤速效钾是土壤钾素现实供应指标[17]。5 种林分土壤的全钾和速效钾含量的变异范围为 9.9～14.0 g/kg 和 20.1～42.3 mg/kg，总体表现为不同林分和不同土壤层次之间均无显著性差异。这主要是由于土壤全钾及速效钾含量主要受母岩和成土母质的控制，其来源不仅是土壤有机质，也来源于土壤矿物质的风化释放，而且本研究地区的钾元素供应充足。

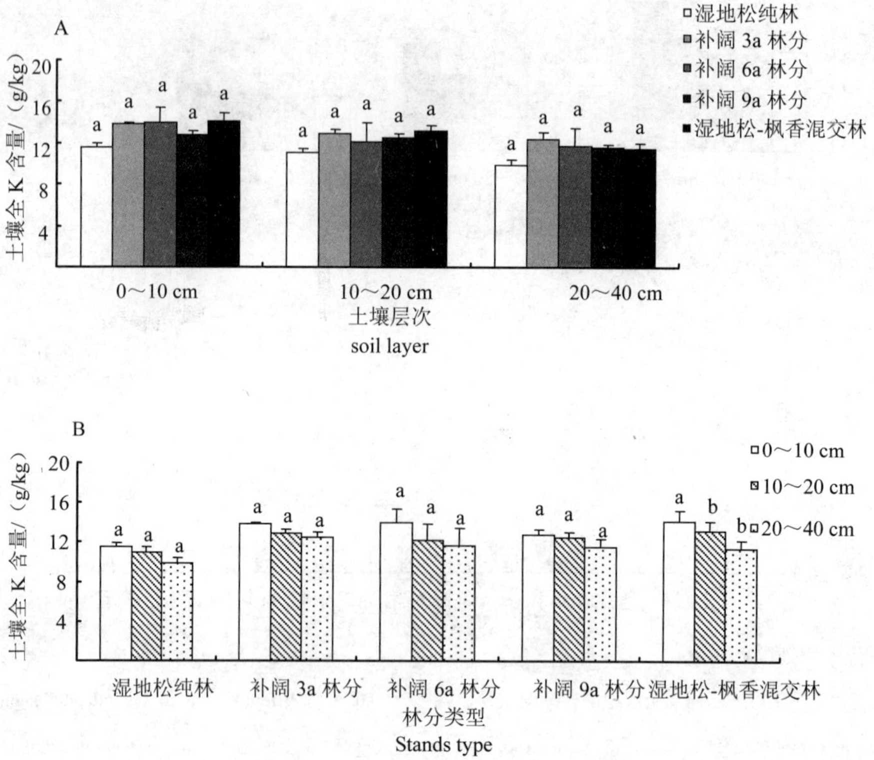

A：不同小写字母表示同一土层不同林分间差异显著（$P<0.05$）。Different small letters indicated significant difference among different stands in the same soil layer at 0.05 level.

B：不同小写字母表示不同土层间差异显著（$P<0.05$）。Different small letters indicated indicated significant difference among different soil layers at 0.05 level.

图 5　不同林分不同土层土壤全钾含量

Fig.5　Totalk content in different soil layers in different stands

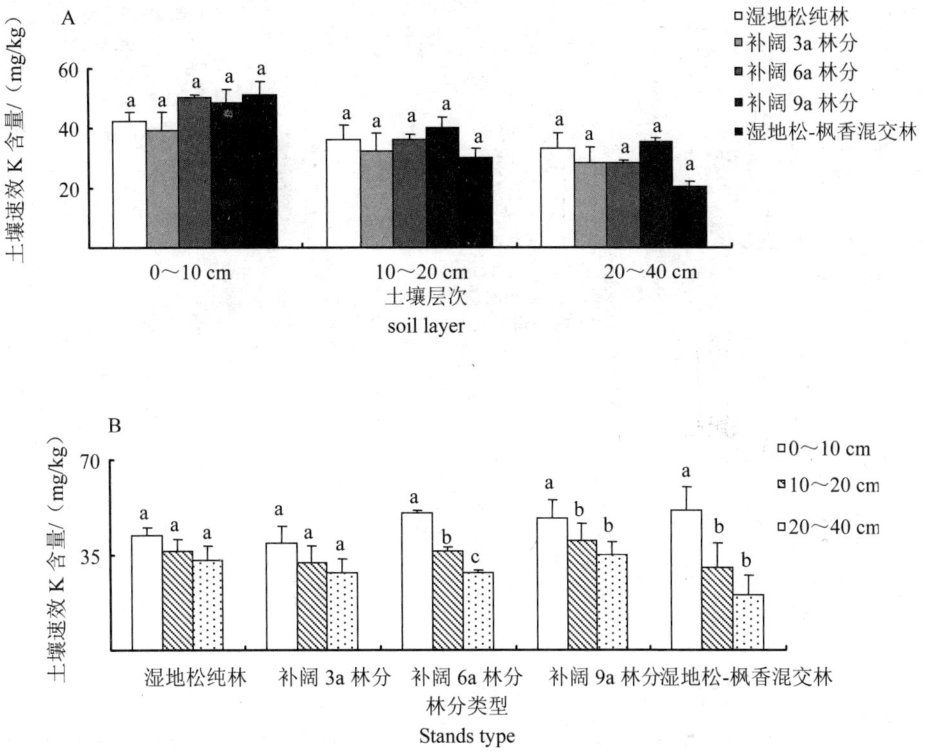

A：不同小写字母表示同一土层不同林分间差异显著（$P<0.05$）。Different small letters indicated significant difference among different stands in the same soil layer at 0.05 level.

B：不同小写字母表示不同土层间差异显著（$P<0.05$）。Different small letters indicated indicated significant difference among different soil layers at 0.05 level.

图 6　不同林分不同土层土壤速效钾含量

Fig.6　Avalablek content in different soil layers in different stands

（4）土壤 pH 值

土壤中 pH 值的大小取决于土壤固相和液相之间的平衡，是反映土壤化学性状的重要指标。图 7 所示为 5 种林分土壤的 pH 值分析结果。由图可知这 5 种林分土壤的 pH 值在 4.14～4.45，不同林分、不同土层之间的差异并不显著。

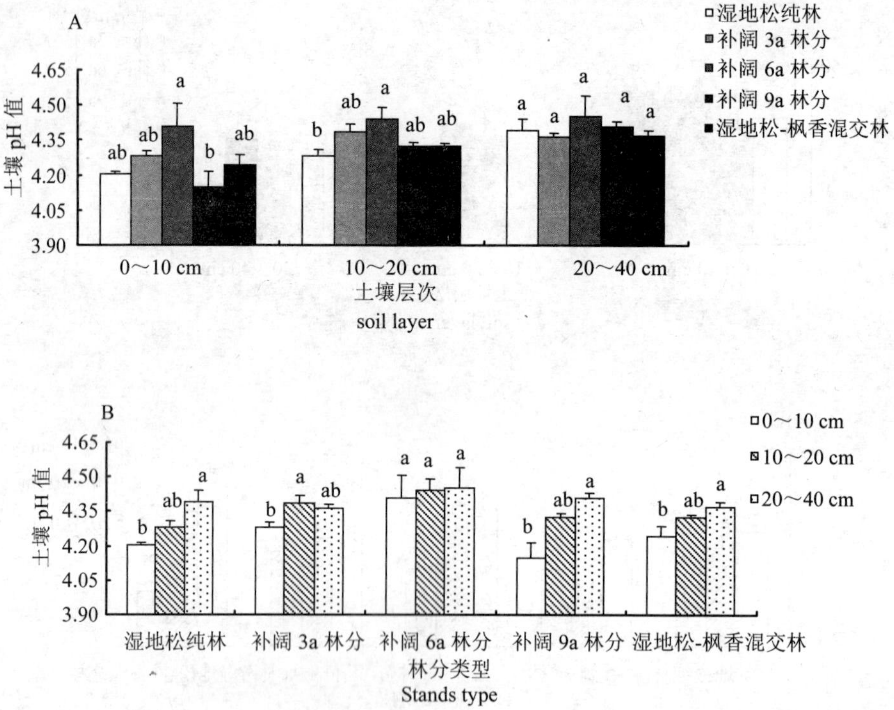

A：不同小写字母表示同一土层不同林分间差异显著（$P<0.05$）。Different small letters indicated significant difference among different stands in the same soil layer at 0.05 level.

B：不同小写字母表示不同土层间差异显著（$P<0.05$）。Different small letters indicated indicated significant difference among different soil layers at 0.05 level.

图 7　不同林分不同土层土壤 pH 值

Fig.7　pH in different soil layers in different stands

2. 土壤活性有机碳与土壤化学性质相关性

对土壤的活性有机碳组分与土壤的化学性状进行了相关分析（表 2）。其结果表明，土壤 TOC 及各活性组分均与土壤的全氮、碱解氮呈极显著正相关，尤其是土壤 TOC 与全氮、碱解氮的相关系数达到了 0.827 和 0.820，ROC 与总碳、全氮的相关系数达到了 0.934 和 0.748，说明土壤碳、氮含量是决定土壤 ROC 水平的主要因素。各活性有机碳组分与 TOC 均与有效磷之间呈极显著正相关（$P<0.01$）、与全钾、速效钾显著相关，说明土壤总有机碳以及各活性有机碳组分均与土壤的氮、磷、钾等养分循环密切相关。

表 2　土壤各活性有机碳之间与土壤化学性质的相关系数

Table 2　Correlation coefficients among different labile organic carbon and soil chemical character（n=45）

	DOC	ROC	MBC	TOC	WSOC	pH	全 N	碱解 N	全 P	有效 P	全 K	速效 K
DOC	1	0.832**	0.858**	0.725**	0.859**	−0.246	0.454**	0.530**	−0.391**	0.691**	0.342*	0.223
ROC		1	0.730**	0.934**	0.786**	−0.472**	0.748**	0.752**	−0.124	0.913**	0.437**	0.540**
MBC			1	0.640**	0.621**	−0.376*	0.567**	0.655**	−0.117	0.817**	0.443**	0.594**
TOC				1	0.727**	−0.451**	0.827**	0.820**	−0.018	0.910**	0.449**	0.561**
WSOC					1	−0.394**	0.504**	0.579**	−0.376*	0.847**	0.363*	0.312*
pH						1	−0.457**	-0.391**	−0.313**	−0.405**	−0.107	−0.303*
全 N							1	0.929**	0.333*	0.730**	0.291	0.442**
碱解 N								1	0.282	0.778**	0.394**	0.406**
全 P									1	−0.142	−0.113	0.097
有效 P										1	0.460**	0.551**
全 K											1	0.412**
速效 K												1

注：*P < 0.05；**P < 0.01。

三、讨论

本研究结果表明土壤可溶性有机碳、微生物生物量碳、易氧化碳等活性有机碳组分均与土壤的全氮、碱解氮、有效磷、全钾、速效钾呈显著正相关（P<0.05）或极显著正相关（P<0.01），这与徐阳春[18]、李淑芬[19]等研究结果一致。因此，虽然土壤活性有机碳仅占土壤有机碳的很小部分，但对调节阳离子淋洗、金属溶解、矿物风化、土壤微生物活动、酸性阴离子的吸附-解吸以及其他土壤化学、土壤物理和生物学过程具有重要意义，是联系陆地和水域生态系统元素地球化学循环的重要环境化学物质。同时也说明，湿地松林分结构调整通过影响土壤的理化性质，从而影响土壤活性有机碳。

四、结论

林分结构调整可以改善一些土壤的速效的养分元素，如碱解氮和有效磷等，但对土壤 pH 值、全氮、全磷、全钾含量的影响并不显著，但土壤氮、磷、钾含量均随土壤层次的下降而降低，即呈表聚性。

参考文献

[1] Dawson H J，Ugolini F C，Hrutfiord B F，et al. Role of soluble organics in the soil processes of a podzol，Central Cascades，Washington[J]. Soil Science，1978，126（5）：290-296.

[2] Qualls R G，Haines B L. Geochemistry of dissolved organic Nutrients in water percolating through a forest ecosystem[J]. Soil Science Society of America Journal，1991，55：1112-1123.

[3] Meyer J L，Edwards R T，Risley R. Bacterial growth on dissolved organic carbon from blackwater river[J]. Microbial Ecology，1987，13（1）：13-29.

[4] Kalbitz K，Solinger S，Park J H，et al. Controls on the dynamics of dissolved organic matter in soils：A review[J]. Soil Science，2000，165（4）：277-304.

[5] Guggenberger G，Glaser B，Zech W. Heavy metal binding by hydrophobic and hydrophilic dissolved organic fractions in a Spodosol A and B horizon[J]. Water，Air，and Soil Pollution，1994，72：111-127.

[6] 柳敏，宇万太，姜子绍，等. 土壤活性有机碳[J]. 生态学杂志，2006，25（11）：1412-1417.

[7] Karlen D L，Rosek M J，Gardner J C，et al. Conservation reserve program effects on soil quality indicators[J]. Journal of Soil and Water Conservation，1999，54（1）：439-444.

[8] Pan Z G（潘志刚），You Y T（游应天）. Introduction and Planting of *Pinus elliottii*，*Pinus taeda* and *Pinus caribaea*. Beijing：Chinese Science and Technology Press，1991：2-3（in Chinese）.

[9] Tu J（涂洁）. Potential water use forecast and planting density choosing of pinus elliottii englem.in degraded red soil after reforestation. *Resources and Environment in the Yangtze Basin*（长江流域资源与环境），2011，20（4）：428-432（in Chinese）.

[10] Qiu H（邱辉）. Studies on the industrial plantation technology of silviculture and management of *Pinus elliottii*，. PhD Thesis. Nanjing：Nanjing Forestry University，2004（in Chinese）.

[11] Yang Z J（杨智杰），Chen G S（陈光水），Xie J S（谢锦升），et al. Litter fall production and carbon return in Cunninghamia lanceolat，Schima superba，and their mixed plantations. Chinese Journal of Applied Ecology（应用生态学报），2010，21（9）：2235-2240（in Chinese）.

[12] Han E X（韩恩贤），Han G（韩刚）. Effect of improved soil on Hippophae Rhamnodies mixed plantation in Gully Region of Loess Plateau. Journal of Natural Resources（自然资源学报），2005，20（6）：879-884（in Chinese）.

[13] Huang Y（黄宇），Feng Z W（冯宗炜），Wang S L（汪思龙），et al. C and N stocks under three plantation forest ecosystems of Chinese-fir，Michelia macclurei and their mixture. Acta Ecologica Sinica（生态学报），2005，25（12）：3146-3154（in Chinese）.

[14] Wright R F，Roelofs J G M，Bredemeier M，et al. NITREX：responses of coniferous forest ecosystems to experimentally changed deposition of nitrogen[J]. Forest Ecology and Management，1995，71：163-169.

[15] Zheng X，Fu C，Xu X，et al. The Asian nitrogen case study[J]. Ambio，2002，31：79-87.

[16] 王鑫. 不同土地利用方式下土壤无机磷形态与酶活性空间变异特征[J]. 水土保持通报，2007，27（5）：112-117.

[17] 黄昌勇. 土壤学[M]. 北京：中国农业出版社，2000：32-46，199-208.

[18] 徐阳春，沈其荣，冉炜. 长期免耕与施用有机肥对土壤微生物生物量碳、氮、磷的影响[J]. 土壤学报，2002，39（1）：89-95.

[19] 李淑芬，俞元春，何晟. 南方森林土壤溶解有机碳与土壤因子的关系[J]. 浙江林学院学报，2003，20（2）：119-123.

植被恢复对土壤磷素有效性及物理化学性质影响*

龚　霞[1] 牛德奎[2] 张金远[1] 陈伏生[2] 刘苑秋[3] 李　志[3] 张文元[3] 郭晓敏[3**]
（1. 江西农业大学理学院，南昌 330045；2. 江西农业大学国土学院，南昌 330045；
3. 江西农业大学园林与艺术学院，南昌 330045）

摘　要：本文在 1991 年建立的江西泰和亚热带红壤森林恢复试验基地中，随机选取未被人为破坏、土壤和地形均一的湿地松（*Pinus elliottii*）纯林、湿地松（*Pinus elliottii*）-枫香（*Liquidambar fomosana*）混交林、枫香（*Liquidambar fomosana*）纯林和自然恢复的荒草地（对照）为研究对象，以森林土壤有效磷和土壤的物理化学性质为研究内容，阐明亚热带丘陵红壤区不同植被类型和不同土壤深度的土壤有效磷及物理化学性质的分异性；剖析亚热带退化丘陵红壤区人工林土壤磷元素有效性的物理化学影响因素；评价亚热带退化丘陵红壤区人工林类型的优劣。

关键词：丘陵红壤区　人工林　磷元素有效性　影响因素

当今，气候变暖已成为威胁人类生存的重要问题，减少温室气体排放和发展碳汇是缓解气候变暖的两条途径。森林是重要的陆地生态系统，与草地和海洋并列为地球的三大碳库，拥有巨大的储碳能力。土壤养分是森林生态系统生产力和稳定性的限制因子。磷既是生物生长发育必需的营养元素之一，也是陆地生态系统生产力的关键调控元素[1]。

* 江西省环保厅科技计划项目（JXHBKJ2012-7）、江西省教育厅青年科学基金项目（GJJ10107）、国家科技支撑项目（2012BAC11B006）资助。

** 通信作者：郭晓敏，教授。E-mail：gxmjxau@163.com。

亚热带丘陵红壤区是我国南方红壤区主要地貌景观之一，面积达 80 万 km^2，占红壤区总面积的 36.7%。亚热带气候条件和土壤母质的特性，决定了红壤中磷是极易缺乏的营养元素[2]，是亚热带森林生产力的首要限制因子。因此，亚热带丘陵红壤区人工林土壤磷素有效性及其影响因素的研究有重要的生态学意义。

本文以江西省泰和县森林恢复长期定位试验基地中恢复 19 年的湿地松纯林、湿地松-枫香混交林和枫香纯林为研究对象，以地下土壤有效磷为切入点，从物理和化学特性两个方面剖析亚热带退化丘陵红壤区人工林土壤磷素有效性的影响因素，评价亚热带退化丘陵红壤区人工林类型的优劣。

一、研究区概况和研究方案

1．研究区概况

研究区位于江西省中部的泰和县（26°44′ N，115°04′E）（图 1），为吉泰盆地的重要组成部分，属亚热带季风湿润性气候，年均气温 18.6℃，年均降水量 1 726 mm，降雨多集中在 4—6 月，约占全年降水量的 49%，7—9 月高温干旱。土壤成土母质是第四纪红黏土，表层石砾含量较多，属于典型的红壤低丘岗地。20 世纪 80 年代以前，由于地理位置上的原因（石山乡、螺溪乡、南溪乡的结合部），历来是三个乡附近村民的割茅山和放牧山，由于长期的强度樵采、割茅、挖蔸和过牧等人为干扰，水土流失严重，试验区内遍布侵蚀沟和裸地，几乎没有腐殖质层，原生常绿阔叶林已不复存在，植被覆盖度仅 0.3，且分布不均，主要有野古草（*Arundinella anomala*）、橘草（*Cymbopogon goeringii*）、狗芽根（*Cynodon dactylon*）、黄茅（*Heteropogon contortus*）、狗尾草（*Setaria viridis*）等，为中亚热带区典型的荒草丛。1991 年，江西农业大学与泰和县林业局合作，以恢复植被、绿化荒山为目标开展森林植被恢复与重建试验，选用湿地松（*Pinus elliottii*）、马尾松（*Pinus massoniana*）、枫香（*Liquidambar fomosana*）、木荷（*Schima superb*）等树种造林，开展不同树种、不同混交组合等内容试验，建立了面积为 133 hm^2、多样化的亚热带红壤森林恢复长期定位试验基地，目前植被覆盖度已在 0.9 以上，林相结构完整，森林小气候已形成，生态、经济和社会效应良好[3]。

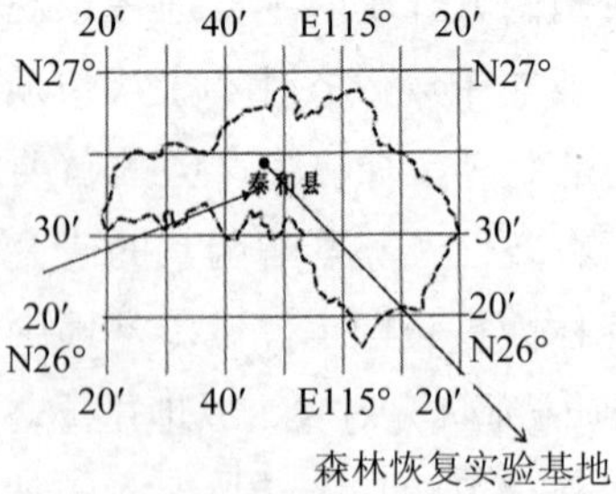

图 1　江西泰和亚热带红壤森林恢复长期定位试验基地

Fig.1　The location of the long-term Forest Restoration Experimental Project（FREP）study area in hilly red soil of subtropical region，Taihe county，Jiangxi

2．研究样地

2009 年 8 月，在研究区内随机选取湿地松纯林、湿地松-枫香混交林和枫香纯林 3 种植被类型中未被人为破坏、土壤和地形均一的样地为对象，每种类型各选择 3 块 20 m ×20 m 的样方，共 9 块人工林，在样方内进行每木测量（树高、胸径），计数平均树高和平均胸径，测量林分郁闭度。并随机选取 3 块自然恢复的荒草地作为对照。其基本概况见表 1。

表 1　研究样地的基本概况

Table 1　Summary of reforestation types and their characteristics

植被类型 Reforestation types	林龄 Stand age/ a	平均胸径 Mean DBH/ cm	平均树高 Mean tree height/ m	郁闭度 Crown closure/ %
对照 Control		0	0	0
湿地松纯林 *Pinus elliottii* forests	19	15.7	8	54
湿地松-枫香混交林 *P. elliottii-L. formosana* forests	19	11.3	6.9	74
枫香纯林 *Liquidambar formosana* forests	19	8.1	6.9	91

3．试验设计和研究方法

（1）土壤样品的采集和预处理

将选取的12块20 m ×20 m样方分别在对角线上设置5个5 m ×5 m的小样方，在每个小样方内用环刀取0～20 cm、20～40 cm土层的原状土，共360个环刀样供土壤容重和毛管持水量与饱和持水量的测定；在每个小样方内随机选取3点，用内径为4 cm的土钻钻取0～10 cm、10～20 cm、20～40 cm土层土壤，同层混匀，仔细除去土壤中的石砾和植物残体（如根、茎和叶），约1.5 kg，土壤装入自封袋，共获得36个土壤样品。土壤样品带回实验室自然风干处理，拣去动植物残体和石块，用木棍粉碎，全部过2 mm孔径的筛子。供pH值、水解性总酸度、有机碳、全氮、有效磷、有机磷、无机磷形态、全磷、有效钾、全钾和磷酸酶活性的测定。

（2）土壤有效磷

风干土样过1 mm筛孔，用酸性氟化铵浸提，钼锑抗比色法测定土壤有效磷[4]。

（3）土壤全磷

风干土样过0.149 mm筛孔，用$HClO_4$—H_2SO_4消煮，钼锑抗比色法测全磷[4]。

（4）土壤容重、土壤毛管持水量和饱和持水量

用环刀法测定土壤容重、土壤毛管含水量和土壤饱和含水量[5]。

（5）土壤活性酸度和水解性总酸度

风干土样过1 mm筛孔，蒸馏水浸提（固液比1∶5），用电位法测定pH值；用醋酸钠淋洗，氢氧化钠滴定法测定土壤水解性总酸度[4]。

（6）土壤有机碳

风干土样过0.149 mm筛孔，用重铬酸钾容量法测定有机碳[4]。

（7）土壤氮素

风干土样过0.149 mm筛孔，用K_2SO_4—$CuSO_4$—Se消煮，半微量凯氏定氮法（蒸馏法）测全氮。铵态氮、硝态氮的测定用新鲜土样，用2 mol/L氯化钾浸提，半微量凯氏定氮法测定铵态氮；用蒸馏水浸提，酚二磺酸比色法测定硝态氮；矿质氮为铵态氮和硝态氮之和[4]。

（8）土壤钾素

风干土样过1 mm筛孔，用冷硝酸浸提-火焰光度法测定有效钾；风干土样过0.149 mm筛孔，用NaOH熔融-火焰光度法测全钾[4]。

4．数据处理

应用 SPSS 17.0 统计软件对所有的数据进行统计分析，显著性水平设定为 α=0.05。数据经正态分布检验，用方差分析和 Tukey 检验比较不同植被类型和不同土壤深度的土壤有效磷和土壤物理化学性质（土壤容重、土壤饱和持水量、土壤毛管持水量、pH 值、水解性总酸度、有机碳、全氮、铵态氮、硝态氮、全钾、有效钾、化学计量比）；用 Pearson 相关系数评价土壤有效磷与土壤物理化学性质的相关关系。论文所有数据的图形处理采用 Microsoft Excel 2003 完成。

二、结果与分析

1．土壤有效磷的垂直分布格局

造林 19 年后，湿地松纯林、湿地松-枫香混交林、枫香纯林和自然恢复的荒草丛的土壤有效磷含量变异范围为 0～2.5 mg/kg（图 2），低于全国土壤普查的 3.83 mg/kg，更低于全球平均水平 7.65 mg/kg[94]，处于极低水平。这也表明该试验区磷是重要的限制因子。

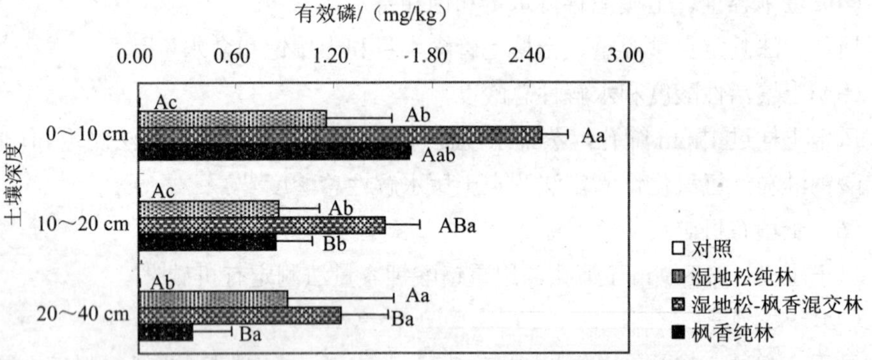

注：相同大写字母表示不同土壤深度之间无显著差异，相同小写字母表示不同植被类型之间无差异显著（下同）。

Note: The same upper case lettermeans statistically similar between soil depths, and the same lower case letter represents statistical similar between restoration types, α = 0.05. The same below.

图 2　不同植被类型及不同土壤深度对土壤有效磷的影响

Fig. 2　The soil available phosphorus concentration at different soil depths among the reforestation types

方差分析结果表明，湿地松-枫香混交林和枫香纯林的土壤有效磷含量具有表聚性，随土壤深度的加深而显著下降，10～20 cm 比 0～10 cm 分别下降了 38.46%和 49.40%，20～40 cm 土层比 10～20 cm 土层分别下降了 18.54%和 59.52%；荒草地和湿地松纯林的土壤有效磷含量随土壤深度的变化无显著差异，这说明针阔混交林和阔叶林有利于表层土壤的有效磷的积累。

三种人工林类型在 0～10 cm、10～20 cm、20～40 cm 土层的有效磷含量均显著高于荒草地，其中，0～10 cm、10～20 cm 土层湿地松-枫香混交林最高，枫香纯林和湿地松纯林次之，荒草地最低。说明植树造林后有利于将土壤非活性养分转化为活性养分供植物吸收利用。

土壤磷素的有效性是一个复杂的问题，有效磷不是化学意义上特定的化合物，而是由一系列化合物组成的，磷素在土壤中的转化不但有沉淀-溶解过程，还有吸附-解吸附过程。有效磷显著增加的原因是多方面的，在由荒草地、针叶纯林、针叶-阔叶混交林到阔叶林的演替过程，土壤本身的性质发生了较大的变化，有利于土壤微生物和动物的生存，从而显著提高有效磷的含量。

2. 土壤全磷的含量特征

研究表明，19 年的人工恢复造林地和荒草地的土壤全磷含量介于 0.1～0.3 g/kg（图 3），均小于 0.5 g/kg，而 Sanyal 和 DeDatta [6]认为土壤全磷量一般为 0.5～2.0 g/kg，这说明该区土壤磷素含量较低。

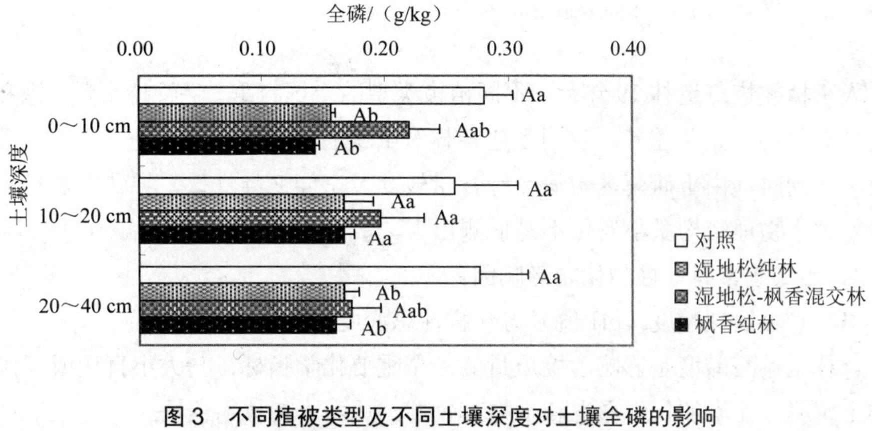

图 3　不同植被类型及不同土壤深度对土壤全磷的影响

Fig. 3　The soil total phosphorus concentration at different soil depths among the reforestation types

不同植被类型的全磷含量在不同土层间无显著差异。

总体而言，荒草地的土壤全磷含量显著高于造林地。显然，磷作为沉积型循环元素，磷的来源主要为土壤母质，因为林木生长需要大量的磷素，所以造成造林地的全磷含量急剧降低。与此同时，林木的生长，改善了微生物的生活环境，微生物活性的提高增强了磷矿化速率，从而提高了有效磷的含量。正是正反馈机制，加剧了土壤磷的消耗，土壤全磷储量快速下降。

3．土壤磷素有效性的物理影响因素

研究结果表明(表 2)，人工植被恢复造林 19 年后，土壤容重变异范围在 1.40～1.51 g/cm^3，按土壤容重分级标准属于结实和过结实状态，土壤毛管持水量和饱和持水量变幅分别为 256～276 g/kg、294～317 g/kg。

表 2　不同植被类型土壤物理性质

Table 2　The soil physical property among the reforestation types

植被类型	土壤容重/（g/cm^3）	土壤毛管持水量/（g/kg）	土壤饱和持水量/（g/kg）
对照	1.51±0.10	257.35±50.42	294.61±47.99
湿地松纯林	1.40±0.06	274.61±32.31	317.34±31.49
湿地松-枫香混交林	1.49±0.01	276.67±1.11	307.80±5.45
枫香纯林	1.45±0.02	256.97±12.95	301.30±15.05

注：平均值±标准误差 Mean±1 Standard error。

人工植被恢复造林 19 年后，不同植被类型的土壤容重、毛管持水量、饱和持水量与对照均无显著差异，说明重建森林对土壤的物理性质改善是一个长期漫长的过程。同时，由于研究区土壤石砾含量较高及空间变异性大，导致土壤环刀取样误差大，物理结构微小变化不易估测出来。

4．土壤磷素有效性的化学影响因素

（1）土壤活性酸度（pH 值）与水解性总酸度

森林土壤酸碱度是影响土壤质量的一个重要化学指标，其大小直接或间接地影响土壤养分元素的化学形态和生物有效性，从而影响林木生长。

研究结果表明（表 3 和图 4），土壤活性酸度（pH 值）和水解性总酸度的变幅分别为 4.4～4.9 mmol/kg 和 10～115 mmol/kg。

表 3　不同植被类型及不同土壤深度的土壤 pH 值

Table 3　The soil pH value at different soil depths among the reforestation types

土壤深度	荒草地	湿地松纯林	湿地松-枫香混交林	枫香纯林
0～10 cm	4.58±0.05	4.44±0.05	4.68±0.13	4.68±0.06
10～20 cm	4.67±0.07	4.62±0.13	4.64±0.11	4.68±0.17
20～40 cm	4.72±0.06	4.57±0.07	4.62±0.08	4.92±0.05

注：平均值 ± 标准误差 mean ± 1 Standard error。

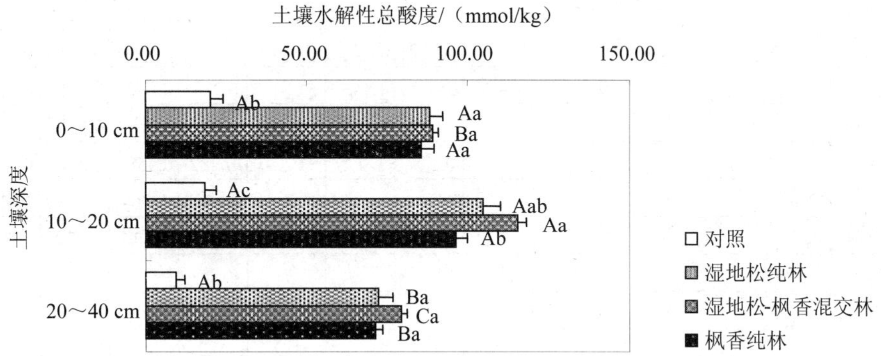

图 4　不同植被类型及不同土壤深度对土壤水解性总酸度的影响

Fig. 4　The soil total hydrolytic acidity at different soil depths among the reforestation types

土壤 pH 值在不同植被类型和不同土壤深度之间均无显著差异。

在 0～10 cm、10～20 cm、20～40 cm 土层，土壤水解性总酸度总体表现为造林地显著高于荒草地。在 0～10 cm 土层，造林地的水解性总酸度比荒草地提高了 336%；在 10～20 cm 土层，造林地比荒草地提高了 483%；在 20～40 cm 土层，造林地比荒草地提高了 722%。可见，随着土壤深度的加深，相对于荒草地而言，造林地的水解性总酸度提高幅度增加了。

荒草地的水解性总酸度不同土层之间无显著差异，造林地的水解性总酸度不同土层之间差异显著，并随土壤深度的加深而显著降低。

相关性分析结果表明（表 4），土壤有效磷与水解性总酸度（r=0.680，P＜0.01）呈极显著正相关。可见，植被恢复通过根际分泌和凋落物分解增加了土壤有机酸，有机酸与土壤中的铝、铁发生配位反应，释放了与之结合的磷素，从而增加有效磷的含量。

表 4　土壤有效磷与土壤化学性质及化学计量比的相关性

Table 4　Correlation coefficient between the soil available phosphorus，nutrient content and stoichiometric ratio

	有效磷	水解性总酸度	有机碳	全氮	铵态氮	硝态氮	矿质氮	全钾	有效钾	碳氮比	碳磷比	氮磷比
有效磷	1	0.680**	0.578**	0.358*	0.609**	0.579**	0.687**	−0.211	0.063	0.384*	0.589**	0.462**
水解性总酸度		1	0.439**	0.350*	0.416*	0.567**	0.578**	−0.212	0.153	0.328	0.537**	0.542**
有机碳			1	0.715**	0.801**	0.514**	0.747**	−0.228	0.536**	0.604**	0.911**	0.696**
全氮				1	0.446**	0.379*	0.474**	−0.425**	0.425**	−0.058	0.638**	0.831**
铵态氮					1	0.483**	0.832**	−0.169	0.383*	0.566**	0.781**	0.500**
硝态氮						1	0.888**	−0.266	0.127	0.254	0.633**	0.609**
矿质氮							1	−0.257	0.282	0.458**	0.812**	0.648**
全钾								1	−0.050	0.064	−0.238	−0.358*
有效钾									1	0.316	0.420*	0.321
碳氮比										1	0.536**	0.037
碳磷比											1	0.835**
氮磷比												1

注：* $P < 0.05$，** $P < 0.01$

（2）土壤有机碳

研究表明（图 5），造林地和荒草地的土壤有机碳含量介于 2～17 g/kg。

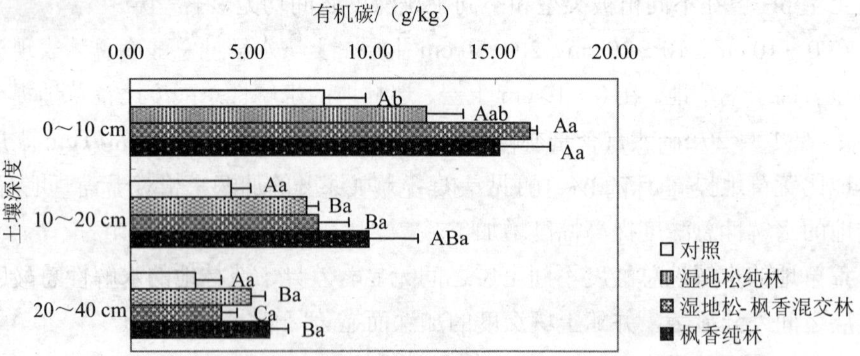

图 5　不同植被类型及不同土壤深度对土壤有机碳的影响

Fig. 5　The soil organic carbon at different soil depths among the reforestation types

荒草地的土壤有机碳含量不同土壤深度无显著差异，湿地松纯林、湿地松-枫香混交林和枫香纯林均表现为随土壤深度的加深而显著下降。这符合土壤发育形成的一般规律，因为上层土壤受各种动、植物残体，微生物残体及其分解和合成的各种有机物质的影响比下层土壤要强。湿地松纯林、湿地松-枫香混交林和枫香纯林的表层土的土壤有机碳比20～40 cm土层分别提高了145%、335%和162%。

土壤有机碳在 0～10 cm 土层表现为湿地松-枫香混交林和枫香纯林显著高于湿地松纯林和荒草地，10～20 cm、20～40 cm 层不同植被类型间差异均不显著。这说明混交林和阔叶林由于覆盖度大，凋落量大，并且叶片凋落中养分含量高，地表径流小，因而有利于养分积累，使土壤有机碳水平提高；自然恢复植被和湿地松林凋落量小，凋落物中养分含量低，同时，地表径流量大，因而不利于养分积累。同时也说明植树造林对于表层土有机碳的积累效果显著。

相关性分析结果表明（表 4），土壤有效磷与有机碳（r=0.578，P<0.01）呈极显著正相关。土壤有机碳主要来源于森林凋落物，森林凋落物同时又是土壤有机磷的重要来源，有机磷矿化后成为植物易吸收的有效磷，所以，不难理解土壤有效磷与有机碳呈极显著正相关。

（3）土壤氮素

人工植被恢复造林 19 年后，土壤全氮含量为 0.2～1.0 g/kg（图 6），不同植被类型和不同土壤深度之间差异均不显著。近数十年来，由于人类活动中矿物燃料燃烧、含氮化肥的生产和使用及畜牧业的发展等向大气中排放的含氮化合物激增，大气氮沉降成比例增加[7, 8]。我国已成为继欧洲、美国之后的世界第三大氮沉降集中区[8]，由于氮沉降掩盖了造林引起的全氮的变异，表现出造林地与荒草地的全氮含量无显著差异。

土壤铵态氮和硝态氮含量变幅分别为 5～15 mg/kg 和 2～12 mg/kg。湿地松-枫香混交林和枫香纯林的 0～10 cm 表层土壤铵态氮含量显著高于荒草地，分别提高了 125%和 117%。同时，湿地松-枫香混交林和枫香纯林的 0～10 cm 表层土壤铵态氮也显著高于 10～20 cm、20～40 cm 土层的土壤铵态氮，而 10～20 cm、20～40 cm 土层的土壤铵态氮三种人工林类型与荒草地均无显著差异。荒草地和湿地松纯林的铵态氮不同土壤深度无显著差异。

不同植被类型硝态氮总体上表现为在不同土壤深度之间无显著差异。土壤硝态氮在 0～10 cm、10～20 cm 土层表现为湿地松纯林显著高于荒草地，20～40 cm 土层不同植被类型间差异不显著。

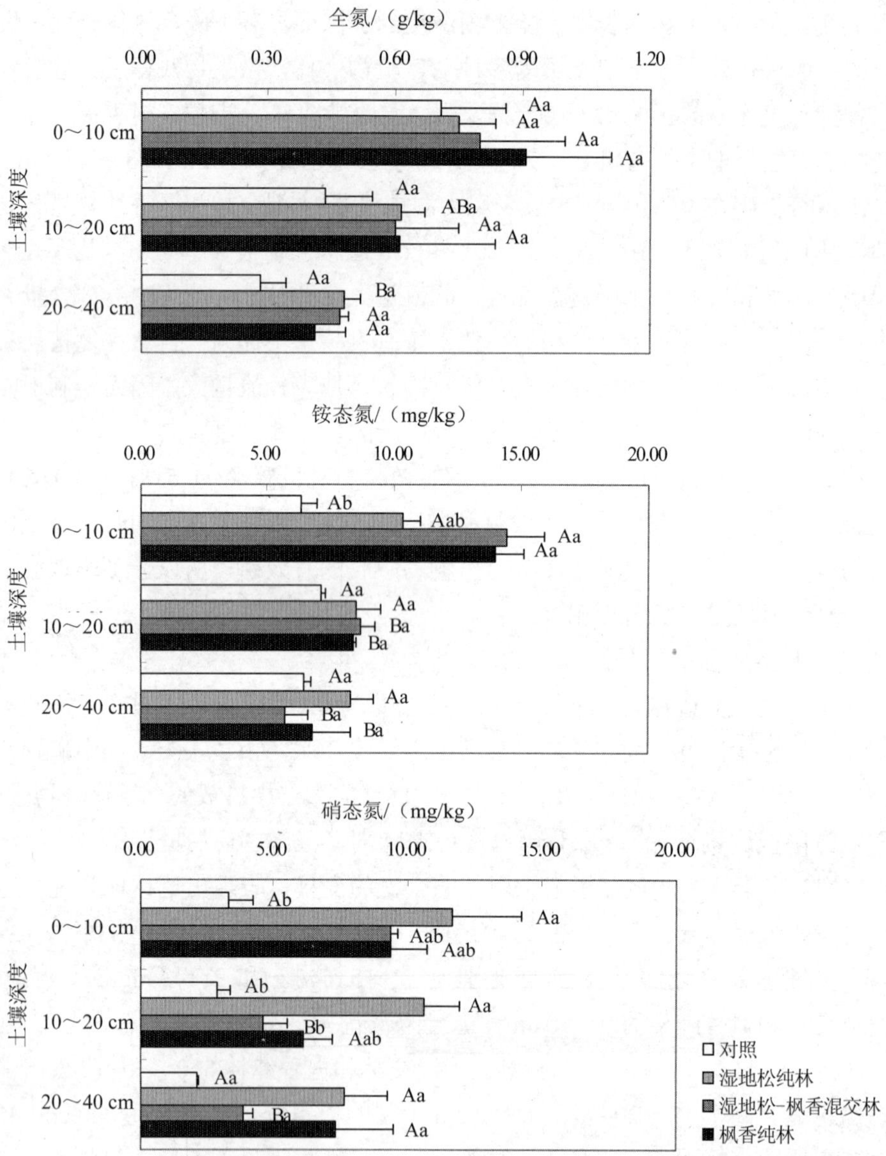

图 6　不同植被类型及不同土壤深度对土壤氮素的影响

Fig. 6　The soil nitrogen at different soil depth among the reforestation types

研究结果表明，在困难立地条件下人工植被恢复造林 19 年，相对于荒草地而言，湿地松-枫香混交林和枫香纯林对 0～10 cm 表层土壤的铵态氮有积累，而湿地松纯林无显著提高。

相关性分析结果表明（表 4），土壤有效磷与全氮（r=0.358，P<0.05）、铵态氮（r=0.609，P<0.01）、硝态氮（r=0.579，P<0.01）、矿质氮（r=0.687，P<0.01）呈极显著正相关。说明造林地中氮磷之间存在显著的协同效应。

（4）土壤钾素

人工植被恢复造林 19 年后，土壤全钾和有效钾含量的变异范围分别为 3～10 g/kg 和 15～24 mg/kg（图 7），总体上表现为不同植被类型和不同土壤深度之间均无显著差异。可推断，土壤全钾含量主要受母岩和成土母质的控制，且本研究区钾的供应充足。土壤全钾（r=0.358，P<0.05）和有效钾（r=0.358，P<0.05）与土壤有效磷相关性不显著（表 4），进一步证实了我们的推断。

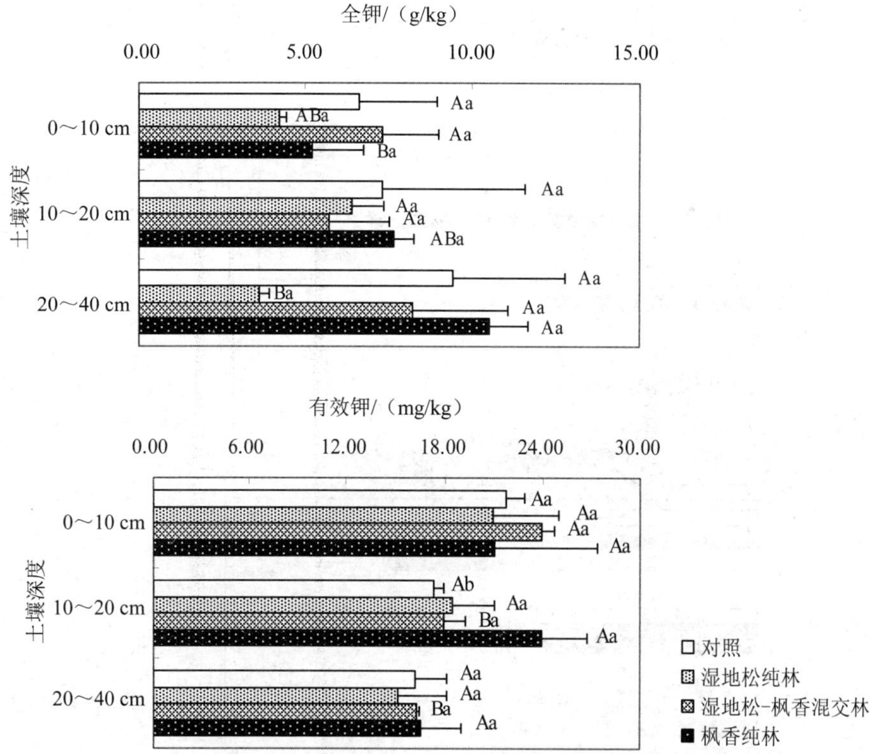

图 7 不同植被类型及不同土壤深度对土壤钾素的影响

Fig. 7 The soil potassium at different soil depths among the reforestation types

（5）土壤化学计量比

生态化学计量学是研究生物系统能量平衡和多重化学元素（主要是碳、氮、磷）平衡的科学，以及元素平衡对生态交互作用影响的一种理论，生态化学计量学在土壤养分循环与限制作用研究中的应用受到了更多的关注[9-12]。

研究结果表明（图 8），造林 19 年后，土壤碳氮比介于 9～27，在不同植被类型和不同土壤深度之间均无显著差异。

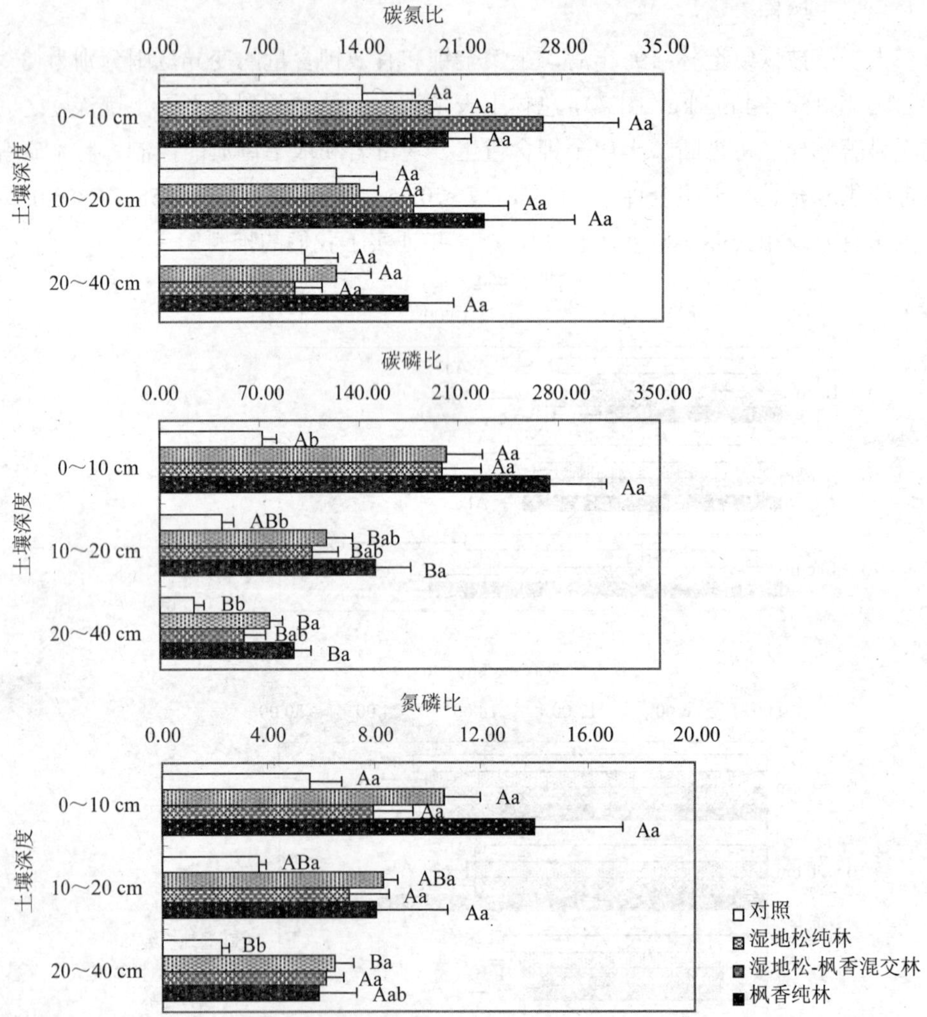

图 8　不同植被类型及不同土壤深度对土壤化学计量比的影响

Fig. 8　The soil stoichiometric ratio at different soil depths among the reforestation types

土壤碳磷比介于 23～273，均表现为随土壤深度的加深而下降，在不同土层总体表现为造林地显著高于荒草地。

土壤氮磷比介于 2～15，在 0～10 cm、10～20 cm 土层，不同植被类型的氮磷比无显著差异，20～40 cm 土层，湿地松纯林和湿地松-枫香混交林显著高于荒草地。荒草地和湿地松纯林的氮磷比随土壤深度的加深而降低，湿地松-枫香混交林和枫香纯林的氮磷比在不同土层间无显著差异。

相关性分析结果表明（表 4），土壤有效磷与土壤碳氮比（r=0.384，P<0.01）、碳磷比（r=0.589，P<0.01）和氮磷比（r=0.462，P<0.01）呈极显著正相关。说明土壤碳、氮、磷过程对造林响应具有明显的同步性。

三、结论

以江西泰和亚热带红壤森林恢复长期定位试验基地的湿地松纯林、湿地松-枫香混交林、枫香纯林和自然恢复的荒草地（对照）为研究对象，开展亚热带退化丘陵红壤区植被恢复对森林土壤磷素有效性及其影响因素研究，主要研究结果如下所述。

（1）森林重建对土壤的物理性质改变是一个长期漫长的过程。

相对于自然恢复的荒草地，人工植被恢复造林 19 年后的湿地松纯林、湿地松-枫香混交林和枫香纯林的土壤容重、毛管持水量、饱和持水量等物理性状均无显著改善。说明森林重建对土壤的物理性质改变是一个长期漫长的过程。

（2）亚热带退化丘陵红壤区植被恢复显著改变了造林地土壤磷素有效性。

相对于自然恢复的荒草地，植树造林 19 年的林地的土壤全磷含量显著低于荒草地，且未呈现表聚性。造林地土壤有效磷显著提高，且呈现表聚性。湿地松-枫香混交林和枫香纯林的土壤有效磷显著高于湿地松纯林。可见，林地通过凋落物等方式归还的磷能被植物充分吸收利用，这估计与严重退化丘陵红壤区磷素亏缺有关。植被恢复可提高土壤活性磷的供应能力，从而增加了土壤磷素的有效性，且改善效果与人工林类型有关，阔叶纯林和针阔混交林优于针叶纯林。

（3）土壤化学特性是磷素有效性的关键影响因子。

植树造林 19 年的土壤物理性状、pH 值、全氮、全钾、有效钾无显著改变；水解性总酸度、有机碳、铵态氮和碳磷比均表现为枫香纯林和湿地松-枫香混交林显著高于荒草地，且呈现表聚性。

土壤有效磷与土壤水解性总酸度、有机碳、全氮、铵态氮、硝态氮和化学计量比均呈显著正相关。说明磷有效性的提高与土壤碳、氮过程紧密相连。为了改善土壤磷的供应状况，可通过凋落物管理措施提高土壤有机碳储量，通过固氮植物的配置增强土壤氮有效性，是改善土壤磷供应状况的有效途径。

综上所述，丘陵红壤植被恢复后土壤磷素供应能力有明显改善，造林树种及其配置模式是造成土壤磷素有效性变异的外在因素，而土壤化学特性是影响土壤磷素供应的内在因素。总体来看，土壤磷素有效性为造林地高于荒草地，阔叶纯林和针阔混交林优于针叶纯林。有机碳、氮有效性是影响土壤磷转化的主要化学和生物学因子。推断增加林分结构复杂性、保留林下植被和凋落物等管理措施是改善退化红壤造林地磷供应能力的有效途径。

参考文献

[1] Elser J J，Brackenm E S，Cleland E E. Global analysis of nitrogen and phosphorus limitation of primary producers in freshwater，marine and terrestrial ecosystems[J]. Ecology Letters，2007，10（12）：1135-1142.

[2] 詹书侠，陈伏生，胡晓飞，等. 中亚热带丘陵红壤区森林演替典型阶段土壤氮磷有效性[J]. 生态学报，2009，29（9）：4673-4680.

[3] 刘苑秋，杜天真，郭晓敏，等. 退化第四纪红黏土重建森林模式及其土壤恢复研究[J]. 水土保持学报，2004，18（6）：34-37.

[4] 鲍士旦. 土壤农化分析[M]. 3 版. 北京：中国农业出版社，2000.

[5] 中国科学院南京土壤研究所土壤物理研究室. 土壤物理性质测定法[M]. 北京：科学出版社，1978.

[6] Sanyal S K，De Datta S K. Chemistry of Phosphorus transformations in Soil/Advances in Soil Science[M]. New York：Springer Verlag，1991.

[7] Vitousek P M，Aber J D，Howarth R W，et al. Human alteration of the global nitrogen cycle：sources and consequences[J]. Ecological Applications，1997，7（3）：737-750.

[8] Galloway J N，Cowling E B. Reactive nitrogen and the world：200 years of change[J]. Ambio，2002，31（2）：64-71.

[9] Michaels A F. The ratios of life[J]. Science，2003，300：906-907.

[10] 曾德慧，陈广生. 生态化学计量学：复杂生命系统奥秘的探索[J]. 植物生态学报，2005，

29（6）：1007-1019.

[11] Elser J J，Fagan W，Denno R F. Nutritional constraints interrestrial and fresh water food webs[J]. Nature，2000，408：578-580.

[12] Schindler D W.　Balancing planets andmolecules[J]. Nature，2003，423：225-226.

灰化苔草铅胁迫的光谱响应*

倪才英[1,2] 张 丹[1] 宋鹏飞[1] 赵思颖[1] 符文昌[1]
（1. 江西师范大学地理与环境学院，南昌 330022；
2. 江西师范大学鄱阳湖湿地与流域研究教育部重点实验室，南昌 330022）

摘 要：随着社会经济的快速发展，鄱阳湖湿地重金属污染逐渐加剧。传统的化学或生物重金属污染监测手段已不能满足大面积快速监测需求，而现代遥感技术的发展，使之成为现实。本文以鄱阳湖南矶山自然湿地优势植物灰化苔草（*Carex Cinerascens*）和铅（Pb）为研究对象，采用模拟盆栽，叶绿素仪和地物光谱仪测定的实验方法，研究了土壤不同添加铅浓度引起的灰化苔草叶片叶绿素和光谱参数的变化。这些结果为遥感监测技术在鄱阳湖湿地重金属污染的监测应用提供了参考和基础数据。

关键词：灰化苔草 铅 重金属污染 光谱监测 鄱阳湖湿地

引言

在湿地重金属污染监测方面，传统方法是化学或生物分析法，即主要经过野外选点采样，室内分析等步骤，不但周期长，易受野外原生环境和样本的限制，而且需要耗费的人力、财力和时间巨大，大面积应用时受到限制。近年来随着高光谱遥感技术的产生和快速发展，湿地重金属的污染状况能够快速、高效、宏观地反映在光谱参数上[1]，光谱逐渐成为重金属污染监测的重要技术手段。

* 基金项目：国家自然科学基金地区项目（41061037）和鄱阳湖湿地与流域研究教育部重点实验室（江西师范大学）开放基金项目（PK2012006，PK2013007），江西省环保厅科技项目（JXHBKJ2013-6）资助。
通信作者：倪才英，教授，博士，主要从事环境污染行为过程研究。

近年来国内外的较多学者利用重金属污染胁迫下的植物叶片光谱数据，来研究污染过程中“营养胁迫”和“污染胁迫”。因为在重金属污染的土壤上生长的植物会受到重金属污染的胁迫，导致植物生理特征发生改变，进而在植物叶片反射光谱上发生特征变化[2]。如 Hoque 和 Huntzler 发现植物酸碱或重金属中毒病变后叶绿素含量减少，红谷变浅，红谷和绿峰之间的梯度变缓，红外反射坪增高[3]，从而使 685 nm 左右处叶绿素最大吸收的深度明显变浅，金属含量愈高，吸收谷愈浅。因而他们认为利用光谱在 550～760 nm 的波段最大吸收深度，可定量分析与植株或冠层的波谱变异特征相对应的植被污染情况。

鄱阳湖是江西人民的母亲湖泊，它接纳江西境内五大河流（饶河、修河、信江、赣江、抚河）来水，这五大河流流域面积约占江西面积的 97%，所以江西省境内工矿企业以及农事活动所产生的重金属污染物最终将汇入鄱阳湖。鄱阳湖重金属污染也早在 20 世纪 80 年代就被关注，21 世纪关注程度随着鄱阳湖的知名度提高而明显增强，尤其是 2011 年 4 月国务院批复《重金属污染综合防治“十二五”规划》以来，江西省被列为重点治理省区之一。鄱阳湖重金属污染问题已受到政府部门及社会各界的广泛关注。已有的研究表明鄱阳湖湿地土壤、底泥、水生生物等均有不同程度重金属铜、锌、铅、镉污染[4-8]。铅对于其他重金属元素来说，虽然不是鄱阳湖湿地区生态毒性最大的镉，也不是污染最重的铜，但它是生命体不需要的污染元素，且有研究表明：鄱阳湖沉积物 Pb 含量超出鄱阳湖底泥重金属 Pb 的背景值，与吕兰军 1992—1993 年的研究数据相比[9]，17 年左右的时间，鄱阳湖底泥重金属 Pb 含量增长到 1.6 倍，区域总平均值与湖北东湖、安徽巢湖沉积物中 Pb 含量水平相近，高于中国大部分淡水湖泊[10]。故选择铅作为研究对象，以鄱阳湖湿地优势植物灰化苔草为载体，进行光谱监测，为高空遥感技术的应用积累基础，非常有必要。

本文以鄱阳湖南矶山自然湿地优势植物灰化苔草为载体，以重金属铅为对象，研究了铅污染下的灰化苔草叶片光谱特征值和叶绿素数据变化，对蓝谷位置、蓝谷深度、绿峰位置、绿峰峰值、红谷位置、红谷深度、红边位置、红边峰值、红边斜率、$NDVI_{705}$（归一化植被指数）等几个光谱参数和叶绿素值进行了不同生育期的比较，以期为高空遥感技术的快速监测大面积应用提供基础数据和经验积累。

一、材料与方法

1. 实验设计

2012 年 4 月初在鄱阳湖南矶山自然湿地，用黑色不漏水塑料筐（减小对光谱采集的干扰）作为灰化苔草培养筐，将长势均一灰化苔草幼苗连同生长土壤称重后移植到培养筐内。一周后，以溶液 $Pb(NO_3)_2$ 的方式施加铅，使浓度梯度为 0，50 mg/kg，100 mg/kg，150 mg/kg，200 mg/kg，300 mg/kg，500 mg/kg（分别标记为 CK，50，100，150，200，300，500），每处理 6 重复。其中由于不同 Pb 浓度导致的 N 营养不平衡用尿素（即硝酸铵，化学式为 NH_4NO_3）平衡，磷酸二氢钾（化学式为 KH_2PO_4）作为 P 肥和 K 肥，并参照 NH_4NO_3 与 KH_2PO_4 作为底肥的施用比例添加相应的 KH_2PO_4 为基肥，N∶P∶K 的比例保持在 1∶1∶0.6。

2. 光谱数据采集与处理

使用 SVC HR-1024（波段范围为 350～2 500 nm，本文研究 350～750 nm 的可见光波段）便携式地物光谱仪采集灰化苔草叶片的光谱信息，选择天气晴朗，天空背景均一的天气进行，采集时间一般为 10:00—14:00。在每个培养筐中选取长势相对一致的 5 个不同点进行光谱采集后，取平均值为一个点的信息（每次测定进行白板校正）。测量的原始光谱数据首先使用 SVC HR-1024 PC Date Acquisition Software（美国 Spectra Vista 公司）进行筛选（剔除异常的光谱曲线）和预处理（运用一阶微分光谱提取部分光谱参数），然后使用 ENVI（连续去统）和 SPSS、R studio（分析相关关系）等软件进行进一步分析和处理。

3. 叶绿素数据采集与处理

使用 SPAD-502 叶绿素测量仪测量叶片叶绿素的相对含量，在测定光谱值的同时采集当天的叶绿素值。从每框中均匀地选取长势相对一致的 10 个叶片，在每个叶片的上、中、下位置测量叶绿素值 3 次后求其平均值，记录。将记录的叶绿素数据使用改进型格拉布斯（Grubbs）准则法剔除异常值后，再对每个处理求取叶片平均 SPAD 值。

4. 灰化苔草叶片和土壤的铅含量测定

待生长期完成后，采集培养筐内灰化苔草叶片（本文只研究叶片中的 Pb 含量，只采集地上的叶片部分）及其生长土壤，将样品冲洗、烘干并用玛瑙研钵研磨后（土壤样品不需要冲洗，自然晾干），过 100 目尼龙筛并且混合均匀，准确称取叶片样品粉末 1.000 0 g（精确至 0.000 1 g）和土壤样品粉末 0.500 0 g 置于洁净的三角烧瓶中用高氯酸、浓硝酸消化处理。消解后的植物和土壤消化液进行稀释处理，用石墨炉原子吸收分光光度计测定叶片和土壤中的 Pb 含量，Pb 的最小检出限为 0.002 μg/mL。植物与土壤样品均设有 3 个空白样用来校正。

5．数据处理

指标间相关性，以及处理间差异性分析采用 SPSS 11.0 进行。

二、结果与分析

1．灰化苔草叶片与土壤有效态 Pb 含量的变化特征

由图 1 可以看出，随着添加铅浓度的提高，叶片铅和土壤有效态铅浓度均呈现先升高后下降的趋势，但变化规律不一样。土壤有效态铅含量在小于 150 mg/kg 时逐渐增加，到 200 mg/kg 增速加快，至 300 mg/kg 区间平缓，随后下降；而叶片铅含量在小于 150 mg/kg 逐渐提高，在 150～200～300 mg/kg 区间快速上升，随后下降。从灰化苔草长势来看，灰化苔草在整个培养期，各浓度处理下的叶片没有出现枯亡现象，生长态势良好，表明灰化苔草对 Pb 的耐受极限超过 500 mg/kg。究其原因，可能与叶片吸收的铅减低有关。

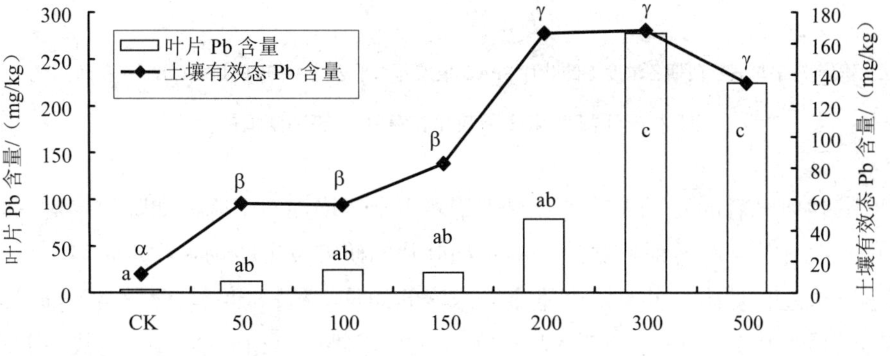

注：叶片柱状图上不同的小写字母表示各浓度下的叶片 Pb 含量差异水平达 $P<0.05$ 的显著程度；土壤折线图上不同希腊字母表示各浓度下的土壤有效态 Pb 含量差异水平达 $P<0.05$ 的显著程度。

图 1　不同 Pb 浓度下灰化苔草叶片与土壤有效态 Pb 含量的变化

经相关性分析，发现叶片和土壤有效态 Pb 含量之间呈现极显著正相关关系，相关系数为 0.973；叶片和土壤添加 Pb 浓度之间也呈显著正相关关系，相关系数为 0.884。因此灰化苔草叶片铅含量能较好地反映土壤 Pb 的污染程度，可以用来指示土壤铅污染状况。

2. 灰化苔草叶片 SPAD 值随 Pb 浓度的变化特征

叶片叶绿素下降是植物受重金属毒害后出现的普遍现象。我们对苗期、生长期、成熟期的叶绿素值变化进行了比较。从图 2 中可以看到：随着土壤添加 Pb 浓度的逐步增加，三个时期的灰化苔草叶片 SPAD 值均先下降，在 150 mg/kg 浓度时达到最低值，随后又上升。也就是说在 150 mg/kg 以下浓度范围内，叶片 SPAD 值逐步降低，与叶片和土壤有效铅含量呈负相关关系，而在 150 mg/kg 之后呈正相关关系，这种现象与观察到的植物长势表现一致。

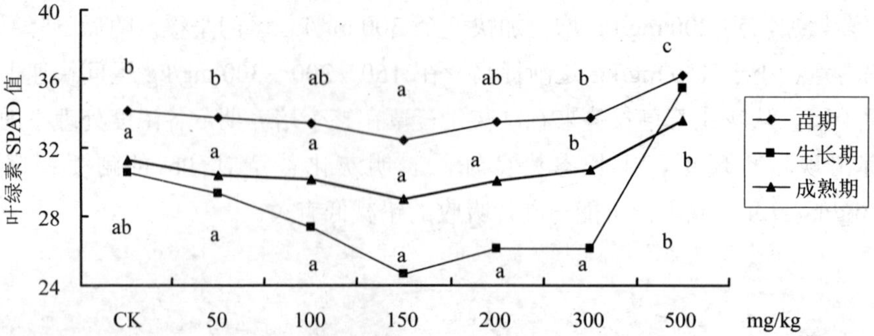

注：不同小写字母表示苗期各浓度下的叶片 SPAD 值差异水平达 $P<0.05$ 的显著程度。

图 2 不同 Pb 浓度下灰化苔草叶片 SPAD 值的变化

其他研究者的发现大都是叶绿素值随重金属增加而下降，如陈思宇对锌胁迫下的白菜叶片、林婷对锌胁迫下的水稻叶片的研究发现植物吸收重金属之后，叶绿素合成途径受阻，并且随着重金属浓度的加重，植物叶绿素含量会下降，二者呈显著地负相关关系。但也有例外，如寇士伟等研究 Cd-Pb-Cu 复合污染下荠菜的生长过程，发现单一 Cd 和 Cd-Pb-Cu 复合污染能够显著降低叶绿素，而 Cu 和 Pb 之间的交互作用能够显著增加芥菜叶绿素。本文研究的发现，即灰化苔草在重金属 Pb 胁迫下，SPAD 值先是下降，在 150 mg/kg 时达到最小值（29.61），然而随着 Pb 浓度的增加，SPAD 值随后又上升了，总体呈现先下降后上升的趋势，与他们的研究结果既有相近之处，也有不同之处。实验中随着铅浓度提高，是否灰化苔草体内因胁迫产生了抗性机制，或是其他原因导致叶绿素含量的增加，尚有待进一步研究。但对于本实验中铅污染土壤来说，光谱监测只适宜 0～150 mg/kg 浓度范围内或需要分段（0～150 mg/kg，150～500 mg/kg）进行模拟。

另外从图 2 中我们还可以发现，灰化苔草的叶绿素值苗期高于成熟期，两者变幅非常相似，而生长期的最低，变幅最大；经相关分析表明，生长期的叶绿素值与添加铅浓度相关性最好（相关系数为−0.988）。故以下的光谱监测数据采用生长期的光谱参数特征值。

3. 光谱参数的变化

植物叶片的叶绿素对太阳辐射具有明显的吸收、反射和透射特征，这些特征由植物的生理特征所决定（色素含量、水分含量、叶片表面特性、叶片结构等），并且反映在光谱参数变化上[11]。植物在重金属胁迫下，可见光到近红外波段的植物光谱数据变化最明显，是研究重金属污染对植物光谱影响的重要方面，所以本文对灰化苔草光谱中 350～750nm 的可见光波段进行了分析，提取了蓝谷位置、蓝谷深度、绿峰位置、绿峰峰值、红谷位置、红谷深度、红边位置、红边峰值、红端陡坡斜率和 $NDVI_{705}$ 等光谱特征值进行研究，结果见表 1。

表 1　生长期不同 Pb 浓度（mg/kg）污染下灰化苔草的光谱特征参数

特征参数/处理	CK	50	100	150	200	300	500
蓝谷位置	490	490	490	490	490	490	495
蓝谷深度	0.791	0.804	0.834	0.830	0.836	0.838	0.897
绿峰位置	550	550	550	550	550	550	550
绿峰峰值	0.405	0.386	0.356	0.362	0.355	0.322	0.255
红谷位置	675	675	675	675	675	675	675
红谷深度	0.86	0.866	0.898	0.885	0.903	0.900	0.948
红边位置	720	720	720	720	720	720	725
红边峰值	0.594	0.582	0.663	0.630	0.766	0.732	0.961
红边斜率	0.368	0.331	0.405	0.383	0.465	0.445	0.566
$NDVI_{705}$	0.492	0.507	0.536	0.515	0.561	0.532	0.661

注：表中蓝谷位置、绿峰位置、红谷位置和红边位置的单位均为 nm；蓝谷深度、绿峰峰值、红谷深度、$NDVI_{705}$ 单位均为%。

从表 1 中可以看出，蓝谷位置随着土壤添加铅浓度变化，除在 500 mg/kg 处有 5 nm 的红移之外，其他浓度均无影响；但蓝谷深度随铅浓度增加有增加趋势。绿峰位置在整个实验浓度范围内无变化，但绿峰峰值有减少的趋势。红谷位置与绿峰位置一样，也无变化，但红谷深度在逐渐增加；红边位置与蓝谷位置一样，只在最大浓度时向长波方向漂移 5 nm，红边峰值、红边斜率和 $NDVI_{705}$ 均随铅浓度提高而增加。

为进一步了解灰化苔草在 Pb 胁迫下的光谱响应特征，依据上述提取的光谱参数，进行光谱特征值（0～150 mg/kg 范围内）与叶片 Pb 含量的相关性分析，发现叶片铅含量与蓝谷深度、红谷深度、红边峰值、红边斜率和 $NDVI_{705}$ 均有正相关关系，但只有蓝谷深度达到显著水平（0.986）；与绿峰峰值有极显著负相关关系（−0.997）。故此蓝谷深度和绿峰峰值可用来指示灰化苔草铅污染程度。

三、结论

对鄱阳湖南矶山自然湿地优势植物灰化苔草叶片在铅胁迫的光谱响应研究发现：在本文的试验浓度范围内，灰化苔草叶片对重金属 Pb 的耐受极限超过 500 mg/kg；随着添加 Pb 浓度的升高，灰化苔草叶片和土壤有效态的 Pb 含量均逐渐增加，并且添加 Pb 浓度、叶片 Pb 含量和土壤有效态 Pb 含量之间保持显著的正相关关系；随着添加 Pb 浓度的升高，叶片 SPAD 值呈现先降低后增加的变化趋势，生长期的变化比苗期和成熟期都更为敏感，表明 Pb 污染下灰化苔草最佳监测生育期为灰化苔草的生长期；在此期间灰化苔草的光谱特征值蓝谷深度、绿峰峰值、红谷深度、红边峰值、红边斜率和 $NDVI_{705}$ 等均与叶片铅含量有较好的正相关或负相关关系，其中蓝谷深度和绿峰峰值可以用来指示低浓度 Pb 污染程度。

随着遥感监测技术的发展和人们环境意识的提高，对重金属污染的监测将越来越规范化和专门化。通过植物光谱监测获取的光谱特征可以第一时间发现植物异常，为土壤污染监测和修复提供有力支持。

参考文献

[1] 付馨，赵艳玲，李建华，等. 高光谱遥感土壤重金属污染研究综述[J]. 中国矿业，2013，22（1）：65-68.

[2] 金铭. 水稻镉污染胁迫高光谱分析模型研究[D]. 中国地质大学（北京），2011：3-4.

[3] Hoque E，Huntzler J S. Spectral blue-shift of red edgemonitors damage class of beeth trees[J]. Remote Sensing of Environment，1992，39：81-84.

[4] 弓晓峰，陈春丽，周文斌，等. 鄱阳湖底泥中重金属污染现状评价[J]. 环境科学，2006，27（4）：732-736.

[5] 简敏菲，游海，弓晓峰，等. 鄱阳湖典型区域重金属污染的水生植物监测与评价[J]. 土壤通报，2007，38（2）：329-333.

[6] 简敏菲，游海，倪才英. 鄱阳湖饶河入湖段底泥中重金属的污染特性[J]. 江西师范大学学报，2005，29（4）：363-366.

[7] 万金保，何华燕，曾海燕，等. 主成分分析法在鄱阳湖水质评价中的应用[J]. 南昌大学学报（工科版），2010，32（2）：113-117.

[8] 李鸣，刘琪璟. 鄱阳湖水体和底泥重金属污染特征与评价[J]. 南昌大学学报（理科版），2010，34（5）：486-489，494.

[9] 吕兰军. 鄱阳湖重金属污染现状调查与分析[J]. 人民长江，1994，25（4）：32-38.

[10] 李鸣. 鄱阳湖重金属污染特征研究及环境容量估算[D]. 南昌大学，2010.

[11] 任红艳，潘剑君，张佳宝. 高光谱遥感技术的铅污染检测应用研究[J]. 遥感信息，2005，3：34-38.

江西省红壤资源及其可持续利用*

邓丽萍　黄国勤**

（江西农业大学生态科学研究中心，南昌 330045）

摘　要：红壤是我国亚热带地区典型的地带性土壤，是江西省农业生产和今后农业开发利用最大的、最基本的土壤资源。积极、合理和科学开发利用红壤资源，对发展江西农业具有重大意义。然而，在当前红壤资源利用中，存在着很多的问题，如耕地面积缩减、水土流失严重、生产单一化、中低产田多等问题，这些问题严重且突出。针对红壤资源利用中存在的这些问题，必须采取有效措施来实施可持续红壤资源的利用。本文从江西省红壤资源利用的现状出发，提出红壤合理利用开发的途径与措施，具体包括以下对策：一是保护耕地；二是培肥土壤；三是优化耕作制度，用地养地相结合；四是提高耕地效益；五是建立生态补偿机制；六是修复重金属污染土壤；七是高新技术的应用；八是中低产田的改造。

关键词：红壤　可持续利用　江西

一、江西省红壤资源及其利用现状

我国人多地少，耕地资源相对缺乏，自改革开放以来，经济发展突飞猛进，但经济建设占用了大量耕地，导致耕地资源日趋紧张，人均耕地面积仅为 0.09 hm^2（2006 年），不及世界平均水平的 40%[1, 2]。江西耕地也不例外，从 20 世纪 50 年代末的 280 万 hm^2 减少至 1996 年的 230.20 万 hm^2，年均减少近 1.33 万 hm^2，与

* 江西省软科学研究计划项目“江西生态文明示范省建设对策研究”（项目编号：20133BBA10005）阶段性成果之一。

** 通信作者：黄国勤，教授（二级）、博士生导师，E-mail：hgqjxnc@sina.com。

此同时，全省人口数量增加，使得全省人均耕地面积由 1949 年的 0.18 hm^2 下降至 0.056 hm^2（1996 年），接近联合国粮农组织规定的“人均耕地面积 0.052 hm^2 的生存警戒”水平[3]。

江西省土地面积 16.67 万 km^2，根据土地利用变更调查，江西省现有耕地面积 299.34 万 hm^2，其中红壤性水稻土面积 182.0 万 hm^2，占耕地总面积的 60.8%；红壤性旱地面积 22.42 万 hm^2，占耕地总面积的 7.49%[4]。根据红壤的发育程度及主要性状，大致可划分为三个亚类：红壤、红壤性土、黄红壤。红壤亚类约有 586.56 万 hm^2，面积最大，这类土壤有一定的植被覆盖、剖面发育正常，在较好的林被下自然肥力高，在草被下则矿质养分不足。同时红壤具有酸、黏、瘦的特点，正因为红壤具有这些特点导致土壤生产力低下，很多土壤荒废而未被利用起来。耕地资源在数量上不断减少的同时在质量上也面临着耕地荒漠化、沙漠化、盐碱化的严重威胁，严峻的耕地资源形势不容乐观。

据 2002 年江西年鉴统计数据知全省未利用或难利用的土地面积 335 万 hm^2，约占全省土地总面积的 21.2%。其中，荒地面积占未利用土壤的 75.3%；内坡比较平缓，宜于农垦和种植经济林木的占 20%～30%；其余为坡度较大的荒地多数只能种草，发展林木或放牧；田埂有 26.6 万～33.3 万 hm^2，大部分都未利用。

二、江西省红壤资源利用存在的主要问题

1. 耕地面积缩减

近年来，随着我国工业化、城镇化进程的加快，人口的持续增长和生态环境质量日益下降等多种原因，导致我国耕地资源的数量不断减少。2008 年全国耕地 12 173.52 万 hm^2（18.26 亿亩），直逼 18 亿亩红线。目前，中国耕地面积仅约为 1.217 亿 hm^2，比 1997 年的 1.299 亿 hm^2 减少 0.082 亿 hm^2，中国人均耕地面积由 10 多年前的 0.105 hm^2 减少到 0.092 hm^2[5]。江西省同样存在耕地面积减少的问题。现在江西省人均耕地面积已低于全国平均水平。据 2014 年 3 月 6 日江西省国土资源厅资料，江西全省人均耕地面积已从 1996 年的 1.094 亩降到 2009 年的 1.045 亩，低于全国人均 1.52 亩的水平。

2. 水土流失

造成水土流失的原因有自然因素更有人为因素。在江西，由于红壤受长期不合理的开发利用，江西已成为我国水土流失较为严重的地区之一，水土流失

面积也在逐年增加。据1996年调查，江西省99个县、市区都有不同程度的水土流失，有水土流失面积共352.2万hm^2，占土地总面积的21.1%。其中轻度流失面积122.8万hm^2，中度流失面积104.5万hm^2，强度及其以上的流失面积124.9万hm^2。据调查推算，全省每年土壤侵蚀量达1.65亿～2.2亿t，相当于损失5万余hm^2、20 cm厚的耕作层，（这不包括人为开矿修路等基建项目直接废弃的泥沙）。其中以赣州地区最大，达4 873万t[6]。根据水利部考察南方红壤丘陵区（江西、浙江、福建、湖南、广东、海南等省全部，安徽省和湖北省长江以南县、市、区）得知，在红壤考察区的8个省中，各省均有不同程度的水土流失面积分布（表1），其中江西的水土流失面积排名第二，占红壤考察区总面积的3.8%[7]。

表1 南方红壤丘陵考察区各省水土流失面积

省份	土地总面积/km^2	流失面积/km^2			水土流失面积/km^2	占区内流失总面积比例/%	占境内土地总面积比例/%
		轻度	中度	强度以上			
江西	166 960.29	12 271.32	10 380.64	10 718.96	33 370.92	25.43	19.99
浙江	103 230.75	10 236.35	5 247.57	1 132.83	16 616.77	12.66	16.10
福建	122 466.14	6 572.94	3 815.42	2 738.99	13 127.35	10.00	10.72
安徽	32 661.74	5 144.28	1 269.53	200.10	6 613.91	5.04	20.25
湖北	20 762.52	2 961.32	2 050.24	1 020.61	6 032.17	4.60	29.05
湖南	211 816.40	16 117.02	20 859.29	3 524.54	40 500.85	30.86	19.12
广东	179 431.83	7 671.46	4 611.86	2 238.44	14 521.76	11.07	8.09
海南	34 163.90	348.72	71.40	21.03	441.15	0.34	1.29
合计	871 493.57	61 323.41	48 305.95	21 595.52	131 224.88	100	15.06

3. 土壤酸化

土壤的酸化本是一个较缓慢的过程。在近代，城镇化进程加快，工业迅速发展给国家创造了巨大经济效应，但在经济繁荣的背后同时也给社会带来了一系列的环境生态问题，其中大量工业的发展导致了酸雨的增多，从而加快了红壤的酸化过程，对环境及其作物生产都产生了不良影响。有研究表明，模拟酸雨可抑制早稻种子萌发，降低种子活力，影响早稻幼苗生长，最后导致农作物减产[8]。目前，我国的酸雨控制区主要集中在长江以南，包括四川，云南的东部，浙江、福建、江西、湖南、重庆的大部分地区以及长三角、珠三角地区，而江西南昌是我国南方两个酸雨中心之一，雨水pH值4.5～5.0，最低值为3.2，酸雨频率在80%

以上[9]。

4．生产单一化

江西红壤地区种植中，以种植水稻为主，占地面积大；经济作物种类虽然多，但在种植业中所占的比例小；在果树生产方面，除柑橘发展较快，其余许多原产名特优水果的发展速度都有待加快。

5．中低产田多

中国耕地中有 78.5%的中低产田，其中中产田面积占 37.3%，低产田面积占 41.2%。在江西地区，大部分耕地都属于中低产田。高产田、“吨粮田”仅占耕地总面积的 1/3，尚有 2/3 的耕地属中、低产田[3]。洪涝和干旱都是中、低产田的重要原因。

6．土壤污染严重

江西作为矿产资源大省，铜、钨、稀土等资源量位居全国前列，贵溪重金属资源对全省经济社会发展起巨大的推动作用。但同时由其引起的环境负面影响不容乐观，各种重金属污染问题日趋严重，生产出的农副产品重金属严重超标，极度危害人类健康。土壤污染问题已成为危害全球环境质量以及人类生存和发展的主要问题之一。近些年，土壤污染事件层出不穷，“镉大米”“重金属蔬菜”等事件的暴发引起了人们对土壤污染问题的广泛关注。土壤污染具有累积性、滞后性、隐蔽性、不可逆转性和难治理等特点。重金属污染物在土壤中移动性差，滞留时间长，大多数微生物不能使之降解，并可经水、植物等介质最终危害人类健康。某些重金属污染的土壤可能要 100～200 年时间才能够修复，一旦土壤受到污染，国家粮食安全与食物安全问题也会相继而出。因此要使国家长久稳定的发展，防治土壤污染是当前亟待解决的重要问题。

三、江西省红壤资源的可持续利用对策

为使江西红壤资源得到充分利用，发挥江西红壤资源的巨大潜力，走农业可持续发展道路提出以下对策。

1．保护耕地

党的十一届三中全会以来，我国经济逐步走向繁荣，一些地方政府把主要精力放在非农建设的工地开发上，不太重视保护耕地，致使在保护耕地和发展经济发生冲突时，多数以牺牲耕地为代价，换取当前利益，这样必然使得耕地面积减

少。在今天的法制社会，仍然有很多企业做出非法占地、毁地、毁粮田盖房等行为，尽管早就有《土地管理法》的制约管理，但这些非企业似乎不见其减少。

2014 年 4 月 24 日，十二届全国人大常委会第八次会议表决通过了《环保法修订案》，新《环境保护法》的出台对耕地也进行了相应的法律保护，加强法制建设，力求通过法律保护耕地，对有污染环境行为的企业者以严厉打击。在加强法律保护的同时，公众也应提高保护耕地的责任意识，加强法制教育，积极参与，从事前、事中和事后三个环节全过程维护公众的合法耕地权利和相关的其他权益，限制企业土壤污染行为和侵权行为的违法扩展。

2．培肥土壤

由于红壤受长期不合理的开发利用，水土流失严重，特别是农业生态系统中养分循环与平衡的失调，加剧了土壤尤其是旱地的养分贫瘠化及衰减过程。针对全省较大范围缺磷、缺钾的实际，在农田施肥过程中，应着重增施磷、钾肥料以平衡土壤肥力。培肥土壤是消除红壤农业生产障碍因素的一个重要途径，也是江西红壤资源可持续利用的一个重要措施。培肥土壤包括施用有机肥、合理施用化肥、种植绿肥、施用石灰以及发展秸秆还田技术等方面。

增施有机肥，提高土壤有机质含量。施用有机肥能够使得土壤理化性质得到改善，实验研究表明，随着有机肥施用量的提高，土壤的可溶性碳、总有机碳、微生物生物量碳及土壤的基础呼吸量随之增加[10]。

合理施用化肥，调节土壤养分。根据作物的生产特性，结合土壤的肥力状况，考虑作物的耕作制度，因地制宜，采取配方施肥、以产定肥、测土施肥或诊断施肥等多种方法，减少氮肥的投入量，调整氮磷钾到合适的比例[5]。

种植绿肥。紫云英作为一种传统绿肥，具有更新土壤腐殖质、提高土壤有机质、改善土壤理化性状、固氮和提高土壤有效性等作用。有实验研究表明，长期稻—稻—紫云英轮作能促进水稻增产，明显降低田间杂草密度，减少早稻期间田间杂草的种类[11]。绿肥本身含有丰富的营养物，翻压后更容易被作物吸收。

施用石灰，降低土壤酸度。施用石灰时，应视作物、土质而异，沙土少施，黏土多施；水田少施，旱地多施；薯类少施，豆科作物多施。

秸秆还田。作物秸秆中含有多种有机物，经微生物分解后，可形成大量活性有机质并释放矿质营养元素。秸秆还田能够增加土壤有机质含量，改良土壤结构，培肥土壤的同时也减少了农民对作物秸秆的燃烧。

3．优化耕作制度，用地养地相结合

不同作物具有不同的根系，对于土壤养分物质有着不同的需求和摄取能力，长期种一种作物必然会引起土壤中某种养分的不足[12]。因此优化耕作制度，提高复种指数，变单一的传统农业向农、林、牧、副、渔业综合发展，是使江西红壤资源得到充分利用的一个重要途径。首先，调整农业结构，由生产单一化向多产业发展，如江西省千烟洲的“一丘多用”就是一个很好的例子，不仅使得当地农林牧生态效益得到改善，人均收入也有提高。其次，合理安排轮作套种。如发展“水—旱”或水旱轮作及旱地间混套轮作多熟制新型耕作制度。最后，充分利用冬闲田，增加种植总面积，实行全年绿色覆盖，这一措施既有保持水土的作用，又能大幅度提高旱地生产力，培肥土壤，具有显著的经济效益、社会效益和生态效益。

4．提高耕地效益

遵循社会主义市场经济，把提高当地耕地的经济效益放到应有位置，大力发展受市场欢迎的经济作物，真正保证农民增产增收，提高农业生产效益。制定一整套能够保证有效实现农业科研与推广良好运转的农业政策，使粮食主攻单产，确保产量稳定提高；扩种经济作物，发展当地名特优作物。制定切实有效的措施，如耕地生产，减少自然灾害，保持水土，防止土壤退化等保证土壤的可持续利用。如增加绿色植被、小流域综合治理、发展“一丘多用”模式等。有研究表明，百喜草对土壤有很好的保护作用，可减少雨水对土壤表层的冲刷量（表 2）[13]。此外，优化投入产出，以最小的投入获得最大的产量。

表 2 百喜草对表层土壤侵蚀量的影响　　单位：g

冲刷历时/min	百喜草（不留茬）	百喜草（留茬）	花生	裸地
0.5	0.105	0.092	0.756	0.145
1	0.141	0.098	0.973	0.177
3	0.189	0.124	1.287	0.269
5	0.263	0.138	1.649	0.345
7	0.299	0.15	1.931	0.411
9	0.433	0.184	2.099	0.457
11	0.481	0.22	2.189	0.501
13	0.497	0.266	2.275	0.529
15	0.513	0.286	2.395	0.549

5. 修复重金属污染的土壤

江西矿产资源丰富，其中铜、钨等储量居全国首位。这些重金属资源的开发对江西经济发展起到了巨大的推动作用，但同时给土地污染带来了严重的负面影响，不仅土壤生产力低，而且生产出的是重金属超标产品。这样长久下去，肯定影响粮食安全并危害人类健康。唯有在发展江西经济的同时加快研发和推广金属污染土壤修复治理技术，才能更好地保护江西生态环境，使土地资源得到更好的可持续利用。

加强土壤重金属污染治理修复与资源可持续利用的科技创新研究。针对重金属污染类型及污染程度，采取不同的方式进行修复；对一些稀有/贵重金属资源使用绿色环保技术进行回收；建设土壤环境检测网，及时跟踪，一旦发现土壤被污染立即采取有效措施阻止，防止叠加污染及扩散。

以矿区与受工矿影响的耕地为修复重点。江西耕地重金属总体状况良好，但局部污染相当严重，主要分布在工矿周边。在赣南主要有钨矿、稀土开发区，赣西北有铜金开发区，萍乡和丰城有煤、铁开发区，赣东北有铜业及多金属开发区，景德镇有煤矿、瓷土矿开发区。土壤重金属程度也存在着一个区域之分：矿区＞厂区＞郊区＞农区。在治理修复重金属土壤时，应着重治理这些矿区周边，同时兼并治理污染程度较低者。

重视农田土壤重金属污染修复。采用植物修复的方法可以使污染土壤得到一定程度的改善。例如有些植物对某些重金属有超积累作用。对高污染农田土壤进行物理化学淋洗修复技术。

制定土壤污染防治法。从源头上控制高含量污水、粉尘、废弃物、矿渣等排放，严格控制农药、化肥的使用。加强民众监督，对土壤状况进行信息公开，让公众参与其中。规定有效性分析方法，研究重金属形态、迁移性等，评估环境风险。

6. 建立生态补偿机制

建立生态补偿机制是贯彻落实科学发展观的重要举措，有利于推动环境保护工作。生态补偿机制按照“谁开发、谁保护，谁破坏、谁修复，谁受益、谁补偿，谁污染、谁付费”的原则建立。生态补偿机制的重点领域有四个方面：①自然保护区的生态补偿；②重点生态功能区的生态补偿；③矿产资源开发的生态补偿；④河流水环境保护的生态补偿。我国的生态补偿机制工作才刚刚起步，在实践的这些年中，除取得了很大成绩外，在执行过程中也存在着贯彻“生态目标不到位”

和“给农民的补偿不到位”的问题。建立以政府投入为主，全社会支持生态环境建设的投资融资体制，增收生态补偿税，开收新的环境税，调整和完善现行资源税。同时，建立部门统筹、协调与联动的监督监管机制，还可把生态环境质量改善作为各政府考核内容之一。

7. 应用高新技术

在科技发展的今天，在农业上还是按照过去的传统方法已行不通，应运用现代科学技术与传统农业技术相结合，充分利用有限的土地资源，运用系统工程学的方法，合理组织农业生产，实现农业优质高效和持续发展，达到生态与经济两大系统的良性循环和经济、生态、社会三大效益的统一。在农业上，运用“3S”技术、生物工程技术、现代信息技术等已成必然。如浙江省红壤资源信息系统的应用实例已充分表现出研制红壤资源信息系统在合理利用红壤资源中的作用，令人兴奋[14]。所以想实施江西省红壤资源的可持续利用，必须走科技之路。同时要注重引进、吸收、消化适用于国情的国外先进技术，也要重视搭建土壤环境的国际交流与合作平台，加快带动土壤修复新型战略产业的发展，搭建土壤污染治理修复与资源可持续利用的科技交流平台。

8. 改造中低产田

江西中低产田多，其主要阻碍因素是土壤酸性太强，不利于大多数作物的生产，从而造成粮食产量低且不稳。推广中低产田改造技术可以改善农业生产条件和生态环境，提高土地产出率，增加农民收入，推广中低产田技术主要有以下四个方面：①工程改造。对于耕层薄的土壤，可通过搬运黄土，深耕等措施来加厚耕层，对于耕层较厚，砂层出现部分较深的土壤，要勤施肥、勤灌水。②耕作培肥。秸秆覆盖还田，种植绿肥，加厚耕作层，改善耕层的理化性状和养分状况。同时增施有机肥，广开肥源，实行堆沤肥、秸秆肥、畜粪肥、土杂肥共用。③因土种植。在砂土层可种植花生、马铃薯等耐砂耐瘠作物；壤土区可种植谷类、豆类等养地耐瘠作物。同时，注意氮、磷、钾的合理利用。④实施集水补灌工程。江西年降水 1 712.9 mm，雨水较充沛，但存在季节性干旱，在秋冬季雨水较少，这种情况下，可在农田整治的基础上，配套节水补灌设施，以满足作物生长对水分的需求，从而提高作物产量。

四、结语

从当前的形势来看，江西省红壤资源具有巨大的生产潜力，但同时也面临着严重的生态环境问题，因此，在加快江西农业的可持续发展时也应重视生态环境建设，这样不但对江西而且将对我国的整个农业的可持续发展，都有着重大的推动作用与指导意义。

江西省红壤生态系统功能的建设，是一项长期综合的系统工程，不会一蹴而就。首先，必须加强对江西省红壤资源的生态研究，为整个江西红壤生态系统的重建与修复提供理论依据；其次，还应遵循人与自然和谐发展的理念，按照既满足自身要求，又不损害自然环境的原则办事；最后对生态环境也要加以保护，做到预防为主，综合采用上述措施来发展江西耕地的可持续利用。实践证明，要保证江西省红壤资源的可持续利用，必须不断创新，坚持走可持续发展道路，才能取得明显成效。

参考文献

[1] 谈明洪，李秀彬，吕昌河. 20 世纪 90 年代中国大中城市建设用地扩展及其对耕地的占用[J]. 中国科学（D 辑），2004，34（12）：1157-1165.

[2] 刘纪远，张增祥，李秀彬. 20 世纪 90 年代中国土地利用变化的遥感时空信息研究[M]. 北京：科学出版社，2005.

[3] 黄国勤. 江西耕地资源及其可持续利用[J]. 古今农业，2000（3）：75-80，74.

[4] 江西省土壤普查办公室. 江西红壤[M]. 北京：中国农业科技出版社，1991.

[5] 赵其国，黄国勤，马艳芹. 中国南方红壤生态系统面临的问题及对策[J]. 生态学报，2013，33（24）：7615-7622.

[6] 左长清. 江西省水土流失及其防治措施[J]. 江西气象科技，1999，22（增刊）：69-71.

[7] 梁音，张斌，潘贤章，等. 南方红壤丘陵区水土流失现状与综合治理对策[J]. 中国水土保持科学，2008，6（1）：22-27.

[8] 童志坚，陈秉初. 模拟酸雨对水稻种子萌发及活力的影响[J]. 杭州师范学院学报：自然科学版，2003，2（2）：31-33.

[9] 赵其国. 我国红壤的退化问题[J]. 土壤，1995（6）：281-285.

[10] 胡诚，曹志平，胡婵娟，等. 不同施肥管理措施对土壤碳含量及基础呼吸的影响[J]. 中国生态农业学报，2007，15（5）：63-66.

[11] 高菊生，徐明岗，曹卫东，等. 长期稻-稻-紫云英轮作 28 年对水稻产量及田间杂草多样性影响[J]. 中国农学通报，2010，26（17）：155-159.

[12] 艾亮辉，吴次芳，赵小敏. 基于 GIS 的低产田改造研究——以江西省为例[J]. 水土保持学报，2002，16（6）：76-78，122.

[13] 吴蔚东，郑诗樟，卢志红，等. 百喜草对红黏土性红壤抗冲性的研究[J]. 江西农业大学学报，1999，21（1）：73-78.

[14] 王人潮. 浙江红壤资源信息系统的研制与应用[M]. 北京：中国农业出版社，1992.

江西省万年县自然灾害与防灾减灾*

王礼献[1] 黄国勤[1**] 黄云平[2]
（1. 江西农业大学生态科学研究中心，南昌 330045；2. 江西省万年县农科所，万年 335500）

摘 要：通过分析万年县主要的自然灾害，了解了万年县自然灾害发生的特点，阐述了万年县在防灾减灾工作中存在的一些问题：自然灾害监测手段、预报预警系统建设等方面与防灾减灾工作需要不相适应；经费投入不足，防灾减灾科技发展缓慢；防灾减灾信息化基础工作有待加强；防灾减灾基础设施比较薄弱，人才队伍的建设有待进一步完善；公众缺乏防灾减灾常识，宣传教育需进一步深入。并针对万年防灾减灾工作中存在的问题，提出了科学的防灾减灾对策措施：加强领导，落实责任，团结协作，发挥多学科优势，大力实施综合减灾；加强科学研究，提高防灾减灾能力；强化灾害监测，制定防灾减灾规划；加强灾害信息管理，实现减灾资源信息共享；强化综合治理，提高抗灾能力；拓宽资金渠道，增加防灾减灾投入；加强防灾减灾宣传教育，提高民众防灾减灾意识；积极建设防灾减灾人才队伍。

关键词：自然灾害 防灾减灾 万年 对策

引言

万年县位于江西省东北部，隶属于上饶市，处于东经116°46′48″～117°15′10″、北纬28°30′15″～28°54′5″[1]。全县土地面积170多万亩，素有“六山一水二分田”之说，2013年全县户籍人口41.81万，常住人口占86.96%[2]。万年县气候温和，

* 江西省软科学研究计划项目“江西生态文明示范省建设对策研究”（项目编号：20133BBA10005）阶段性成果之一。

** 通信作者：黄国勤，首席教授、二级教授，博士生导师，E-mail：hgqjxnc@sina.com。

雨量充沛，光照充足，属亚热带湿润季风气候。近年来，在社会经济快速发展的背景下，万年县生产规模不断扩大，社会财富积累日渐增多，各类自然灾害造成的损失也呈明显上升趋势，这严重地制约着国民经济快速协调健康发展。因此，了解万年县自然灾害，探索各种自然灾害发生特点，研究有效的防灾减灾措施，对万年县社会事业发展具有一定的现实意义。

一、万年县自然灾害主要种类

自然灾害是在一种或多种具有破坏性自然力的作用下，以非正常的（往往是突发性的）方式向外释放能量，从而在一定范围内对人类正常经济、社会生活造成破坏甚至严重破坏的一种自然现象[3]。万年的自然灾害主要有气象灾害、地质灾害、地震灾害、森林火灾以及农、林生物灾害，这些灾害年年都有不同程度的发生，有时灾害之间也会一同发生。

1．气象灾害

气象灾害是指由大气引发的对人类正常生产生活、经济等造成直接或间接损害的现象，一般包括天气、气候灾害和气象次生、衍生灾害[4]。万年县属气象灾害多发县，据有关资料显示，其中暴雨洪涝、雷电和干旱是影响万年县的主要气象灾害。2003 年夏季，万年遭受了比较严重的高温干旱气候灾害，严重影响了全县农业生产；2008 年冬季，万年县普降大雪，带来的冰冻和雨雪影响了全县冬季农业。另外，万年县暴雨天气频繁，雷雨大风多发生在春季，并且还引发山体滑坡、山洪暴发、泥石流等次生灾害。

2．地质灾害

万年县地处丘陵地带，低山、丘陵的变质岩类的风化层是地质灾害主要分布点，与人类工程诱发因素密切相关，主要为农业耕种、矿产开发、城乡及公路建设、水库建设等。万年县地质灾害主要以小规模为主，呈现点多、面广、突发性强的特点，威胁严重。地质灾害类型以滑坡、崩塌为主，泥石流、地面塌陷其次。万年县地质灾害多发生于东西南一带，主要是在石镇、大源、裴梅、苏桥、青云、汪家、上坊等镇[5]。

3．地震灾害

地震灾害是指由地震引起的强烈地面震动及伴生的地面裂缝和变形，造成建筑物、工程设施的倒塌与损坏，破坏人类生存和生产环境，并造成人畜伤亡和财产损失的灾害。万年县地震活动很少，据《江西省地震动参数区划工作用图》（江西省建设厅、地震局，2003 年）资料显示，万年县属地震烈度小于Ⅵ度区，地震活动参数小于 0.05 g，地震活动微弱[5]。在 2014 年 7 月 31 日 10 时 17 分万年县发生 3.0 级地震，但未造成大的灾害损失，没有发生人员伤亡情况，只是少数房屋墙体出现细微裂痕。

4. 森林火灾

森林火灾，是指失去人为控制，在林地内自由蔓延和扩展，对森林、经济、环境带来一定危害和损失的林火行为[6, 7]。森林火灾是一种突发性强、破坏性大、处置救助较为困难的自然灾害。由于人为用火的不注意、高温天气野火的产生，森林火灾易于发生。万年县林地面积 68 039.7 hm^2，森林覆盖率达 55.2%，林木绿化率为 64.2%，活立木蓄积量达 180 万 m^3[8]，对于防止森林火灾的发生提出了严峻挑战。2013 年是万年县少有的干旱年份，森林火情热点不断，森林火灾频发，7—9 月先后出现火灾火警 10 起[9]。

5. 农、林生物灾害

农业上不论是种植业还是养殖业，生物灾害都普遍存在，主要包括病、虫、鼠及恶性杂草等灾害。万年作为传统农业县，是一个病虫害的多发区、常发区、重发区。同时万年也是林业有害生物重点危害地区，主要包括：马尾松毛虫、板栗透翅蛾、云斑天牛、杨树天牛、油茶炭疽病、梨锈病、桃蛀螟、竹蝗、竹螟、柑橘柚溃疡病等多种森林病虫害[10]。

二、万年县自然灾害发生特点

由于地理、地质条件以及人类活动影响等原因，万年县自然灾害呈现出一定的“特色”。

1. 自然灾害类型比较多样，地域分布较广

万年县自然灾害类型比较多样，发生的频度较高、强度较大、破坏力强，加上经济、人口密集，社会抗御灾害的能力差等原因，使得灾情的“放大”作用更为显著。从空间分布看，万年县一般较大的自然灾害都是全县性的，特别是旱灾与洪涝灾害；就自然灾害分布区域来看，万年县自然灾害空间分布比较广泛，各方位均有自然灾害发生。

2．时间分布不均，季节性明显

万年县自然灾害在时间分布上存在不平衡态势，在年度内部各种灾害的发生呈现季节分布不均的现象。相关资料显示，夏秋季节，万年县降雨丰富，这是自然灾害发生的主要时间，特别是秋季自然灾害发生频次最高；冬季灾害发生相对较少，一般主要发生旱灾和低温寒害；春季寒害和洪涝灾较少。此外，年际灾害上也表现出不平衡现象。

3．自然灾害危害严重，群发现象较多

自然灾害是影响万年县可持续发展的重要因素，每年都给该县带来严重损失。这种危害主要表现在：破坏生产生活设施；造成人员伤亡；直接危害农作物，造成作物减产。自然灾害互相影响和诱发的现象在万年县并不少见，群发现象比较典型。几种灾害同时、交替发生，加上较强的突发性，大大加剧了灾情，其危害程度远远超过单种灾害[11]。降雨是影响泥石流发育形成的主要因素之一，崩滑的固体物质需要水作为载体对其进行搬运，因此，大气降雨，尤其是暴雨或持续强降雨容易导致泥石流的形成。如在1998年6—7月的强降雨期，万年县发育出12处泥石流灾害[5]。

4．人为因素引发自然灾害的作用日渐显现

过去自然因素是导致自然灾害发生的最主要因素，但今天，许多自然灾害的发生已不单纯是由自然引起的，人为的、社会的影响在其中引发的作用日益明显。在一定程度上，人类经济与社会活动的强度影响着自然灾害的时空分布与演化过程。如不合理的荒山、荒地开发，破坏了植被，造成水土流失，在强降雨诱发作用下易形成泥石流；湖云乡白马村煤矿地下采煤时间长达百余年，自1975年以来，采空区及其附近发生了明显的地面塌陷、房屋变形[5]。

三、万年县防灾减灾存在的主要问题

自然灾害造成的损失是严重的，大部分自然灾害又发生在农村，这对于防灾减灾工作提出了严峻的挑战。目前，万年县在防灾减灾工作中表现出的一些问题，主要存在以下几个方面。

1．自然灾害监测手段、预报预警系统建设等方面与防灾减灾工作需要不相适应

面对自然灾害的发生，如果能够提前监测到，及时预报、科学防御，那么对于有效减少灾害所造成的生产生活和广大农民生命财产损失是极为有利的。气象、国土资源、水利、农业、地震、林业等部门是万年县自然灾害监测预警的主要职能部门，各部门之间积极合作，开展了相关的工作，如 2011 年建设的万年村级气象灾害预警发布系统，与县国土局联合发布山洪地质灾害预警；与县公安局、交警大队联合发布交通安全、生命财产安全保障等宣传信息；与农业部门联合发布农业灾害预警信息等[12]。考虑到自然灾害发生的特点，万年县在自然灾害监测手段、预报预警系统建设等方面还远远不够，如遥感、地理信息系统、全球定位系统等空间技术和互联网、移动通信等高新技术在防灾减灾工作中应用不多。今后应加强建设灾害监测预警系统和预报预警机制，确保灾害信息及时、准确、畅通。

2. 经费投入不足，防灾减灾科技发展缓慢

万年县每年投入防灾减灾科技应用的经费十分有限，在防灾减灾多方面投入不足。主要是因为防灾减灾经费基本依赖于财政拨款，资金来源渠道单一。万年县防灾减灾科技发展缓慢主要表现在：一是在不同自然灾害以及防灾减灾的过程中，科技发展与应用水平不相适应；二是各种自然灾害的应急研究和操作水平差别较大；三是缺乏各类灾害的科学评估模型和方法，灾害信息共享应用和评估的技术有待完善。

3. 防灾减灾信息化基础工作有待加强

全面、准确的信息对于防灾减灾工作至关重要。目前万年县较少涉及信息化基础工作，缺乏建设以信息化为基础的决策支持系统。一个好的决策支持系统在防灾减灾中能够发挥相当大的作用，然而其发挥作用的大小取决于基础信息的全面完整与准确。或许建立决策支持系统的框架是一个短暂的一次性的过程，但是要使其发挥出最大的效果，后续的许多工作必须持之以恒，尤其是基础信息的收集、充实与及时更新的过程更是要长期的不间断进行。

4. 基础设施比较薄弱，人才队伍的建设有待进一步完善

万年县防灾减灾基础设施建设滞后，各类基础设施比较薄弱。防洪、抗旱、防震、防滑坡、防火等灾害防抗工程标准偏低。城乡交通、通信、电力、供排水管网等公共基础设施防灾能力相对薄弱，部分农村群众住房抗灾能力较差。

基层救灾工作人员不足、人才专业化水平不高，复合型应急人才、灾害风险评估人才、监测预警人员和专业应急救援人员、恢复与重建人才较为紧缺。万年县对于灾害救援人员虽然进行了有计划、有组织的培训，但培训的方式和培训的力度还远远不够。万年县志愿者队伍的建设也有待加强。另外，万年县各级尤其是乡镇（街道）、村（社区）和企事业单位等直接面对人民群众的基层单位专业救援人员人数较少、质量不高，各级应急救援装备比较落后。

5. 公众缺乏防灾减灾常识，宣传教育需进一步深入

目前，万年县通过对领导干部进行防灾减灾工作培训、组织防灾减灾宣传日、宣传周等活动对人民群众进行防灾减灾宣传与教育，但是人民群众的危机意识和灾害应急技能依然比较薄弱，防灾减灾宣传教育没有深入人心。首先万年县虽然开展手机短信发送、宣传周、宣传日等活动，但防灾减灾宣传对象覆盖面不够；其次，对人民群众进行应急演练的组织活动较少，多数人民群众仅懂些许灾害预防与逃生理论知识，缺乏逃生技能的演练实践；再次，由于宣传教育不够深入，人民群众对应急避难场所内部指示牌与消防设施等存在着“看不懂、不会用”的现实问题；最后，仅对部分学生开设灾害相关课程，且课程多注重理论忽视实践。总之，万年县防灾减灾宣传教育工作比较薄弱，需进一步深入广大人民群众。

四、万年县防灾减灾的对策与建议

面对万年县自然灾害和防灾减灾工作存在的问题，必须结合万年县自然灾害的发生特点，总结以往经验，有针对性地制定防灾减灾对策和措施。下面就万年县防灾减灾对策方面提出几点建议。

1. 加强领导，落实责任，发挥多学科优势，大力实施综合减灾

政府重视是做好防灾减灾工作的前提。各级政府要将防灾减灾工作纳入重要议事日程，切实加强组织领导，明确任务，落实责任。要确立防灾减灾工作的基础地位，将其纳入经济和社会发展总体规划，建立防灾减灾安全保障机制，使自然灾害损失最小化[13]。

减灾也是一项复杂的系统工程，涉及各个方面，要充分发挥多学科的优势，将防灾减灾系统建成一个科学有效的减灾综合体系。各类灾害管理部门要加强协作，打破部门界限，联合开展自然灾害的监测、预报、预警工作。各级减灾部门要适时组织专家进行跨学科的灾害综合分析预测，并及时将预测信息反馈给有关部门，为指挥防灾减灾服务，大力发展和实施综合减灾[14]。

2. 加强科学研究，提高防灾减灾能力

查明自然灾害的时空分布规律，分析其成因和发生发展规律，进而找出防灾抗灾的新方法、新措施，不断提高抗灾、防灾能力，有利于真正实现万年经济的持续、稳定、协调发展[15]。一是开展如暴雨、干旱、滑坡、泥石流等灾害的成因、危害及防治对策措施的应用研究；二是加强主要江河洪灾发展演变规律及防御对策研究；三是深入农林生物灾害发生规律及防御对策研究；四是推进森林防火及具体实施措施研究等[16]。多措施提高科学防灾减灾的能力，走科技防灾减灾之路。

3. 强化灾害监测，制定防灾减灾规划

建立健全自然灾害监测预报系统，加快减灾预警信息网络建设，建立灾害预警运行机制，制定预警信息发布制度，畅通信息传播渠道。要充分结合万年县的灾害特点，坚持“以人为本，人与自然和谐共处”“以防为主，防抗救相结合”的原则，编制多学科、多领域、跨部门、跨地区的综合防灾减灾规划，促进万年县防灾减灾工作的顺利开展[14]。

4. 加强灾害信息管理，实现减灾资源信息共享

灾害信息是开展防灾减灾工作的基础，信息的全面、准确和快捷是应急响应措施成功实施的重要保障。要通过合理整合资源，建立信息交换机制，逐步实现减灾信息共享[17]。建立一个应急信息处理中心，对突发事件的状况、采取的控制措施以及可能产生的影响进行全面描述，以便能为应急决策提供所需要的各种基础数据。一方面，收集基础信息，如道路信息、气象信息等，并根据实际情况不断更新资料；另一方面，当发生紧急事件时，要迅速及时地把现场信息汇集到应急指挥中心[18]。

5. 强化综合治理，提高抗灾能力

防灾减灾是一项综合工程，必须要从各个方面进行努力。一是通过植树造林、封山育林、适度采伐，减少水土流失[19]；二是加强生物防火林带建设，构建绿色防火长城；三是加强水利基础设施建设，增强防御旱涝灾害能力；四是做好抗震设防工作，逐步实施地震安全农居工程；五是开展防雷、地震安全、地质灾害、农业灾害等自然灾害的风险评估，评价灾害发生后对社会经济的影响，从源头上杜绝和预防各类自然灾害的发生[14]。

6. 拓宽资金渠道，增加防灾减灾投入

开展防灾减灾工作需要资金的支持，建立以公共财政投入为主，多渠道筹措

防灾减灾资金的投入机制是必要的。这要求防灾减灾投入要与万年经济和社会发展相适应。一是加强民间互助互济活动，建立社会化灾害救援和救助机制，积极争取和引进国际援助；二是探索建立灾害保险制度，丰富灾害保险险种，扩大保险覆盖面，发挥保险对灾害损失的补偿作用；三是企业参与，企业要积极参与万年防灾减灾的建设工作，重视并加强灾害的防范[20]。

7. 加强防灾减灾宣传教育，提高民众防灾减灾意识

意识先行，对防灾减灾工作非常重要，自然灾害引起的损失，大部分是因为防灾减灾意识的淡薄或空白造成的。一是通过编制各类自然灾害的科普读物、彩画等，以及举办知识竞赛、知识讲座、设立街头咨询点、专板专栏等多种形式，充分利用手机、广播、电视、报刊、互联网等媒介，结合世界气象日、世界水日、世界环境日、国际减灾日、科技活动周等大型专题活动，宣传自然灾害和科技成果，普及灾害基本知识、防灾避险常识。二是针对万年县灾害区域分布特点，分地区、分层次、分对象传授，特别要深入农村、学校、社区进行广泛宣传，把灾害常识宣传工作常规化、普及化，使人人知道怎样防灾、抗灾，当灾害来临时懂得自救和互救[14]。三是开展不同层次的减灾专业教育，提高防灾减灾管理人员的业务水平[13]。

8. 积极建设防灾减灾人才队伍

一是健全专业队伍，根据防灾减灾工作的实际需要，适当增加县、乡两级政府防灾减灾部门管理和专业人员数量；二是加强基层队伍，采取有效的组织形式整合人才资源，积极整合基层农技员、防火护林员、气象信息员等基层人才资源；三是发展志愿者队伍，组织志愿者开展有针对性的培训和演练活动，使志愿者了解防灾减灾的基本知识，掌握应急救援的基本技能；四是整合应急队伍，形成比较完善的以公安、武警为骨干和突击力量，以专业队伍为基本力量，以企事业单位专、兼职队伍和应急志愿队伍为辅助力量的应急队伍体系；五是重视专家队伍，开展专家信息收集、分类、建档工作，通过建立相应数据库逐步完善专家信息共享机制；建立灾情会商、研判、灾区现场评估等专家参与防灾减灾的工作机制[21-25]。

参考文献

[1] 《江西省地图集》编纂委员会. 江西省地图集[M]. 北京：中国地图出版社，2008.
[2] 万年县2011年国民经济和社会发展统计公报[EB/OL]. [2012-11-13]http：//www.zgwn. gov. cn/zwgk/2012/11/13/17751.html.
[3] 罗元华. 论自然灾害的基本属性与减灾基本原则[J]. 中国地质灾害与防治学报，1997，1：2-7.
[4] 李珊珊，刘爱莲，李艳. 气象灾害应对措施探析[J]. 农业灾害研究，2013，6：22-23，28.
[5] 孟庆华. 区域地质灾害危险性区划——以江西万年地区为例[D]. 中国地质大学（北京），2008.
[6] 王正非，朱廷耀，朱劲伟. 森林气象学[M]. 北京：中国林业出版社，1985.
[7] 李飞峰. 基于经济学视角的生物防火林带营建技术方案选择研究[D]. 浙江农林大学，2012.
[8] 关于恳请解决我县森林防火预警指挥中心建设经费的请示 [EB/OL].[2011-08-08]. http：//xxgk.zgwn.gov.cn/bm/content/2011/08/08/7434.html.
[9] 关于切实做好秋冬季森林防火工作的通知[EB/OL].[2013-09-23]. http：// www.wnsnw.cn/a/tongzhigonggao/20130923/726.html.
[10] 曹建青. 万年县森林病虫害防治现状及对策[J]. 江西植保，2005，1：26-27.
[11] 汪志军，方佳，李光辉，等. 海南省农业自然灾害发生特点、成因及对策[J]. 热带农业科学，2011，11：58-63.
[12] 万年防灾减灾预警信息发布系统见成效[EB/OL].[2013-09-13]. http：//www.weather.com.cn/jiangxi/qxxw/09/1968218.shtml.
[13] 方佳军. 重庆市自然灾害特征及防灾减灾研究[D]. 重庆大学，2003.
[14] 周国强，董保华. 江西省自然灾害状况及减灾对策初探[J]. 自然灾害学报，2007，4：164-168.
[15] 杨重玉. 农业自然灾害对粮食生产影响研究[D]. 湖南农业大学，2012.
[16] 陕西省人民政府办公厅关于印发2001—2010年防灾减灾规划的通知[J]. 陕西政报，2001，14：21-33.
[17] 周国强，董保华. 我国综合减灾组织管理体系和运行机制探讨[J]. 防灾科技学院学报，2009，2：86-89.
[18] 孙燕. 北京市宣武区防灾减灾对策研究[D]. 首都经济贸易大学，2005.
[19] 黄国勤，钱海燕. 江西省近年来的农业自然灾害及其防治对策[J]. 灾害学，2005，20（2）：

62-65.

[20] 江西省人民政府办公厅关于印发江西省综合防灾减灾规划（2011—2015 年）的通知[J]. 江西省人民政府公报，2012，5：32-43.

[21] 自治区人民政府办公厅关于印发宁夏回族自治区“十一五”期间突发公共事件应急体系建设规划的通知[J]. 宁夏回族自治区人民政府公报，2008，1：25-36.

[22] 高原. 和谐社会构建中的群体性突发事件治理机制研究[D]. 福建农林大学，2011.

[23] 张黎勇. 政府应急管理系统的建设与评估[D]. 合肥工业大学，2009.

[24] 上海市民政局关于印发《上海市民政局自然灾害应急处置预案》的通知[EB/OL]. [2005-04-29]. http：//www.110.com/fagui/law_224146.html.

[25] 黄国勤. 江西农业灾害规律[M]. 北京：中国农业出版社，2001.

江苏省自然灾害与防灾减灾

钱晨晨　黄国勤*

（江西农业大学生态科学研究中心，南昌 330045）

摘　要：本文简要描述了江苏省的自然环境和人文环境概况，主要介绍了江苏省自然灾害具有强度大、频率高、损失重、突发性、地域性、季节性等特点，详细阐述了暴雨、热带气旋、干旱、寒潮、地面沉降、地震、病虫害等自然灾害类型，以及提出了应对自然灾害的相应措施有：制订预案，防患未然；以人为本，科学防灾；监测预警，依靠科学；防灾意识，全民普及；应急机制，快速响应；分类防灾，针对活动；人工天气，力助减灾；风险评估，未雨绸缪等，从而有效防御自然灾害带来的损失。

关键词：自然灾害　灾害种类　灾害特点　防治措施　江苏省

一、江苏省概况

1. 自然环境

江苏省位于长江下游，是我国大陆东部沿海区域的中心，东临黄海与东海，东南与浙江和上海毗邻，西连安徽，北接山东。全省总面积占全国总面积的 1.07%，约为 10.26 万 km^2，其人均国土面积在全国各省区中最少。

江苏地处著名的长江三角洲，地势低平，河湖众多，地形以平原为主，主要有苏南平原、江淮平原、黄淮平原和东部滨海平原组成，全省总面积的 68.81%的平原的海拔都低于 45 m。另外，低山、丘陵、岗地占全省总面积的 14.33%，面积合计约为 1.47 万 km^2；水域面积合计约为 1.73 万 km^2，占全省总面积的 16.86%。

* 通信作者：黄国勤，教授（二级）、博士生导师，E-mail：hgqjxnc@sina.com。

可见，水面面积占有很大的面积比例，在全国居于首位，成为江苏一大地理优势，所以江苏又被称为“水乡泽国”。

江苏省以淮河的灌溉总渠线为界，大致可分为北亚热带湿润季风气候（界线以南）和暖温带湿润季风气候（界线以北）。冬季盛行西北风，夏季盛行东南风，四季分明、雨热同季。全省 1 月均温-1.5～3.5℃，7 月均温在 26℃以上，年均温为 13～16℃，自南向北逐渐递减。另外，全省各地降水都比较多，年降水量 800～1 150 mm，其中沿海多于内陆，南部多于北部。

2. 人文环境

江苏是中国的经济大省，全省综合经济实力在全国一直处于前列。其经济实力雄厚，产业部门齐全。2007 年江苏省国内生产总值突破 2.5 万亿元，全年人均生产总值突破 4 400 美元，GDP 增幅大大高于全国平均水平。到 2009 年，江苏经济总值为 34 061.2 亿元，超过了中国台湾地区。到 2012 年，江苏省生产总值达到 5.4 万亿元，经济较 20 世纪 90 年代相比有了显著增长。

2000—2010 年，全省城镇人口由 3 040.81 万人增加到 4 767.63 万人，十年内共新增城镇人口 1 726.82 万人，平均每年增加 172.68 万人，城市化率由 41.5%提高到 60.6%。到 2012 年，城市人口的比重迅速上升到 69%。据江苏统计局消息，2012 年末，全省常住人口已经突破 7 900 万。2014 年末，全省常住人口已达到 7 960 万，比上年末增加 20.57 万人。平原地区人口明显多于低山丘陵地区和沿海滩涂地区。随着江苏经济的快速发展，吸引了大量的流动人口进入，到 2010 年有近 1 823 万的移动人口分布于江苏各地，其中尤以苏南最为集中。目前江苏大多数县市已经迈入老龄化社会，老年人口比例已达到 12.3%。

二、江苏省自然灾害种类

江苏省处于我国东部沿海季风区，受人类活动强烈影响，成为自然灾害种类最多、活动最强的地区之一。对江苏产生重要影响的灾害主要包括：暴雨、热带气旋、干旱、寒潮、地面沉降、地震、农业林业病虫害等。

1. 暴雨

暴雨是江苏省的主要灾害性天气之一，也是引发洪涝灾害的直接原因。据统计，江苏全年各月都会出现暴雨。全年单站、区域和大范围暴雨日数分别为 1 548 天、372 天、181 天。尤其是 5 月份以后暴雨逐渐增多，6—8 月是暴雨最多的季节，单站、区域性和大范围暴雨日数分别占全年的 71%、72%、72%。由于江苏省大部分地区地势平坦开阔，山地少，河流纵横，地下水位较高，若暴雨频降，特别是持续性暴雨，积水难以及时排泄，极易造成洪涝灾害。

2．热带气旋

江苏省每年夏秋季节都会受到热带气旋的影响，由于热带气旋的强度和移动路径的不同，对江苏省的影响程度和范围大小会有很大的差异。一般来说，影响江苏的热带气旋平均每年有三次，最多年份可达 7 次。7—9 月是热带气旋的集中期，以 7 月下旬至 9 月中旬为最盛，而最晚出现于 11 月上旬末。如果热带气旋的中心风力超过 12 级，我们又将其称为台风。受热带气旋影响最多，受灾最严重的地区是长江口一带及太湖流域。热带气旋造成的暴雨平均每年 2 次，其中 52%是大暴雨和特大暴雨。暴雨主要出现在 7—9 月，其中达到特大暴雨的主要集中在 8—9 月，且以 9 月为最多。热带气旋造成 6 级以上大风平均每年 2.5 次，主要出现在 7—9 月。热带气旋在给江苏省带来大量降水缓解当地一定旱情的情况下更多的会造成严重的生命财产损失。

3．干旱

干旱是江苏的重要灾害之一，它是指一段时间内地表、水面蒸发和植物、农作物蒸腾所消耗的水分大于降水量补给，导致水分平衡遭到破坏的灾害。干旱的影响程度与降水空缺期间的长短、区域水库和湖泊的密度及蓄水量的多少关系密切。江苏的干旱现象全年均可发生。其中以冬夏季为多，春秋季少。例如 1999 年江苏遭受了较为严重的旱灾，自当年的 6 月开始，淮北地区降水量持续偏少，旱情日益严重。6—8 月淮北地区降水量为 163～403 mm，较往年减少了 3～6 成。此次旱情具有重复受灾、范围广、损失重等特点。仅沭阳县就有 15 000 hm^2 农作物受灾减产或绝收，此次旱灾所造成的直接经济损失达 16.2 亿元。

4．寒潮

所谓寒潮是指某一地区冷空气过境后，气温 24 小时内下降 8℃以上，且最低气温下降到 4℃以下；或 48 小时内气温下降 10℃以上，且最低气温下降到 4℃以下的现象。这是一种大型天气过程，寒潮和强冷空气通常引发大风、霜冻、雪灾、雨凇等灾害对国民经济和人民生命财产造成严重的损失。它是江苏省冬半年主要灾害性天气，尤其对沿海危害很大。江苏省寒潮在时间分布上，冬季最多占 47%，秋季 28.5%，春季 24.5%；空间上分布呈现北多南少的特征，全省性寒潮和淮北寒潮最多，苏南寒潮相对较少。

5．地面沉降

由于人口的不断增加和城市化的快速发展，大量抽取地下水，引发地面沉降灾害，不仅增大洪、涝、渍灾害，而且严重恶化生态环境。在苏州、无锡、常州、徐州等地区比较严重。目前，苏州、无锡、常州三市每年地面沉降最大达到 2.5 cm，沉降速率甚至超过上海，成为全国地面沉降最严重的地区，其最大沉降量已近 3 m，累积沉降量在 2 m 以上的面积达 6 000 多 km^2。经初步估算，直接经济损失超过 1 000 亿元，间接损失更是无法估计。沿江的扬州、南通，以及盐城的大丰、东台等地也相继出现了不同程度的地面沉降。

6．地震

江苏省部分地区地处地震多发的郯庐断裂带。郯庐断裂带北起黑龙江，南止长江边，绵延 2 400 多 km，总体上呈北东走向，纵贯中国大陆东部的巨型渠断裂。郯庐断裂中段（沈阳—宿迁段）发生 8.5 级地震 1 次，7.0～7.9 级地震 7 次。在 668 年山东郯城爆发 8.5 级大地震，除造成江苏省内大范围房倒屋塌，死亡几万人之外，由于高邮湖正值洪汛，地震震垮了高邮湖堤坝，里下河地区一片汪洋，死亡 3 万多人。1979 年 7 月 9 日，江苏溧阳发生了 6.0 级地震，由于地震发生在人口稠密、经济发达的地区，造成严重的人员伤亡和经济损失。据统计，整个灾区死亡 41 人，重伤 500 人，轻伤 2 900 人；牲畜损失 12 000 多头。农村民房倒塌和破坏达 34 万间，为 1974 年地震时毁坏数的 14～15 倍，此次地震其素以震级小、损失大而著称。另外，南京市和句容市地区地处茅山断裂带上，历史上皆有 5～6 级地震发生。

7．农业、林业病虫害

江苏省农林作物以小麦和水稻为主，还包括玉米、油菜等，在其生长过程中会经常出现各类病虫害。以 2005 年为例，江苏省农林作物主要病虫害达到偏重发生程度，其中小麦赤霉病、油菜菌核病、水稻条纹叶枯病、螟虫、迁飞性害虫偏重至大发生；烟粉虱、夜蛾类害虫在局部地区发生程度加重。全省各地的冬前调查表明，这是因为重大病虫害残留基数偏高，暖冬气候十分有利于多种害虫越冬，种植结构的调整使得在田作物种类增多，害虫食料丰富等。

三、江苏省自然灾害特点和危害

江苏省由于经常会遭受多种自然灾害的影响，因此其成为我国自然灾害频发的省份之一。虽然各种自然灾害发生的情况有所不同，并且影响各异，但是总体上它们也有着一定的共同特点，具体可以概括为以下几个方面。

1. 强度大

由于全球变暖，经常袭击江苏省的强度很大的自然灾害呈现出加强的趋势，这给当地社会经济造成了很大的破坏。例如，2010 年，江苏省高温日数达 49 天，第一个高温出现在 6 月 15 日，最迟是 9 月 21 日。高温热浪引起用电量大幅增长，用电负荷创历史最高纪录。2008 年年初百年不遇的低温雨雪冰冻天气过程致使江淮之间南部和苏南地区积雪深度达 20～40 cm，受灾人口 242.13 万人，伤亡 335 人，紧急转移安置 14 748 人；农作物受灾面积 145 098 hm^2，倒塌、损毁房屋 20 933 间，直接经济损失 20.7 亿元。

2. 频率高

江苏省虽然每年不一定每种灾害都会出现，但基本上都会遭受一定的灾害影响。特别是气候不断的频繁变化增加了各种极端性灾害出现的频率。例如，2009 年南京在一年中就出现了 8 个“罕见”的气象灾害。2 月 2 日，南京就早早地迎来了初雷，50 年罕遇；2 月 12 日，南京的极端最高气温居然高达 27.7℃，这是近百年有气象观测记录以来 2 月的最高气温。2 月 14 日，南京的冬梅雨天气长达 10 天，百年罕见；7 月 7 日，50 年一遇的大暴雨突降南京城区，大强度的降水对人们日常生活造成了很大影响，据统计日降水量达到 1951 年以来的第二高值；7 月 20 日和 21 日，南京早晨出现了近 50 年来最强的连续“热夜”天气，其最低气温分别达到了 29.4℃、30℃；从 9 月 26 日开始，江苏遭遇 29 天无大范围明显降水的现象，其中南京出现了 50 年一遇的秋燥天气；从 11 月 15 日夜里开始，南京出现了 50 年一遇的早雪，积雪深度是 11 月历史之最。

3. 损失重

江苏是我国经济最发达的地区之一，但每年自然灾害都会导致非常严重的损失。例如，2002 年 6 月 19—21 日金坛市受暴雨影响，累计雨量达 372.2 mm，大暴雨引发山洪，受灾人数 111 230 人，死亡 2 人，坍塌房屋 344 间，损坏房屋 5 845 间，直接经济损失 36 299.4 万元；2003 年淮河流域发生流域性特大洪涝灾害，江苏省淮河流域发生了 1954 年以来最大的洪水，里下河地区和沿江大部分地区发生 1991 年以来最严重内涝，滁河、秦淮河也发生了较大洪水，受灾地区损失严重。洪涝灾害造成江苏省受灾人口达 2 376.4 万人，被困村庄 2 537 个，紧急转移安置 80.1 万人，农作物受灾面积 3 366 万亩，倒塌房屋 9.2 万多间，直接经济损失达

200 亿元。虽然目前由于江苏省实施了较为有效的减灾防灾措施，每年因灾损失占 GDP 总量的比重在逐渐下降，但是因灾损失的数量却时有增加，总量上保持在年均损失 100 亿元以上。

4．突发性

江苏省由于其所处的特殊地理位置影响，经常遭受突发性灾害，其中最为明显的是夏季出现的暴雨，具有明显的突发性，在短时间内会给当地造成严重的损失。例如，2010 年 9 月 7 日 8 时至 8 日 8 时，由于受北方冷气与西南倒槽的共同影响，宿迁市出现了强暴雨天气，在短短的 24 小时内，宿迁全区农作物受灾面积达 26 000 hm^2，成灾面积 18 500 hm^2；受灾群众达到 76.59 万人，紧急转移 5.3 万人，损坏房屋 7 350 间，倒塌房屋 434 户 1 234 间，全市出现了严重内涝，积水深度达 1 m。

5．地域性

江苏省自然灾害的发生表现出明显的地域性特点，其南北出现的灾害种类及强度都呈现出一定的差异性。例如，在江苏表现出明显空间差异的是干旱灾害，根据各地的干旱易发生程度具体可以划分为淮北、江淮和宁镇扬的易旱区，以及苏南的次易旱区等。

6．季节性

江苏省深受季风的影响，其从出现的各种气象灾害可以看出明显的季节性特点。例如，寒潮之类的灾害只能在经常遭受冷空气影响的冬春季节出现；由于受东南暖湿气流的影响以及冷锋的作用，洪涝灾害主要出现在夏季；而经常遭遇的热带气旋则基本集中出现于每年的夏秋季节，因热带气旋所引发的暴雨天气平均每年有 2.0 次，其中 52%是大暴雨和特大暴雨。暴雨主要出现在 7—9 月，其中达到特大暴雨的主要集中在 8—9 月，且以 9 月为最多。热带气旋造成 6 级以上大风平均每年 2.5 次，主要出现在 7—9 月。

四、防灾减灾措施

1．制订预案，防患于未然

为了有条不紊、有备无患的预防和减轻自然灾害，可以在国家、省、市、区以及企事业单位、社区、学校等制订与演练应急预案。应急预案应包含事前、事发、事中、事后等各环节的一整套工作运行机制，其中机制包括自然灾害的应急组织体系及职责、预测预警、信息报告、应急响应、应急处置、应急保障、调查评估等。

预案不能被束之高阁，广大群众、灾害管理人员应通过培训和预案演练等方式熟练掌握预案，并在实践中不断完善预案。

2. 以人为本，科学防灾

防灾减灾要做到以人为本，把保障公众的生命财产安全作为其首要任务，最大限度地减少自然灾害造成的人员伤亡和对社会经济发展的危害。而对自然灾害，应科学防御，从早期盲目的抗灾到近年来主动的避灾就体现了在防灾减灾中的科学发展观。

3. 监测预警，依靠科技

灾害的强力破坏性要求将“预防为主”作为防灾减灾的基本原则，突出灾害监测预报预警的重要性，并高度重视和做好面向全社会，包括社会弱势群体的预警信息发布。气象灾害是一类突发公共事件，其有较长预警时效和较高预测预报准确率的特点。要想做到及时预警，就要有先进的科学技术保障。重要科技保障包括灾害性天气的短时、临近预报，突发气象灾害预警信号制作工作和气象预警信息发布工作，只有做好各项科技保障工作，才能提高防灾减灾的水平。

4. 防灾意识，全民普及

防灾的主体是社会公众。宣传教育群众，增强各级政府和社会公众的防灾意识，提高人们的防灾知识，唤起群众参与防灾活动的自觉性，是减轻自然灾害的核心问题[16]。只有广大社会公众广泛的增强了防灾意识、了解与掌握了避灾知识，就可以更好地实现防灾减灾。增强其忧患意识，防患于未然。当自然灾害发生时普通民众就能够知道如何处置灾害情况，如何保护自己和帮助他人。

一方面，政府与社会团体应组织和宣传灾害知识，培训灾害专业人员或志愿者。有关部门应在图书、报刊、音像制品和电子出版物、广播、电视、网络等媒介中广泛宣传预防、避险、自救、互救、减灾等常识，通过这些方式增强公众的忧患意识、社会责任意识和自救、互救能力。另一方面，为了达到减灾目的，可以通过开展“防灾（减灾）进社区、进校园、进企业、进村庄”行动，使最基层的社区居民、广大中小学生、企业员工、广大农村特别是偏远地区的农民、社会弱势群体增强防灾减灾意识，掌握基本的避灾、自救、互救技能。防灾减灾需要从娃娃抓起，教育部门要适当调整教育计划，在中小学的课程中增加灾害知识的内容，在大学增设这方面的课程和专业，并有重点地在一些学校开始培养这方面的研究生，培养较高层次的减灾专门人才。

5. 应急机制，快速响应

政府、相关部门需要建立“统一指挥、反应灵敏、功能齐全、协调有序、运转高效”的应急管理机制。应急机制的核心是“快速响应、协同应对”。

防灾减灾涉及方方面面，需要政府组织领导，各个部门积极响应。例如，在气象灾害应急管理中，气象部门在内部上下联动的同时，也加强了与新闻、水利、民政、安全监督、海洋、农业、林业、环境等部门的横向联动和紧密协作，建立的应急联动机制把气象工作纳入各级政府的公共服务体系。

6. 分类防灾，针对行动

对于人类生活、社会经济活动来说，不同灾种的影响差异是很大的，并且防灾减灾的重点、措施也不同。例如台风灾害，其重点是防御强风、暴雨。因根据不同灾种特点以及对社会经济的影响特征，采取针对性应对措施。

根据台风预警级别来预防和减轻台风灾害，并且及时疏散沿海地区居民，让人员应尽可能待在防风安全的地方，同时加固港口设施来防止船只抛锚、搁浅和碰撞，另外拆除高层建筑广告牌以预防强暴雨引发的山洪、泥石流灾害。

对于暴雨洪涝灾害，应根据雨情发展，及时转移滞洪区、泄洪区人员、财产，及时转移城市低洼危险地带以及危房居民，并且切断低洼地带有危险的室外电源。

7. 人工天气，力助减灾

现在，人工影响天气已经成为了一种重要的减灾科技手段。在合适的天气形势下，为了有效抵御和减轻干旱、洪涝、雹灾、雾灾等气象灾害的影响和损失，可以组织开展人工增雨、人工消雨、人工防雹、人工消雾等作业。

8. 风险评估，未雨绸缪

为了降低自然灾害风险，减少自然灾害对社会经济和人们生命财产所造成的损失，我们可以开展灾害风险调查、分析与评估，了解特定地区、不同灾种的发生规律，了解各种自然灾害的致灾因子对自然、社会、经济和环境所造成的影响，以及影响的短期和长期变化方式，在此基础上采取行动。其中自然灾害的风险评估包括灾情监测与识别、确定自然灾害分级和评定标准、建立灾害信息系统和评估模式、灾害风险评价与对策等。

参考文献

[1] 程晓昀. 江苏省自然灾害社会易损性的时空格局研究[D]. 重庆师范大学，2011.
[2] 赵金扣，陆应昶，石平，等. 江苏省水碘分布地理信息系统的建立[J]. 中国地方病学杂志，2005（1）：103-106.
[3] 张弛. 我国对外贸易对江苏省制造业就业的影响分析[J]. 沿海企业与科技，2008（10）：114-117.
[4] 叶小霞. 产业内贸易对经济增长的作用机理研究[D]. 浙江工商大学，2014.
[5] 杜运伟，黄涛珍，康国定. 基于 Kaya 模型的江苏省人口城镇化对碳排放的影响[J]. 人口与社会，2015（1）：33-41.
[6] 江苏省常住人口突破 7 900 万[J]. 健康生活（下半月），2013（2）：64.
[7] 王欢. 江苏流动人口特征演变[J]. 人口与社会，2015（1）：62-68.
[8] 杨新，龚风华. 人口老龄化背景下江苏社区老年体育活动现状调查研究[J]. 搏击（体育论坛），2015（2）：7-9.
[9] 严文莲，韩桂荣，魏建苏，等. 2010 年江苏省连续性高温特点及成因分析[J]. 气象科学，2012（3）：293-297.
[10] 陈匡时. 面对灾害的反思对策[EB/OL].http：//blog.tech110.net/？uid-2711-action- viewspace-itemid-21657.
[11] 钟颖颖，吴一鸣，雷正翠，等. 常州暴雨洪涝灾害风险分析及区划（S3）[A]//中国气象学会. 创新驱动发展 提高气象灾害防御能力——S3 第三届气象服务发展论坛——公众、专业气象预报服务技术与应用[C].中国气象学会，2013：7.
[12] 严新明，童星. 江苏省自然灾害风险管理研究[J]. 江南大学学报（人文社会科学版），2006（5）：26-31.
[13] 王锡贞. 区域生态风险评价与管理[D]. 南京农业大学，2011.
[14] 马健. 江苏今年农作物病虫害发生程度偏重[J]. 农药市场信息，2005（4）：32.
[15] 唐少卿，左中海，王关义. 试论我国的减灾十年战略[J]. 兰州大学学报，1991（1）：43-50.